彩图2-1-2　本色棉

彩图2-1-7　彩棉

彩图2-1-9　木棉果实纤维

彩图2-1-13　亚麻纤维

彩图2-1-24　苎麻纤维

彩图2-1-32　大麻纤维

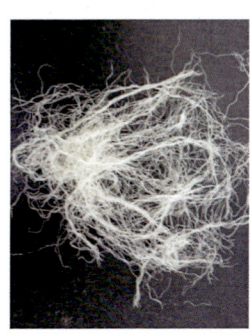
彩图2-1-36　黄麻纤维

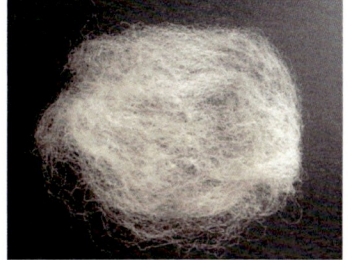
彩图2-1-42　羊毛纤维

彩图2-1-50　羊绒纤维

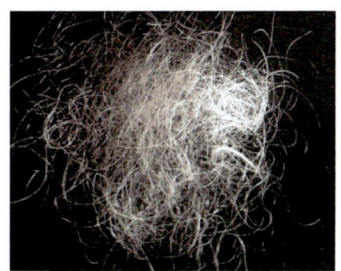
彩图2-1-53　马海毛纤维

彩图2-1-58　骆驼绒纤维

彩图2-1-62　小羊驼绒毛线

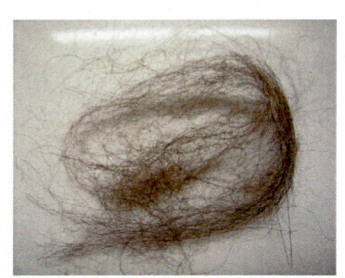
彩图2-1-66　羊驼毛纤维

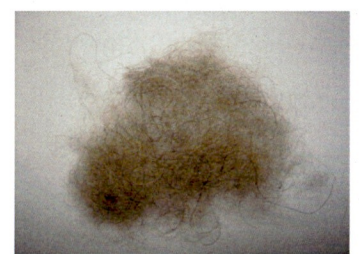
彩图2-1-70　牦牛绒纤维

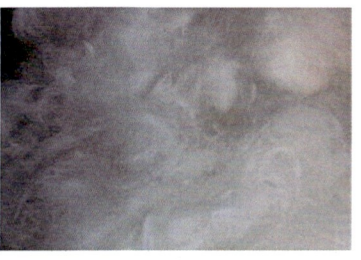
彩图2-1-74　兔毛纤维

彩图2-1-77　白鹅羽绒

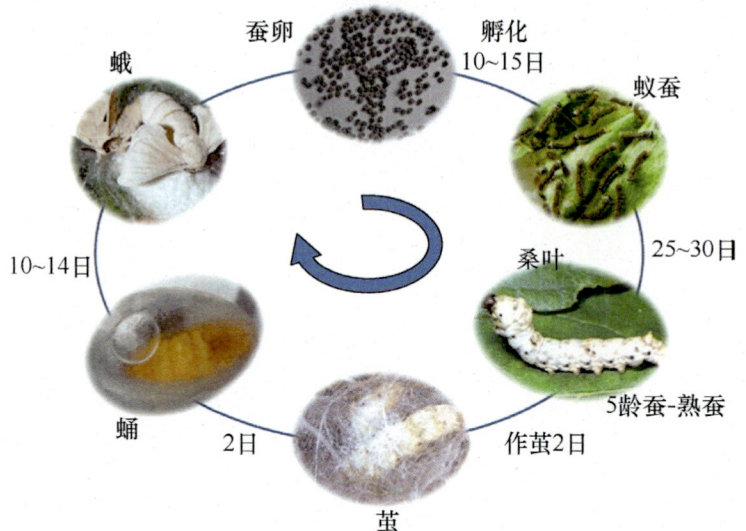

蚕卵　孵化 10~15日

蚁蚕

蛾

桑叶

25~30日

10~14日

5龄蚕-熟蚕

蛹

作茧2日

2日

茧

彩图2-1-87　蚕的一生

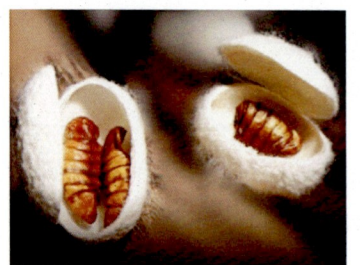

彩图2-1-91　单宫和双宫蚕茧

彩图2-1-92　桑蚕丝

彩图2-1-96　真丝织物

彩图2-1-100　带露珠的蜘蛛网

彩图2-1-106　金蜘蛛丝披肩

彩图2-1-115　香蕉纤维织物

彩图2-1-121　芭蕉麻席

彩图2-1-125　棕榈纤维

彩图2-2-1　棉秆皮

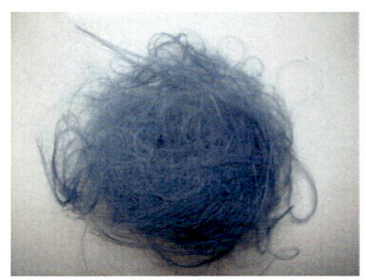
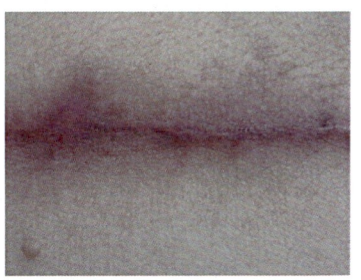

彩图2-2-16　莱赛尔短纤维　　　　彩图2-2-34　三醋酸纤维素酯纤维　　　　彩图2-3-8　可吸收PLA手术缝合的伤口

彩图2-3-9　甲壳胺纤维原料之一——蟹壳　　　彩图2-3-10　由蟹壳到甲壳胺纤维　　　彩图2-3-11　活性染料染色甲壳胺丝束　　　彩图2-3-13　甲壳胺纤维混纺纱线

彩图2-4-4　大有光聚酯切片　　　　　　　　　彩图2-4-8　添加TiO$_2$的消光切片

彩图2-4-9　添加高浓度颜料或染料的色母粒　　　　　彩图2-4-11　有色纤维标准色卡

彩图2-5-7　牛奶蛋白
改性PAN短纤维

彩图2-5-8　大豆蛋白
改性PVA短纤维

彩图2-5-14　真丝般牛奶
蛋白改性PAN纤维印花织物

彩图2-7-15　干纺法氨纶纱

彩图2-7-16　熔融法氨纶色丝

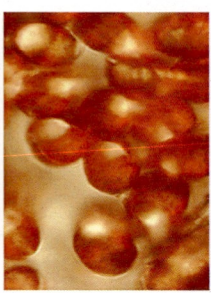

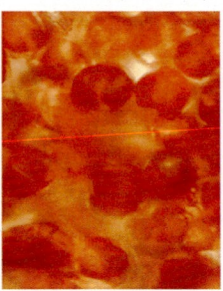

彩图2-7-19
不相容聚合物
并列纤维

彩图2-7-25
母粒着色并列
复合纤维

彩图2-7-26
PET—PTT
并列复合纤维

彩图2-7-27
HSPET—PTT
并列复合纤维

彩图2-7-28
并列复合纤维
的绉类织物

彩图2-7-31　ITY织物异色效应

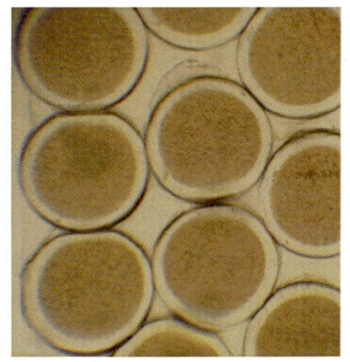

彩图2-7-32　皮芯组分
相容性良好的复合纤维

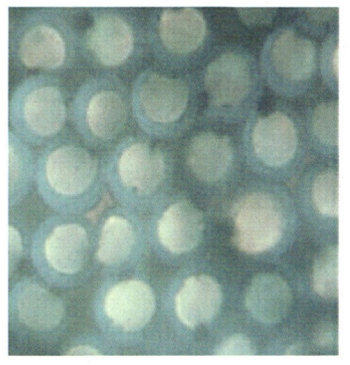

彩图2-7-34　ECDP—TPEE
皮芯复合纤维

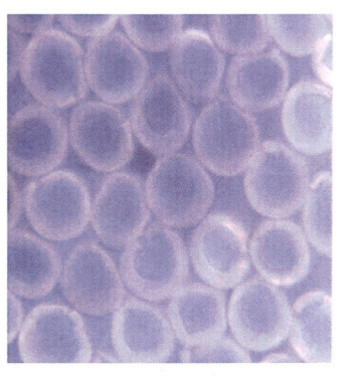

彩图2-7-35　PP—TPEE
皮芯复合纤维

彩图2-7-39　分散染料常压染色PP纤维

彩图2-7-40　色彩斑斓的段染PP纤维

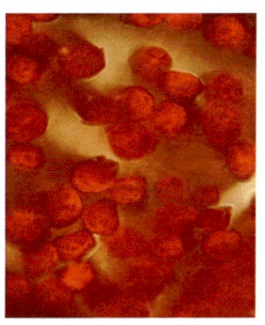

彩图2-7-41　PP—
TPEE共混纤维

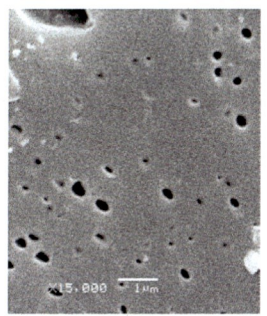

彩图2-7-42　PP—
TPEE共混纤维断面

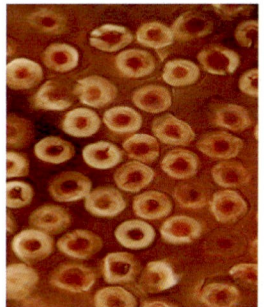

彩图2-7-43　PP—
TPEE皮芯复合纤维

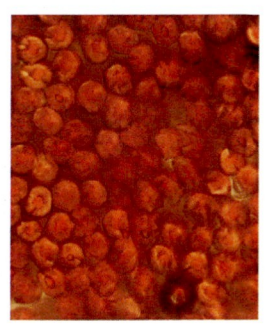

彩图2-7-44　（PP/
TPEE）—TPEE
皮芯复合纤维

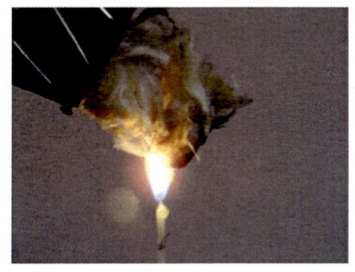

彩图2-7-45　点火中不燃
的芳纶1313

彩图2-7-46　离火后
的芳纶1313

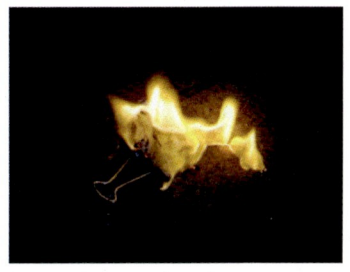

彩图2-7-47　燃烧中的
普通粘胶纤维

彩图2-7-49　离火后自熄
的阻燃粘胶纤维

彩图2-7-51　点火中阻燃
涤纶的熔滴

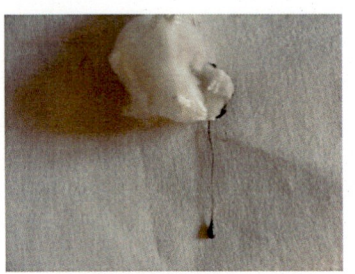

彩图2-7-52　离火后阻燃
涤纶的熔滴

彩图2-7-68　三角形
截面纤维

彩图2-7-70　三色
三角形截面纤维

彩图2-7-71　中空
三角形截面纤维

彩图2-7-73　十字
中空纤维

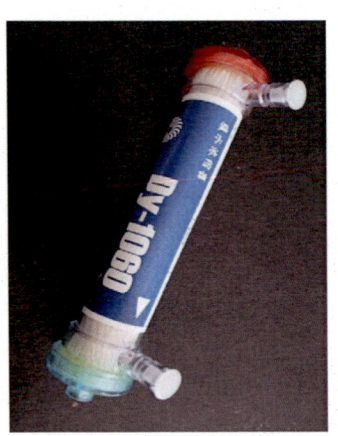

彩图2-7-79　腹水浓缩器

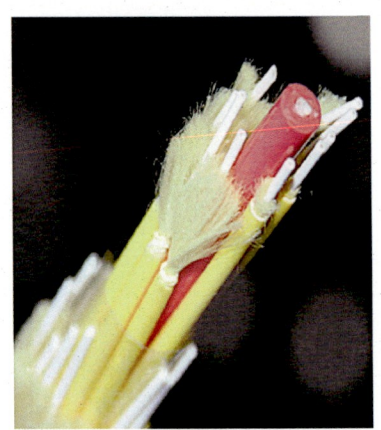

彩图2-7-91　光导纤维

彩图2-8-1　芳纶1414
长丝

彩图2-8-2　芳纶1414
短纤维

彩图2-8-3　芳纶1414
短切纤维

彩图2-8-4　芳纶1414
浆粕

彩图2-8-9　芳纶1414有色纱线

彩图2-8-12　芳纶1414填料密封用盘根

彩图2-8-15　芳纶1414车用离合器片

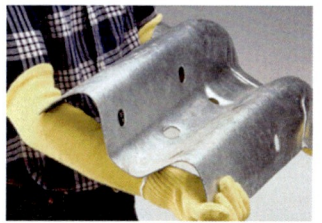
彩图2-8-17　芳纶1414防切割手套

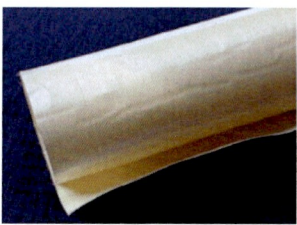
彩图2-8-18　芳纶1414无纬布

彩图2-8-21　神舟九号与天宫一号对接模型

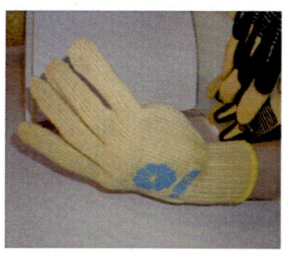
彩图2-8-27　阻燃防护手套

彩图2-8-29　芳纶1313防护服

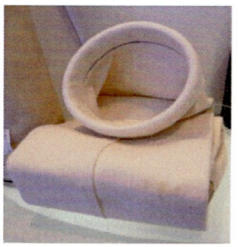
彩图2-8-30　耐高温滤袋

彩图2-8-31　导电芳纶1313短纤维

彩图2-8-42　难燃隔热的蜂窝状型材

彩图2-8-45　难燃耐高温输送带

彩图2-8-64　超高分子量聚乙烯纤维

彩图2-8-70　PPS长丝

彩图2-8-71　PPS耐高温粉尘过滤布袋

彩图2-9-2　玄武岩长丝

彩图2-9-8　玻璃纤维篷布

彩图2-9-12　不锈钢长丝及
不锈钢与棉混纺纱

彩图2-11-1　20旦/
144f（直径4μm）
超细纤维复丝

彩图2-11-4　"薄如蝉翼"
的超细纤维面料

彩图2-11-15　我国第一块海岛型
复合纺0.06旦PA6超细纤维织物
（1995年）

彩图2-12-3（a）　有色纤维

彩图2-12-4　导电纤维

彩图2-13-23　超细纤维合成革及其应用实例

(a) 0.005dpf

(b) 0.06dpf

彩图2-14-4　超细纤维阳离子染料常压染色织物

彩图2-14-6　0.06旦
NEDDP超细纤维
常压染色麂皮绒

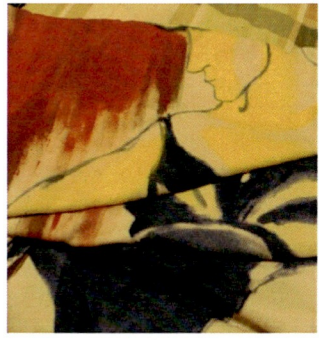

彩图2-14-8　75旦/48f NEDDP纤
维织物染色
上排：100℃染，下排：130℃染

彩图2-14-10　75旦/
48f NEDDP纤维织物
数码印花

彩图2-14-11　0.06旦
NEDDP超细纤维
印花织物

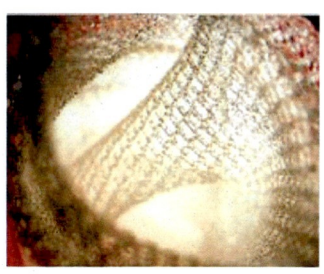

彩图2-15-3　人造心脏
内部结构

彩图2-15-5　涤纶人造
血管

彩图2-15-20　建筑用膜
结构材料

彩图2-15-40　移动水库

彩图2-15-43　大型散装
货物包装袋

山东同大海岛新材料股份有限公司
SHANDONG TONGDA ISLAND NEW MATERIAL CO.,LTD

股票代码：300321

- 国家科技进步二等奖、国家级新产品、中国生态超纤合成革、省部级科技进步奖十多项。

- 制订多项国家及行业标准。

- 中国名牌及国家发明专利产品。

- 各项指标达到国际先进水平，产量、质量国内领先。

- 国家高新技术企业、中国超纤产业基地、中国科技名牌500强。

- 广泛应用于服装服饰、制鞋、手套、箱包、沙发及汽车内饰、体育用品、高档擦拭布等诸多领域。

山东同大海岛新材料股份有限公司
SHANDONG TONGDA ISLAND NEW MATERIAL CO.,LTD

公司地址：山东省昌邑市同大街522号
电话：0536-7123238　7191960
邮箱：td@td300321.com

传真：0536-7126831　7191961
网址：www.td300321.com

聚杰微纤
纺织科技集团

集团简介:

江苏聚杰微纤纺织科技集团有限公司是中国长丝织造超细纤维面料精品生产基地,专业从事超细纤维系列面料及相关制成品的研发、生产、销售的全产业链集团企业。产品适用高档休闲服装和时尚家纺面料、电子类科技企业清洁面料等,产品市场90%以外销为主。

"迎接挑战、锲而不舍"。聚杰集团愿继续围绕微细纤维领域,不断探索、推陈出新,以精益求精保证质量,以至诚服务实现聚杰承诺,锲而不舍服务商界各位同仁。

联系方式: 江苏聚杰微纤纺织科技集团有限公司

联系地址: 江苏省苏州市吴江区八坼社区南郊

电　　话: 0512-63362568

网　　址: www.jujie.com

Huafon 华峰超纤
Huafon Microfibre

科技
Technology

环保
Environmental

时尚
Fashion

生活
Life

华峰超纤®
Microfibre makes life better

上海华峰超纤材料股份有限公司
地址：上海市金山区亭卫南路888号　邮编：201508
电话：021-57245678　传真：021-57245993
网址：http://www.hfmicrofibre.com

图解纤维材料

张大省　周静宜　主　编
付中玉　赵　莉　副主编

中国纺织出版社

内 容 提 要

本书共分为两部分。第一部分是关于纤维的基础知识，多以表格的形式呈现，重点介绍了天然纤维及化学纤维的分类、命名及其主要性能；同时列出了主要化学纤维的化学结构、主要名词解释及其基本生产方法及图例等。第二部分则是本书的重点内容，以"看图识字"的方式，用扫描电子显微镜、光学显微镜和光学相机照片并配以简短的文字说明，介绍了一些主要纤维的微观与宏观形态结构及其应用，形象直观，通俗易懂。

本书适用于纺织、化纤行业以及与纤维材料应用研究相关领域的工程技术人员、管理人员阅读，也可作为相关专业高等院校的教师及学生的参考资料。

图书在版编目（CIP）数据

图解纤维材料/张大省，周静宜主编．—北京：中国纺织出版社，2015.8（2022.8重印）
ISBN 978 – 7 – 5180 – 1754 – 6

Ⅰ．①图… Ⅱ．①张… ②周… Ⅲ．①纺织纤维—图解 Ⅳ．①TS102 – 64

中国版本图书馆 CIP 数据核字（2015）第 139289 号

责任编辑：范雨昕　责任校对：梁　颖
责任设计：何　建　责任印制：何　建

中国纺织出版社出版发行
地址：北京市朝阳区百子湾东里 A407 号楼　邮政编码：100124
销售电话：010—67004422　传真：010—87155801
http：//www.c-textilep.com
中国纺织出版社天猫旗舰店
官方微博 http：//weibo.com/2119887771
北京虎彩文化传播有限公司印刷　各地新华书店经销
2015 年 8 月第 1 版　2022 年 8 月第 4 次印刷
开本：710×1000　1/16　印张：15.5　插页：6
字数：175 千字　定价：88.00 元
京朝工商　广字第 8172 号

凡购本书，如有缺页、倒页、脱页，由本社图书营销中心调换

序

　　人类对天然纤维材料的应用最早可追溯到 8000 年以前古埃及对麻类纤维的使用，在 7000 年前的中国也已用葛纤维织布制衣，在宋代已采用棉花为纺织原料，到明清时期，黄道婆的纺织技术已能生产各种用途的纺织品。传统的天然纤维材料棉、麻、毛、丝的生产、应用已是人类文明不可或缺的部分。而化学纤维的发展，只有近百年的历史。随着工业技术和现代科技的发展，使得纤维材料在制造、加工、应用等方面得到革命性发展，尤其是化学纤维得到充分的发展。19 世纪末就发明了再生纤维素纤维，20 世纪 20 年代发明了锦纶，20 世纪 50 年代发明了涤纶、腈纶，到 20 世纪 70 年代，以锦纶、涤纶、腈纶为代表的三大合成纤维产量迅猛增长。随着高新技术的开发和使用以及纤维科学基础理论的发展和技术积累，化学纤维材料的发展出现了高性能化和多功能化的特点，一系列具有高功能、高性能的高科技纤维相继产生，新一代纤维材料已不再仅仅用于满足人类服饰、家用等需要，而在能源、环境、航空、航天、军事、农业、工业、交通、建材、建筑、生物医学等工程上得到广泛应用，对国家的经济、国防安全和提高人民生活质量都具有重要的战略意义。

　　我国的化学纤维材料工业起步较晚。20 世纪 50 年代，引进德国的再生纤维素（黏胶）技术和装备；60 年代引进日本醋酸乙烯和维尼纶技术和装备；70 年代引进日本、法国的聚酯涤纶、锦纶、腈纶技术和装备；80 ~ 90 年代继续从德国、瑞士、美国、日本等国大量引进聚酯、涤纶技术和装备。到 1998 年超越美国成为世界第一的化纤生产大国和使用大国。直到 21 世纪，走创新发展的道路，通过引进、消化、吸收、再创新，产学研相结合，开发了具有自主知识产权的大容量聚酯和熔体直纺涤纶长、短丝国产化的成套技术和装备，促使中国化纤工业超高速发展。化纤产量从 2000 年的 600 万吨增长至 2010 年的 3090 万吨，占世界产量的 62%，其中涤纶 2513 万吨，占世界产量的 70%，目前正在向差别化、功能化方向发展。此外，在高新纤维方面也加快了发展，迅速缩小了与先进国家之间的差距。如高性能纤维 T300 碳纤维、芳纶 1313、超高分子量聚乙烯、聚苯硫醚、玄武岩、芳砜纶、聚四氟乙烯等纤维均已实现工业化生产；芳纶 1414、芳纶Ⅲ、聚酰亚胺、PTT 树脂等也完成中试到产业化生产；碳化硅、硅硼氮、PBO 及 K-Ⅱ类 PVA 纤维已处于中试攻关阶段，此外，生物质纤维如聚乳酸、甲壳素、壳聚糖、海藻纤维也已完成中试至产业化生产。我国不仅成为名副其实的化纤生产大国，也是生产化纤门类、品种最多、最齐全的国家，至 2020 年将步入世界化纤强国的行列。但是，国内化学纤维材料的专业书籍不多，尤其是工具类性质的书更少，有些跟不上快速发展的形势。

北京服装学院张大省教授主编的《图解纤维材料》一书，是他多年从事化学纤维材料教学研究的经验和积累，并广泛吸收了国内外纤维领域内最新的成果，是一本系统介绍纤维材料的工具书和科普读物。其中第一部分介绍了纤维材料分类命名及相关性能、化学结构及生产基本方法、名词解释等，内容丰富。第二部分创新性的以扫描电镜、光学显微镜、光学相机等形式，介绍纤维材料微观与宏观形态结构及其应用，文字简洁，图文并茂，直观易懂。该书的出版对纤维材料，尤其是纤维新材料的发展有积极的指导意义。该书对从事化学纤维、纺织材料、复合材料、产业用纺织品、功能纺织品和绿色纺织品等领域的研发人员以及相关专业学校的老师、学生等都有参考和使用价值。

中国工程院院士

2014 年 10 月

前　言

　　地球上的人无一例外地都在享受着纤维的恩惠。几千年来，人们一直在享用着棉、毛、麻、丝等为织物的原料。18世纪末人们受蚕食桑叶，又在腹内"加工"后从口中吐出蚕丝的启迪，开启了以天然纤维素为原料，制造再生纤维素纤维的艰难历程。此后，硝酸纤维素纤维、醋酸纤维素纤维、铜氨人造丝、粘胶纤维相继开发问世。1904年又发明了牛乳酪蛋白纤维、玉蜀黍和花生蛋白纤维。伴随它们的开发成功，诞生了溶液法纺丝技术。

　　此后，以人类生活需求为动力，加之科学技术的进步，特别是高分子科学的不断进步推动着成纤高聚物合成及其纤维化的发展。这当中，1930年W. H. Carothers合成了可以制成纤维的脂肪族系聚己二酸乙二醇酯，但由于其熔点太低（65℃），在当时被认为不具有使用价值而被搁置，而如今脂肪族聚酯纤维却被用于可吸收性外科手术缝合线。当前有利于环保的可天然降解性成为一个热门研究课题。这可谓科学领域里的十年河东，十年河西吧！1935年合成了聚酰胺66并实现了纤维化，1939年实现了聚酰胺6纤维化。基于有机高分子结构理论的研究成果，1941年以刚性苯环结构的对苯二甲酸取代了脂肪族己二酸合成了聚对苯二甲酸乙二醇酯（PET），大大地提高了聚酯的熔融温度（260℃），并纺制成纤维。它如今成为世界第一大化学纤维品种，也充实了有机高分子结构与性能的理论与实践。此后的聚萘二甲酸乙二醇酯、聚对苯二甲酸丙二醇酯、聚对苯二甲酸丁二醇酯以及其他诸多耐高温高分子材料的开发成功，不能不说受其益。聚酰胺、聚酯类高分子材料的纤维化开辟了熔体纺丝技术的成功。

　　1930年代初期人们已经知晓聚丙烯腈可以制成纤维，但因其分解温度低于熔融温度，无法熔融纺丝成纤。直到1942年终于找到了适合它的溶剂，实现了溶液纺丝法成纤。1954年Ziegler－Natta催化剂的研制成功，推动了聚丙烯纤维的产业化。此后，为改进已有纤维功能的不足和挖掘它更多的功能与应用，令人眼花缭乱的功能性改性纤维层出不穷。

　　化学纤维不仅在服用领域里快速发展，而且向家纺及产业用领域拓展着。产业领域、国防领域的需求也推动着人们朝着耐高温、高强度、高模量等高性能纤维的开发，碳纤维、芳香族聚酰胺纤维、全芳香族聚酯纤维、高强高模聚乙烯纤维、高强高模聚乙烯醇纤维、聚酰亚胺纤维、聚对亚苯基苯并双噁唑纤维等成为航空、航天、建筑、汽车等行业技术进步的不可或缺的新材料。

近年来，发现了天然纤维素可直接溶解于无毒的 N-甲基氧化吗啉（NMMO）制成纺丝溶液，并得到了莱赛尔（Lyocell）纤维；以植物类可再生资源为原料的聚乳酸纤维，以天然甲壳素为原料的甲壳素及壳聚糖纤维等生物质纤维都已经实现了产业化。

多年来，编著者一直很想将历经约十年点滴积累的知识编纂成一个小册子与各位读者共享，如今终于得以实现，取名为《图解纤维材料》。本书由张大省、付中玉、周静宜策划，文字部分主要由张大省、周静宜整理成文；书中90%以上的扫描电镜照片都是由付中玉和赵莉拍摄完成，还选用了一些前人的成果。第一部分是关于纤维的基础知识，介绍纤维材料的分类、命名、性能；几种主要化学纤维的化学结构、化学纤维的主要名词解释及其主要生产方法。第二部分则是以扫描电镜、光学显微镜等照片形式介绍一些纤维的微观与宏观形态结构、生产基本原理及其应用实例，同时使用了简要的文字对图片加以说明。谈不上图文并茂，只觉得单靠文字叙述很难用简要的文字将纤维的结构说得明白，特别是对初入门者更难于理解。而"看图识字"的形式会更加直观地对它们加以认识，读者能够节约许多宝贵的时间。本书的编写也是受相关书籍的启发，又介绍了一些新的内容，并将自身的一些工作所得融入其中，自认为还是有意义的。

在这里要感谢为本书的成书指导和提供了各类宝贵资料、样品，协助制作电子显微镜、光学显微镜等图像的东华大学王庆瑞、陈雪英，我们的老师和同事郭英、姜胶东、李燕立、王锐、王建明、陈放、陈玉顺、朱志国、董振峰、耿景萍及宁波纺专的杨乐芳等老师，还要特别感谢江苏聚杰微纤纺织科技集团有限公司、山东同大海岛新材料股份有限公司、上海华锋超纤材料有限公司为本书的出版所做的热心支持以及中国化学纤维工业协会、中国产业用纺织品协会、国家纤维检验局、北京市纤维检验所、国家亚麻产品质量监督检验中心胡正明先生、江苏三房巷集团有限公司、苏州吴江赴东舜星合成纤维有限公司、苏州龙杰化纤有限公司、北京中纺优丝特种纤维科技有限公司、山东烟台泰和新材公司、鄂尔多斯集团有限公司、苏州盛虹集团、总后勤部军需装备研究所军用汉麻材料研究中心、山东联友金浩新型材料有限公司、桐昆集团股份有限公司、杭州华欣化纤纺织有限公司、浙江华欣控股集团、浙江石金玄武岩纤维有限公司、山东即发集团股份有限公司、青岛大学夏延致教授、苏州兆达特纤科技有限公司、吉安三江超纤无纺有限公司、北京京棉集团、海斯摩尔生物科技有限公司、中纺优丝特种纤维科技有限公司及中纺新元无纺材料有限公司等诸位同志和单位提供的样品和资料，感谢多年来支持和鼓励编著者克服困难的朋友们。

最后，特别要感谢的是中国工程院蒋士成院士在非常认真地审阅了本书的部分内容后，为鼓励作者并支持本书的出版，为推动中国化纤事业的发展，特别为本书撰写了序言。

在编写本书的过程中，由于编著者水平有限，时间仓促，书中难免存在疏漏和不妥之处，敬请读者批评指正。

编著者
2014 年 9 月

目　录

1. 纤维的基础知识 / 1

　1.1　纤维分类 / 1

　　1.1.1　天然纤维 / 1

　　1.1.2　化学纤维（人造纤维）/ 2

　1.2　纤维的定义与中日英文命名 / 4

　　1.2.1　动物纤维 / 4

　　1.2.2　植物纤维 / 6

　　1.2.3　矿物纤维 / 7

　　1.2.4　化学纤维 / 8

　1.3　纤维的性能 / 16

　1.4　纤维的主要名词释义 / 38

　　1.4.1　天然纤维 / 38

　　1.4.2　化学纤维 / 38

　　1.4.3　再生纤维 / 38

　　1.4.4　合成纤维 / 38

　　1.4.5　熔体纺丝 / 38

　　1.4.6　溶液纺丝 / 39

　　1.4.7　冻胶纺丝 / 40

　　1.4.8　线密度 / 40

　　1.4.9　断裂强度 / 40

　　1.4.10　断裂伸长率 / 41

　　1.4.11　干湿强力比 / 41

　　1.4.12　环扣强度 / 41

　　1.4.13　打结强度 / 41

　　1.4.14　回潮率 / 41

　　1.4.15　含湿率 / 42

1.4.16 染色性能 / 42

1.4.17 限氧指数 / 42

1.4.18 原液着色纤维 / 42

1.4.19 母粒着色纤维 / 42

1.5 主要化学纤维的化学结构式 / 43

1.5.1 粘胶纤维 / 43

1.5.2 聚酰胺6 (PA6) 纤维 / 43

1.5.3 聚酰胺66 (PA66) 纤维 / 43

1.5.4 聚对苯二甲酸二乙二醇酯 (PET) 纤维 (涤纶) / 43

1.5.5 高温高压型阳离子染料可染聚酯 (CDP) 纤维 / 44

1.5.6 酯型常压型阳离子染料可染聚酯 (ECDP) 纤维 / 44

1.5.7 醚型常压型阳离子染料可染聚酯 (ECDP) 纤维 / 44

1.5.8 易水解聚酯 (EHDPET) / 44

1.5.9 分散染料常压可染聚酯 (EDDP) 纤维 / 45

1.5.10 聚对苯二甲酸二丙二醇酯 (PTT) 纤维 / 45

1.5.11 聚对苯二甲酸二丁二醇酯 (PBT) 纤维 / 45

1.5.12 聚萘二甲酸二乙二醇酯 (PEN) 纤维 / 45

1.5.13 聚丙烯腈 (PAN) 纤维 (腈纶) / 45

1.5.14 聚乙烯 (PE) 纤维 (乙纶) / 46

1.5.15 聚丙烯 (PP) 纤维 (丙纶) / 46

1.5.16 聚乙烯醇 (PVA) 缩甲醛纤维 (维纶) / 46

1.5.17 聚氯乙烯 (PVC) 纤维 (氯纶) / 46

1.5.18 聚四氟乙烯 (PTFE) 纤维 (氟纶) / 46

1.5.19 聚氨酯 (PU) 纤维 (氨纶) / 46

1.5.20 聚乳酸 (PLA) 纤维 / 46

1.5.21 聚对苯二甲酰对苯二胺 (PPTA) 纤维 / 47

1.5.22 聚间苯二甲酰间苯二胺 (PMIA) 纤维 / 47

1.5.23 聚酰亚胺 (PI) 纤维 / 47

1.5.24 聚醚醚酮 (PEEK) 纤维 / 47

1.5.25 聚苯硫醚 (PPS) 纤维 / 47

1.5.26 碳纤维 / 48

1.6 化学纤维的主要纺丝方法 / 48

1.6.1 熔体纺丝法 / 48

1.6.2　溶液纺丝法 / 50

2. 图解纤维材料 / 54

2.1　天然纤维 / 54

2.1.1　棉花 / 54

2.1.2　木棉 / 56

2.1.3　亚麻 / 57

2.1.4　苎麻 / 58

2.1.5　大麻纤维 / 60

2.1.6　黄麻 / 62

2.1.7　羊毛 / 63

2.1.8　羊绒 / 65

2.1.9　马海毛 / 66

2.1.10　骆驼绒 / 67

2.1.11　小羊驼绒 / 68

2.1.12　羊驼毛 / 69

2.1.13　牦牛绒纤维 / 70

2.1.14　兔毛 / 72

2.1.15　羽绒 / 73

2.1.16　蚕丝 / 75

2.1.17　蜘蛛丝 / 78

2.1.18　金蜘蛛丝 / 80

2.1.19　竹原纤维 / 82

2.1.20　香蕉纤维 / 84

2.1.21　芭蕉纤维 / 85

2.1.22　棕榈纤维 / 86

2.2　再生纤维素纤维及纤维素酯纤维 / 88

2.2.1　再生纤维素纤维及纤维素酯纤维的基本原材料 / 88

2.2.2　常规粘胶纤维 / 90

2.2.3　莫代尔（Modal）纤维 / 91

2.2.4　莱赛尔（Lyocell）纤维 / 92

2.2.5　汉麻秆及其韧皮纤维 / 93

2.2.6　汉麻秆芯浆粕及汉麻秆芯粘胶纤维 / 94

2.2.7　竹浆粕及竹（浆）粘胶纤维 / 95

2.2.8　醋酸纤维素酯纤维 / 97

2.3　生物质纤维 / 98

2.3.1　聚乳酸（PLA）纤维 / 98

2.3.2　甲壳素及壳聚糖（甲壳胺）纤维 / 101

2.3.3　海藻酸盐纤维 / 104

2.4　熔体纺丝法常规合成纤维 / 106

2.4.1　熔体纺丝法纺制合成纤维 / 106

2.4.2　熔体纺丝、拉伸生产过程中的现象 / 110

2.5　溶液纺丝法纤维 / 113

2.5.1　溶液纺丝法常规纤维 / 113

2.5.2　大豆蛋白或牛奶蛋白改性聚乙烯醇纤维及聚丙烯腈
纤维 / 116

2.6　废弃资源循环再生纤维 / 117

2.7　功能性纤维 / 120

2.7.1　吸湿、排汗、速干舒适性织物用聚酯纤维 / 120

2.7.2　高收缩纤维 / 122

2.7.3　弹性纤维 / 125

2.7.4　皮芯型复合纤维 / 131

2.7.5　吸湿、可染及抗静电聚丙烯纤维 / 134

2.7.6　阻燃纤维 / 135

2.7.7　纳米粉体及添加纳米粉体改性纤维 / 137

2.7.8　异形纤维 / 139

2.7.9　人工肾血液透析器用中空纤维 / 143

2.7.10　光导纤维 / 146

2.7.11　高分子电池隔膜 / 148

2.7.12　微滤膜 / 154

2.7.13　聚氨酯—聚四氟乙烯双层膜 / 156

2.8　高性能纤维 / 157

2.8.1　聚对苯二甲酰对苯二胺纤维 / 157

2.8.2　聚间苯二甲酰间苯二胺纤维 / 162

2.8.3　聚酰亚胺纤维 / 167

2.8.4　碳纤维 / 169

2.8.5　超高分子量聚乙烯（UHMWPE）纤维 / 172

2.8.6 聚苯硫醚（PPS）纤维 / 173

2.9 无机纤维 / 175

2.9.1 玄武岩纤维 / 175

2.9.2 玻璃纤维 / 176

2.9.3 石棉纤维 / 177

2.9.4 不锈钢金属纤维 / 178

2.10 非织造布 / 179

2.10.1 各种不同缠结方法非织造布 / 179

2.10.2 中空橘瓣复合—纺粘—水刺非织造布 / 182

2.10.3 静电植绒及地毯 / 183

2.10.4 非织造布生产工艺流程 / 184

2.11 超细纤维 / 186

2.11.1 熔体直纺法超细纤维 / 187

2.11.2 复合纺丝法超细纤维 / 187

2.11.3 静电纺丝法超细纤维 / 190

2.11.4 闪蒸法纺制超细纤维 / 191

2.12 各种纤维及纱线 / 192

2.12.1 未拉伸丝 / 194

2.12.2 全拉伸丝 / 194

2.12.3 预取向丝 / 194

2.12.4 全取向丝 / 195

2.12.5 拉伸变形丝 / 195

2.12.6 膨化变形长丝 / 195

2.12.7 复合纱线 / 195

2.12.8 膨体纱 / 196

2.13 超细纤维合成革 / 197

2.13.1 天然麂皮的形态结构 / 197

2.13.2 非相容高聚物共混物成纤过程中形态结构控制的
一般原理 / 199

2.13.3 非相容高聚物共混纺丝制备基体—微纤型纤维实例 / 205

2.13.4 超细纤维合成革微观结构 / 206

2.13.5 超细纤维及其合成革的应用 / 207

2.13.6 超细纤维非织造布在产业领域应用 / 209

  2.13.7 微胶囊及纳米粉体在聚氨酯超纤革中的应用 / 209

  2.13.8 多孔中空纤维 / 211

 2.14 新型常压可染超细纤维 / 212

  2.14.1 新型阳离子染料常压可染聚酯超细纤维 / 212

  2.14.2 新型分散染料常压可染聚酯超细纤维 / 212

 2.15 产业用纺织品 / 214

  2.15.1 医疗与卫生用纺织品 / 214

  2.15.2 过滤分离用纺织品 / 215

  2.15.3 土工用纺织品 / 216

  2.15.4 建筑用纺织品 / 217

  2.15.5 交通工具用纺织品 / 219

  2.15.6 安全与防护用纺织品 / 220

  2.15.7 结构增强用纺织品 / 222

  2.15.8 农用纺织品 / 223

  2.15.9 包装用纺织品 / 224

  2.15.10 文体与休闲用纺织品 / 225

  2.15.11 篷帆类纺织品 / 226

  2.15.12 隔离与绝缘用纺织品 / 227

  2.15.13 工业用毡毯（呢）类纺织品 / 228

参考文献 / 230

1. 纤维的基础知识

1.1 纤维分类

按照传统教科书的定义，所谓纤维是指具有一定长度和柔性的长条状物质，其长径比一般要大于 1000。用作纺织材料的纤维还应当具有一定的强度、韧性和尺寸稳定性。

为了叙述的方便和便于读者按照历史习惯的查阅，故将纤维的分类按照下述的思路进行编排，即纤维的分类规则如下所示。

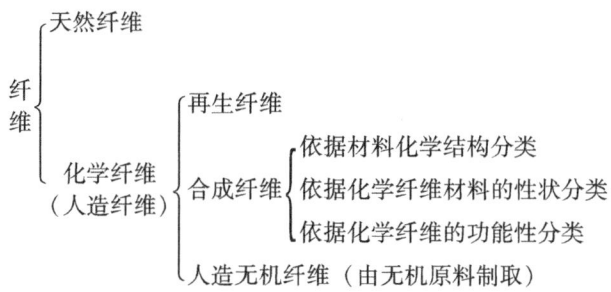

1.1.1 天然纤维（natural fibers）

（1）纤维素纤维（cellulose fibers）包括：种子毛纤维——棉、木棉，韧皮纤维——亚麻、苎麻、大麻、黄麻，叶脉纤维——马尼拉麻、西沙尔麻，竹原纤维。

（2）蛋白纤维（protein fibers）包括：兽毛纤维——羊毛、开司米、马海毛、羊驼毛、骆驼毛，蚕丝纤维—— 蚕丝（家蚕、野蚕），羽毛纤维——鸭毛、鹅毛等禽类羽毛。

（3）无机纤维（inorganic fibers）包括：矿物纤维——石棉。

1.1.2 化学纤维（人造纤维）

1.1.2.1 依据材料的化学结构分类

按材料的化学结构不同，化学纤维（chemical fibers、man-made fibers）可分为再生纤维和合成纤维。

（1）再生纤维（regenerated fibers）包括再生纤维素纤维、半合成纤维、再生蛋白纤维、海藻纤维及甲壳素类纤维等。

①再生纤维素纤维（regenerated cellulose fibers）包括：粘胶纤维：长丝及短纤维，高湿模量纤维（波利诺西克、莫代尔、富强纤维）以及帘子线用高强高模纤维；铜氨纤维；天丝。

②半合成纤维（semi-synthetic fibers）包括：醋酸纤维素纤维：二醋酸纤维素纤维、三醋酸纤维素纤维，硝酸纤维素纤维。

③再生蛋白纤维（regenerated protein fibers）包括：聚丙烯腈（聚乙烯醇）—牛乳蛋白共聚纤维，聚乙烯醇（聚丙烯腈）—大豆蛋白共聚纤维。

④海藻纤维（藻朊酸盐纤维）（alginic acid fibers）。

⑤甲壳素类纤维（chitin fibers）包括：甲壳素纤维、壳聚糖纤维。

（2）合成纤维（synthetic fibers）包括聚酰胺纤维、聚酯纤维、聚丙烯腈系纤维等。

①聚酰胺纤维（polyamide fibers）包括：脂肪族聚酰胺纤维（锦纶6、锦纶66等），全芳香族聚酰胺纤维：聚对苯二甲酰对苯二胺纤维（芳纶1414、PPTA纤维、Kevlar纤维），聚间苯二甲酰间苯二胺纤维（芳纶1313、PMIA纤维、Nomex纤维）。

②聚酯纤维（polyester fibers）包括：聚对苯二甲酸乙二醇酯（PET）纤维、聚对苯二甲酸丙二醇酯（PTT）纤维、聚对苯二甲酸丁二醇酯（PBT）纤维、聚萘二甲酸乙二醇酯（PEN）纤维、聚乳酸（PLA）纤维、聚丁二酸乙二醇酯纤维、芳香族聚酯纤维。

③聚丙烯腈系纤维（polyacrylonitrile fibers）包括：聚丙烯腈（PAN）纤维、聚丙烯腈—聚氯乙烯共聚纤维（腈氯纶）。

④聚烯烃纤维（polyolefin fibers）包括：聚乙烯（PE）纤维、超高分子量聚乙烯（UHMWPE）纤维（高强高模量聚乙烯纤维）、聚丙烯（PP）纤维。

⑤聚乙烯醇缩甲醛（PVA）纤维（polyvinyl alkohol fibers）。

⑥聚氯乙烯系纤维（polyvinyl chloride fibers）包括：聚氯乙烯（PVC）纤维（氯纶）、聚过氯乙烯纤维（过氯纶）。

⑦聚氨酯（PU）纤维（氨纶）（polyurethane fibers）。

⑧聚四氟乙烯（PTFE）纤维（氟纶）（polytetrafluoroethylene fibers）。

⑨杂环高分子高强度高模量纤维（heterocyclic polymer fibers）包括：PBZ纤维：聚对亚苯基苯并双噻唑（PBT）纤维、聚对亚苯基苯并双噁唑（PBO）纤维和聚酰亚胺（PI）纤维。

（3）人造无机纤维包括：碳纤维（PAN基、纤维素基、沥青基），玻璃纤维，矿渣纤维（矿渣棉纤维），硅碳化钙纤维，硼纤维，无机单晶纤维，岩石纤维（火山岩纤维），铝纤维，金、银丝，不锈钢纤维，合金金属纤维。

1.1.2.2　依据化学纤维材料的性状分类

依据化学纤维材料的性状不同可分为：长丝、短纤维、复合纤维、异形截面纤维、超细纤维等。

（1）长丝（filament）包括：预取向丝（POY），牵伸未取向丝—拉伸加捻（UDY—DT）、预取向丝—拉伸加捻（POY—DT）、全取向丝（FDY）、高取向丝（HOY）等，[假捻丝（涤纶低弹丝（DTY）、锦纶高弹丝]、空气变形丝（ATY）及膨体变形长丝（BCF）。

（2）短纤维（staple fibers）包括：棉型、毛型、中长型及牵切丝束。

（3）复合纤维（composite fibers）包括：皮芯复合纤维、并列复合纤维、多层并列复合纤维、橘瓣型复合纤维、中空橘瓣型复合纤维、齿轮型复合纤维、米字型复合纤维及海岛型复合纤维等。

（4）异形截面纤维（irregularly shaped fibers）包括：三角形、Y形、W形、米字形、十字形、多角形、方形、圆中空形（单孔、多孔）、三角中空形、一字形、T形等。

（5）超细纤维（ultra‑fine fibers）包括：直纺法超细纤维、复合纺丝法超细纤维、共混纺丝法超细纤维、熔喷法超细纤维、静电纺丝法超细纤维、闪蒸法超细纤维及天然超细纤维。

1.1.2.3　依据化学纤维的功能性分类

依据化学纤维的功能性不同可分为：阳离子染料（高温高压型及常压型）可染聚酯纤维，分散染料常压可染聚酯纤维，可染聚丙烯纤维，吸湿、排汗、速干性纤维，抗静电性纤维，导电性纤维，抗起球性纤维，阻燃性纤维，弹性纤维，抗紫外线纤维，抗菌抑菌性纤维，耐氯漂性纤维，疏水性纤维，形状记忆性纤维，有色纤维（母粒着色），不同光泽（半消光、全消光、大有光）纤维等。

1.2 纤维的定义与中日英文命名

1.2.1 动物纤维

（1）蚕丝类纤维的定义及命名见表1-2-1。

表1-2-1 蚕丝类纤维的定义及命名

命名（商品名）	定 义	日文对应命名	英文对应命名
蚕丝	蚕吐出的有丝心蛋白和丝胶构成的纤维	絹	silk
桑蚕丝	由桑蚕茧所缲的丝，又称家蚕丝	くわこいと	mulberry silk
柞蚕丝	由柞蚕茧所缲的丝，又称野蚕丝	さくさんいと	tussah silk
野蚕丝	野山蚕吐出的纤维	野蚕絹	tasar, muga, eri
阿纳菲野蚕丝	非洲产阿纳菲野蚕吐出的纤维	アナへ野蚕絹	anaphe

（2）毛类纤维的定义及命名见表1-2-2。

表1-2-2 毛类纤维的定义及命名

命名（商品名）	定 义	日文对应命名	英文对应命名
羊毛	羊毛纤维	羊毛，ウール	wool
阿卡帕卡毛、羊驼毛	产自秘鲁、阿根廷等地的一种羊驼毛纤维	アルパカ繊維	alpaca fur
安哥拉兔毛	产自安哥拉的兔毛纤维	アンゴラ兔毛繊維	angora fur, rabbit fur
开司米、羊绒	山羊绒、紫羊绒、羊绒纤维	カシミヤ繊維	cashmere fur
驼毛	骆驼毛、驼绒毛纤维	ラクダ繊維	camel fur
南美驼毛	产自南美洲的原驼毛纤维	ガナコ繊維	guanaco fur

续表

命名（商品名）	定　义	日文对应命名	英文对应命名
美洲驼毛	产自美洲的驼毛纤维	ラマ繊維	llama fur
安哥拉山羊毛（马海毛）	产自安哥拉山羊毛，又称马海毛纤维	モヘヤ、アンゴラ繊維	mohair fur, angora fur
骆马绒	产自南美洲的骆马绒纤维	ビギューナ繊維	vicuna fur
牦牛毛	牦牛毛纤维	ヤク繊維	yak fur
牛毛	雄牛毛纤维	牛毛，モンド繊維	cow fur
海狸（水獭）毛	海狸（水獭）毛纤维	ビーバー毛繊維	beaver fur
鹿毛	鹿毛纤维	鹿毛繊維	deer fur
山羊毛	普通山羊毛纤维	山羊毛繊維	goat fur
马毛	马毛纤维	馬毛繊維	horse fur
兔毛	兔毛纤维	兔毛繊維	rabbit fur
野兔毛	野兔毛纤维	野兔毛繊維	hare fur
水獭毛	水獭毛纤维	かわうそ毛繊維	otter fur
海狸毛	产自南美洲海狸的毛纤维	ヌートリア毛繊維	nutria fur
海豹毛	海豹毛纤维	アザラシ毛繊維	seal fur
麝鼠毛	产自北美洲麝鼠的毛纤维	じゃこうねずみ毛繊維	muskrat fur
驯鹿毛	产自斯堪的纳维亚及俄罗斯驯鹿毛纤维	トナカイ毛繊維	reindeer fur
水貂皮毛	水貂皮毛纤维	ミンク毛繊維	mink fur
貂毛	貂皮毛纤维	てん毛繊維	marten fur
黑貂毛	黑貂皮毛纤维	黒てん毛繊維	sable fur
黄鼠狼毛	黄鼠狼毛纤维	いたち毛繊維	weasel fur
熊毛	熊皮毛纤维	熊毛繊維	bear fur
银鼠毛	银鼠毛纤维	おこじょ毛繊維	hermine fur
福克斯狐毛	北极福克斯狐毛纤维	アーティック狐毛繊維	artifox fur
鸭绒	靠近鸭子皮肤处的纤细绒毛	ケワタガモの綿毛	duck's down
鹅绒	靠近鹅皮肤处的纤细绒毛	ガチョウの綿毛	gosling feather

1.2.2 植物纤维

（1）种子纤维的定义及命名见表1-2-3。

表1-2-3 种子纤维的定义及命名

命名（商品名）	定 义	日文对应命名	英文对应命名
棉纤维	锦葵属棉籽毛，由棉植物种子得到的单细胞纤维	绵纤维	cotton fiber
年角瓜纤维	年角瓜种子得到的纤维	アクンド纤维	akund fiber
木棉纤维	木棉树种子皮的单细胞纤维、木棉树的果子绒	カポック纤维	kapok fiber

（2）韧皮纤维的定义及命名见表1-2-4。

表1-2-4 韧皮纤维的定义及命名

命名（商品名）	定 义	日文对应命名	英文对应命名
大麻纤维	大麻秆茎韧皮纤维	大麻纤维	hemp fiber
金雀花纤维	金雀花属韧皮纤维	えにした韧皮纤维	broom bast fiber
黄麻纤维	黄麻秆茎韧皮纤维	黄麻纤维	jute fiber
洋麻、槿麻纤维	槿麻秆茎韧皮纤维	ケナフ纤维	kenaf fiber
亚麻纤维	亚麻秆茎韧皮纤维	亚麻纤维	flax fiber
苎麻纤维	苎麻秆茎韧皮纤维	ラミー纤维	ramie fiber
玫瑰茄纤维	印度及斯里兰卡产玫瑰茄韧皮纤维	ロセール韧皮纤维	rosslle bast fiber
印度麻纤维	印度麻秆茎韧皮纤维	インド麻纤维	sunn fiber
肖梵夫花韧皮纤维	肖梵夫花韧皮纤维	ぼんてんか韧皮纤维	urena bast fiber
白麻纤维	白麻属韧皮纤维，含青麻、芙蓉麻、天津麻等韧皮纤维	いちび纤维	abutilon fiber
蓬加麻纤维	蓬加麻韧皮纤维	ぱンガ纤维	punga fiber
夹竹桃纤维	夹竹桃韧皮纤维	バシグルモン韧皮纤维	bluish dogbane, bast fiber
香蕉茎纤维	香蕉树的韧皮纤维	バナナ韧皮纤维	banana bast fiber

（3）叶脉纤维的定义及命名见表1-2-5。

表1-2-5 叶脉纤维的定义及命名

命名（商品名）	定 义	日文对应命名	英文对应命名
马尼拉麻纤维	马尼拉麻叶纤维	マニラ麻繊維	abaca leaf fiber
非洲埃斯帕托叶纤维	埃斯帕托叶纤维，该纤维细而透明	アフリカハネガヤ葉繊維	alfa leaf fiber, esparto leaf fiber
龙舌兰叶纤维	芦荟属龙舌兰叶纤维	アロエ葉繊維	aloe leaf fiber
菲奎叶纤维	中美洲产菲奎叶纤维	フィキユー葉繊維	fique leaf fiber
剑麻纤维	赫纳昆纤维、龙舌兰属西沙尔麻、剑麻纤维	ヘネケン繊維	henequen leaf fiber
马奎龙舌兰叶纤维	印度及东南亚产马奎龙舌兰属叶纤维	マゲイ葉繊維	maguey leaf fiber, cantala leaf fiber
新西兰麻纤维	新西兰产麻纤维	ニュウサイラン繊維	phormlum leaf fiber
菠萝叶纤维	又称凤梨麻、菠萝麻纤维，取自凤梨植物叶片	パイナップル葉繊維	pineapple leaf fiber
坦皮科大麻纤维	坦皮科大麻叶纤维	タムピコ繊維	tamplco leaf fiber
香蕉叶纤维	香蕉树叶纤维	バナナ葉繊維	bananaleaf fiber

（4）果实纤维的定义及命名见表1-2-6。

表1-2-6 果实纤维的定义及命名

命名（商品名）	定 义	日文对应命名	英文对应命名
椰壳纤维	椰壳纤维	ココヤシ繊維	coir fiber

1.2.3 矿物纤维

矿物纤维的定义及命名见表1-2-7。

表1-2-7　矿物纤维的定义及命名

命名（商品名）	定　义	日文对应命名	英文对应命名
石棉	天然硅纤维	石綿繊維	asbestos fiber
火山岩纤维	将以玄武岩为主的火山岩石熔融纺制成的纤维，具有高强、高模、耐高温、耐腐蚀等性能	火山岩繊維	slag fiber
硼纤维	以氢还原三氯化硼，使硼淀积于炙热的钨丝上形成的皮芯型无机复合纤维，是一种高强度、高模量纤维	ほうそ繊維	boron fiber
矿渣纤维	由炼铁废渣制成的纤维	スラグ繊維	slag fiber
玻璃纤维	将玻璃熔融挤出后拉伸得到的可用于纺织加工的纤维	ガラス繊維	glass fiber
金属纤维	由金属材料加工得到的纤维	金属繊維	metal fiber

1.2.4　化学纤维

化学纤维的定义及命名见表1-2-8。

表1-2-8　化学纤维的定义及命名

学　名	商品名	定义与命名	日文对应命名	英文对应命名
粘胶纤维	人造丝、人造棉	将木浆、棉浆、竹浆或麻浆等纤维素原材料经碱化—老成—黄酸化后溶解于碱溶液，再经熟成—过滤—脱泡制成纺丝液——粘胶，采用湿法纺丝，将纺丝液从微孔中吐入由硫酸、硫酸钠、硫酸锌等组成的凝固浴中凝固，继而经拉伸—水洗—上油—干燥等工序得到粘胶纤维，是为再生纤维素纤维	レーヨン	viscose，rayon

学　名	商品名	定义与命名	日文对应命名	英文对应命名
高湿模量粘胶纤维	波利诺西克、莫代尔、富强纤维、虎木棉等	也是一种粘胶纤维，其特点是纤维素的平均聚合度大于450，调整粘胶原液浓度及凝固浴组成，缓慢成型得高结晶度的粘胶纤维，在湿态下不易发生变形	ポリノジック	polynosic
天丝	天丝	以 N–甲基氧化吗啉（NMMO）水溶液为溶剂直接溶解纤维素得到纺丝溶液，采用湿法纺丝，以 NMMO—H_2O 为凝固浴，初生纤维经拉伸—水洗—上油—干燥纺制的纤维素纤维	リヨセル	lyocell, tencell
铜氨纤维	铜氨纤维	以氢氧化铜氨溶液为溶剂，直接溶解纤维素得到纺丝溶液，采用湿法纺丝，丝条进入以硫酸水溶液的凝固浴，铜氨纤维素大分子分解成再生纤维素纤维，再经脱铜—上油—干燥得最终成品	キュプラ繊維	cupro fiber, cuprene fiber
二醋酸纤维素纤维	二醋酯纤维	将酯化率在 74% ~ 92% 的醋酸纤维素酯溶解于丙酮制成纺丝原液，经过滤—脱泡后用干法纺丝成型得到的纤维	アセテート繊維	acetate fiber celluloseacetate fiber
三醋酸纤维素纤维	三醋酯纤维	将酯化率大于 92% 的醋酸纤维素酯溶于二氯甲烷与甲醇（或乙醇）的混合溶剂，采用干法纺丝得到的纤维	トリアセテート繊維	triacetate fiber

学　名	商品名	定义与命名	日文对应命名	英文对应命名
甲壳素纤维	甲壳素纤维	甲壳素是由虾、蟹、昆虫的甲壳、真菌以及菌类植物的细胞壁提炼出来的，化学结构为$N-$乙酰$-2-$氨基$-2-$脱氧$-D-$葡萄糖以$\beta-1,4$糖苷键连接成的多糖。甲壳素纤维制法：（1）类似粘胶纤维制法。将甲壳素碱化—黄酸化—溶解—熟成—过滤—脱泡得纺丝原液，采用湿法纺丝，以硫酸、硫酸钠、硫酸锌溶液为凝固浴，得到的丝条在乙醇中拉伸、洗涤后得到甲壳素纤维；（2）将甲壳素粉溶解于甲酸、二氯醋酸或甲磺酸溶液得到的纺丝原液，经湿法纺丝后再先后经异丙醚、乙醇/冰醋酸/水及冷水三道凝固浴拉伸—水洗—烘干得甲壳素纤维	キチン纖維	chitin fiber
壳聚糖纤维	壳聚糖纤维	将甲壳素的$N-$乙酰基脱除55%以上的产物称壳聚糖（也有称甲壳胺）。壳聚糖溶解于1%醋酸或1%盐酸（也可加少量尿素降低原液黏度），经过滤、脱泡得纺丝原液，采用湿法纺丝，将原液细流挤入碱溶液凝固浴，凝固的丝条经拉伸—水洗—上油—干燥得壳聚糖纤维	キトサン纖維	chitosan fiber

学　名	商品名	定义与命名	日文对应命名	英文对应命名
藻朊酸金属盐纤维	海藻酸盐纤维	从天然海藻中提取海藻酸，溶解于碳酸钠溶液，制成水溶性海藻酸钠纺丝原液，采用湿法纺丝成型，以含有少量盐酸及阳离子表面活性剂的氯化钙溶液为凝固浴，原液吐出后成海藻酸钙沉淀丝条，拉伸后经水洗—上油—干燥—卷绕成筒得海藻酸盐纤维	アルギン酸繊維 海藻（かいそう）繊維	alginate fiber，alginic acid fiber，sea weed fiber
聚乙烯醇缩甲醛纤维	维纶	乙烯醇质量分数在 65% 以上的线型合成高聚物——聚乙烯醇溶解于热水中，经过滤—脱泡制成纺丝原液，以硫酸钠水溶液为凝固浴，采用湿法纺丝得到初生纤维经拉伸—热处理—缩醛化—水洗—上油—干燥得到的纤维；也可用更高浓度（40% ~ 55%）的聚乙烯醇水溶液，在湿热空气中成型的干法纺丝制得长丝	ビニロン繊維	vinylon fiber，formalized polyvinyl alcohol fiber，polyvinyl formal fiber
聚氯乙烯纤维	氯纶	以聚氯乙烯或其衍生物（聚偏氯乙烯、氯化聚氯乙烯）的丙酮溶液采用湿法或干法纺丝纺制的纤维	ポリ塩化ビニル繊維	polyvinyl chloride fiber
聚丙烯腈纤维	腈纶	以丙烯腈质量分数大于 85% 的线型合成高聚物——聚丙烯腈溶解硫氰酸钠水溶液或 DMF、DMA、DMSO 等溶剂中采用湿法或干法纺丝纺制的纤维	アクリル繊維	acrylic fiber

学　名	商品名	定义与命名	日文对应命名	英文对应命名
改性聚丙烯腈纤维	改性腈纶	以丙烯腈质量分数在35%～85%的线型合成高聚物纺制的纤维	アクリル系アクリロニトリル繊維	modacrylic fiber
聚己内酰胺纤维	锦纶6	将聚己内酰胺经熔体纺丝—拉伸—热定型纺制的纤维	ナイロン6繊維	nylon6（polyamide6）
聚己二胺己二酸纤维	锦纶66	由聚己二胺己二酸经熔体纺丝—拉伸—热定型纺制的纤维	ナイロン66繊維	nylon66（polyamide66）
聚己二酰间苯二甲胺纤维	MXD－6纤维	由聚己二酰间苯二甲胺经熔体纺丝—拉伸—热定型纺制的纤维，该纤维的特点是具有高高强度	ナイロンMXD－6繊維	polymetaxylylene adipamide fiber MXD－6 fiber
聚对苯二甲酰己二胺纤维	锦纶6－T	由聚对苯二甲酰己二胺经熔体纺丝—拉伸—热定型纺制的纤维，该纤维特点是具有高强度及耐高温性能	ナイロン6－T繊維	polyhexamethyle-ne terephthalamide fiber，nylon6－T fiber
芳香族聚酰胺纤维		由直接连接于两个苯环的酰胺键或酰亚胺键的质量分数大于85%；且当含有酰亚胺键时，其数量不大于酰胺键的线型合成高聚物采用干湿法纺丝纺制的纤维	アラミド繊維	aramid fiber
聚对苯二甲酰对苯二胺纤维	芳纶1414	将聚对苯二甲酰对苯二胺溶解于浓硫酸，以稀硫酸为凝固浴，采用干喷湿纺法纺丝，再经洗涤、干燥和热处理得到的纤维，该纤维的特点是具有高强度、高模量及高耐热性	ケフラ	kevlar，PPTA fiber

学 名	商品名	定义与命名	日文对应命名	英文对应命名
聚间苯二甲酰间苯二胺纤维	芳纶 1313	将聚间苯二甲酰间苯二胺溶解于无机盐水溶液，采用湿法或干法纺丝纺制的纤维，该纤维的特点是优异的耐高温性	ノメクス	nomex，conex，fenelon PMIA fiber
聚对苯二甲酸乙二醇酯纤维	涤纶、PET 纤维	以聚对苯二甲酸乙二醇酯质量分数大于 85% 的线型合成高聚物经熔体纺丝—拉伸—热定型纺制的纤维	ポリエステル繊維	polyethylen - terephtalate fiber（polyester）
聚对苯二甲酸丙二醇酯纤维	PTT 纤维	以聚对苯二甲酸丙二醇酯质量分数大于 85% 的线型合成高聚物经熔体纺丝—拉伸—热定型纺制的纤维	ポリトリメチレンテレフタレート繊維	polytrimethylen - terephtalate fiber
聚对苯二甲酸丁二醇酯纤维	PBT 纤维	以聚对苯二甲酸丁二醇酯质量分数大于 85% 的线型合成高聚物经熔体纺丝—拉伸—热定型纺制的纤维	ポリブチレンテレフタレート繊維	polybutylen - terephtalate fiber
聚 - 2, 6 - 萘二甲酸乙二醇酯纤维	PEN 纤维	以聚 - 2，6 - 萘二甲酸丁二醇酯质量分数大于 85% 的线型合成高聚物经熔体纺丝—拉伸—热定型纺制的纤维	ポリナフタレンテレフタレート繊維	PEN fiber，polyethylen glycol 2，6 - naphthalene dicarboxylate fiber
聚乳酸纤维	PLA 纤维	以聚乳酸质量分数大于 85% 的线型合成高聚物经熔体纺丝—拉伸—热定型纺制的纤维	ポリ乳酸繊維	polylactic acid fiber，polylacted fiber，PLA fiber
全芳香族聚酯纤维		全部由芳香族化合物单体以酯键相连接的线型合成高聚物经熔体纺丝—拉伸纺制的纤维	ポリアリレート系繊維	polyarylate fiber

学　名	商品名	定义与命名	日文对应命名	英文对应命名
聚对苯二甲酸丁二醇酯－聚醚纤维		由聚对苯二甲酸丁二醇酯与聚醚构成的嵌段线型合成共聚物经熔体纺丝—拉伸—热定型纺制的纤维	ポリエーテルエステル系繊維	polyetherester fiber
聚乙烯纤维	乙纶	以不含取代基的聚乙烯线型合成高聚物经熔体纺丝—拉伸—热定型纺制的纤维	ポリエチレン繊維	polyethylene fiber
高强高模聚乙烯纤维	超高分子量聚乙烯（UHMWPE）纤维	以相对分子质量为数百万的聚乙烯为原料，使用十氢化萘、矿物油或煤油为溶剂制备成浓度高达20%～40%的凝胶，采用凝胶纺丝法纺制的纤维	超高分子量ポリエチレン繊維	ultra high-molecular-weight polyethylene fiber
聚丙烯纤维	丙纶	等规聚丙烯经熔体纺丝—拉伸—热定型纺制的纤维	ポリプロピレン繊維	polypropylen fiber
聚氨酯纤维	氨纶、莱卡	以聚氨酯嵌段质量含量大于85%的线性合成高聚物的DMF溶液经干法纺丝纺制的纤维，将该纤维加外力伸长3倍，解除张力后可恢复至原长的96%以上；也可直接将聚氨酯采用熔体纺丝制得纤维	ポリウレタン繊維	polyurethane fiber, lycra, spandex
聚四氟乙烯纤维	氟纶、PTFE纤维	该纤维既不能用熔融法纺丝，也不能用溶液法纺丝，是将聚四氟乙烯的微细粉末分散于可成纤的聚合物载体溶液（如聚乙烯醇）形成悬浮液，纺制的纤维再经高温烧结去除载体得到聚四氟乙烯纤维	ふっ素系繊維	fluoro fiber

学　名	商品名	定义与命名	日文对应命名	英文对应命名
蛋白质复合纤维		蛋白质的质量分数在30% ~ 60%，与聚乙烯醇等线型合成高聚物共混，采用湿法纺丝纺制的纤维	プロミックス繊維	promix fiber
聚乙烯醇—氯乙烯共聚物纤维	维氯纶	以聚乙烯醇—氯乙烯共聚物（其中氯乙烯质量分数在35% ~65%）采用湿法纺丝—拉伸—热处理—缩醛化纺制的纤维	ポリクラール繊維 CORDELAN	vinyl chloride grafted polyvinyl alcohol fiber
聚酰亚胺纤维	PI 纤维	以酰亚氨基重复单元构成的线型合成高聚物溶液采用湿法或干法纺丝—脱水环化—热拉伸制得的纤维，该纤维具有极高的耐热性能	ポリイミド繊維	polyimide fiber
橡胶丝	橡胶丝	由天然橡胶或合成的聚异丁烯或聚异丁烯—氯乙烯共聚物构成的纤维，属二烯类共聚物纤维；当加以张力使其拉长3倍，再去除张力后可立即恢复至原长	ゴム糸	rubber fiber or elasto-diene fiber
碳纤维	碳纤维	将聚丙烯腈纤维或粘胶纤维等原丝先在高温下预氧化得预氧化丝，继而在更高温度下加热碳化处理得到的纤维，其中90%以上由碳元素构成，是高强、高模、耐高温纤维	炭素繊維	carbon fiber

续表

学　名	商品名	定义与命名	日文对应命名	英文对应命名
石墨纤维		将碳纤维再进一步高温处理碳化得到的含碳元素量更高的纤维，具有极高的耐热性	黒鉛繊維	graphite fiber
聚苯硫醚纤维	PPS 纤维	以聚苯单元为主的苯砜构成的线型合成高聚物采用熔体纺丝制得的纤维，具有很好的化学稳定性和阻燃性，但是耐光性差	ポリフェニレンサルファイド繊維	polyphenylene - sulfide fiber（PPS fiber）
聚对亚苯基苯并双噁唑纤维	PBO 纤维	聚对亚苯基并双噁唑可溶解于多磷酸（PPA）或甲磺酸（MSA），而后采用干湿法纺丝纺制的纤维，是 21 世纪超高性能纤维，具有超高强力、超高耐热性能、超高阻燃性能，有很好的化学稳定性，但是耐光性差，表面活性差	ポリベンズアゾール繊維	polybenzoxazole fiber（PBO fiber）
聚醚醚酮纤维	PEEK 纤维	由聚醚醚酮经熔体纺丝—拉伸—定型纺制的纤维，具有对热、化学物质及摩擦的持久性和很好的阻燃性	ポリエーテルエーテルケトン繊維	PEEK fiber

1.3　纤维的性能

近年来化学纤维的发展速度很快，品种日益丰富，其中包括大品种化学纤维及在其基础上开发的多种改性纤维；伴随着人类对资源、能源、环保等重视程度的不断提升，为保持人类更好的生存且可持续发展的理念开发的生物质纤维；以及为满足服装、家纺，尤其是产业、国防和军事领域等特殊需求而出现的新型高性能及功能性纤维。

本节涉及的内容主要为天然纤维、常规化学纤维和高性能纤维的力学性能、化学性能及其他有关使用性能等。

表1-3-1是关于纤维相关力学性能单位之间的换算表。

表1-3-1 纤维相关力学性能单位换算系数

项目	g/旦	kg/mm²	GPa	cN/dtex
1g/旦	1	$\rho \times 9.0$	$\rho \times 0.0083$	0.8826
1kg·mm²	$0.111/\rho$	1	9.803×10^{-3}	$0.098/\rho$
1GPa	$11.33/\rho$	102	1	$10/\rho$
1cN/dtex	1.1133	$\rho \times 10.2$	$\rho \times 0.1$	1

注 ρ 为纤维密度（单位为 g/cm³）。

表中的数据为单位换算时所应相乘的系数，即单位从 g/旦 换算成 cN/dtex 时，需乘以 0.8826 倍。例如：纤维的抗拉强度为 1g/旦，亦可表示为 0.8826 cN/dtex。表1-3-2为主要天然纤维性能表，表1-3-3为再生纤维与半合成纤维性能表，表1-3-4~表1-3-6为常规合成纤维性能表，表1-3-7为聚酯工业长丝性能表，表1-3-8为聚酰胺工业长丝性能表，表1-3-9~表1-3-11为主要高性能纤维性能表。

表1-3-2 主要天然纤维性能表

性能指标		棉	羊毛	蚕丝	麻	
					亚麻	苎麻
拉伸强度/ cN·dtex⁻¹	标准状态	2.6~4.3	0.9~1.5	2.6~3.5	4.9~5.6	5.7
	湿润状态	2.9~5.7	0.7~1.4	1.9~2.5	5.1~5.8	6.8
干湿强力比 / %		102~110	76~96	70	108	118
环扣强度/ cN·dtex⁻¹		—	—	—	7.1~7.9	8.2
结节强度/ cN·dtex⁻¹		—	—	2.6	4.0~4.2	4.4
断裂伸长率 / %	标准状态	3~7	25~35	15~25	1.5~2.3	1.8~2.2
	湿润状态	—	25~50	27~33	2.0~2.3	2.2~2.4

性能指标		棉	羊毛	蚕丝	麻	
					亚麻	苎麻
伸长规定值时的回弹率/%		74（2%） 45（5%）	99（2%） 63（20%）	54~55 （8%）	84（1%）	84（1%） 48（2%）
表观杨氏模量	cN·dtex^{-1}	60~82	10~22	44~88	132~234	163~358
	N·mm^{-2}	9,310~12,740	1,274~2,940	6,370~11,760	19,600~35,280	24,500~53,900
密 度/g·cm^{-3}		1.54	1.32	1.33	1.5	1.5
含水率/%	公称	8.5	15	11.0	12	12
	标准状态 （20℃， 65%RH）	7	16	9	7~10	7~10
	其他状态	24~27 （20℃， 95%RH）	22 （20℃， 95%RH）	36~39 （20℃， 100%RH）	23 （20℃， 100%RH）	31 （20℃， 100%RH）
耐热性及燃烧状态		235℃分解，275~456℃燃烧，366℃发火	130℃热分解，205℃焦化，300℃炭化	120℃×5h黄变，150℃分解	130℃×5h黄变，200℃分解	
耐候性 （室外暴露的影响）		有强度降低及黄变的倾向	强度和染色性能降低	强度显著降低，60日降低55%，140日降低65%	强度几乎不降	
耐酸性		热稀酸和冷浓酸中分解，耐冷稀酸	热硫酸分解，对强酸或弱酸即使过热也不溶	热硫酸分解，但耐其他酸，耐酸性略低于羊毛	可溶于浓硫酸、盐酸和磷酸，可被强无机酸水解	

性能指标	棉	羊毛	蚕丝	麻	
				亚麻	苎麻
耐碱性	在氢氧化钠溶液中溶胀（丝光化），但不损伤	强碱中分解，弱碱中被腐蚀，在冷稀碱中搅拌会收缩	丝胶易溶，丝素的一部分也易溶，耐碱性略优于羊毛	在一定浓度的碱溶液中会发生溶胀并生成碱纤维素	
耐其他化学药品性能	在次氯酸盐和过氧化物中被漂白，在铜氨溶液中溶胀或分解	在过氧化物和二氧化硫气体中被漂白	在过氧化物和二氧化硫气体中被漂白	在氧化剂作用下会氧化，可溶解于铜氨或铜乙二胺溶液	
溶解性能	不溶于一般溶剂①	不溶于一般溶剂	不溶于一般溶剂	不溶于一般溶剂①	
染色性能	可用反应型染料、直接染料、还原染料、纳夫妥及硫化还原染料染色，也可用颜料染色	可用酸性染料、1:1 或 1:2 金属络合及铬媒染料染色	可用酸性染料、酸性媒染染料、金属络合盐染料、反应型染料及碱性染料染色	可用反应型染料、直接染料、还原染料、纳夫妥染料、还原及硫化还原染料染色	
防虫蛀及防霉性能	不易虫蛀，易霉变，但经漂白或乙酰化后较耐霉变	易虫蛀，但不易霉变	不易霉变，但耐虫蛀性不如棉	不易虫蛀，但易霉变	

① 一般溶剂是指乙醇、乙醚、苯、丙酮、汽油、四氯化碳等，下同。

表1-3-3 再生纤维与半合成纤维性能表

性能指标		粘胶纤维（再生纤维）			铜氨纤维	醋酸纤维素纤维（半合成）	
		普通短纤维	普通长丝	高湿模量短纤维	长丝	二醋酯长丝	三醋酯长丝
拉伸强度/cN·dtex⁻¹	标准状态	2.2~2.7	1.5~2.0	3.4~4.6	1.6~2.4	1.1~1.2	1.1~1.2
	湿润状态	1.2~1.8	0.7~1.1	2.5~3.7	1.0~1.7	0.6~0.8	0.7~0.9
干湿强力比/%		60~65	45~55	70~80	55~70	60~64	67~72
环扣强度/cN·dtex⁻¹		1.1~1.6	2.6~3.6	1.1~1.9	2.4~3.4	1.9~2.3	1.8~2.1
结节强度/cN·dtex⁻¹		1.1~1.5	1.2~1.8	1.3~2.2	1.3~2.1	1.0~1.1	0.9~1.1
断裂伸长率/%	标准状态	16~22	18~24	7~14	10~17	25~35	25~35
	湿润状态	21~29	24~35	8~15	15~17	30~45	30~40
伸长规定值时的回弹率/%		55~80	60~80	60~85	55~80	80~95	80~95
表观杨氏模量	cN·dtex⁻¹	26~62	57~75	62~97	44~66	26~40	26~40
	N·mm⁻²	3,920~9,310	8,330~11,270	9,310~14,700	6,860~9,800	3,430~5,390	3,920~5,390
密度/g·cm⁻³	公称	1.50~1.52	1.50~1.52		1.50	1.32	1.30
含水率/%	公定	11.0			11.0	6.5	3.5
	标准状态(20℃，65%RH)	12.0~14.0			10.5~12.5	6.0~7.0	3.0~4.0
	20℃，20%RH	4.5~6.5			4.0~4.5	1.2~2.4	
	20℃，95%RH	25~30			21~25	10.0~11.0	8.8

续表

性能指标	粘胶纤维			铜氨纤维	醋酸纤维素纤维	
	普通短纤维	普通长丝	高湿模量短纤维	长丝	二醋酯长丝	三醋酯长丝
耐热性及燃烧状态	软化而不熔融，260～300℃开始着色，分解，残留少量柔软的白色灰烬			同粘胶纤维	软化点：200～230℃ 熔点：260℃ 伴随软化收缩逐渐燃烧，残留黑色硬块物，手捻易碎	软化点：250℃以上 熔点：约300℃ 约270℃分解
耐候性（室外暴露的影响）	强度略有降低			同粘胶纤维	强度几乎不降低	
耐酸性	在热稀酸和冷浓酸中溶解，并进而分解，在5%盐酸或11%硫酸中强度几乎不降			同粘胶纤维	浓盐酸、浓硫酸及浓硝酸分解，3%盐酸及10%硫酸强度几乎不降	浓强酸分解，稀酸强度几乎不降
耐碱性	在强碱中溶胀，强度降低，但在2%的NaOH溶液中强度几乎不降		在强碱中溶胀，强度降低，但是在4.5%的NaOH溶液中强度几乎不降	同高湿模量纤维	遇强碱发生碱化，强度下降，遇0.03%的NaOH强度几乎不降	遇强碱发生碱化，强度下降，遇0.5%～1%的NaOH表面几乎不碱化，强度几乎不降

— 21 —

续表

性能指标	粘胶纤维			铜氨纤维	醋酸纤维素纤维	
	普通短纤维	普通长丝	高湿模量短纤维	长丝	二醋酯长丝	三醋酯长丝
耐其他化学药品性能	不耐强氧化剂，在次氯酸盐和过氧化物中被漂白而不损伤，溶于铜氨溶液和铜乙二胺溶液			同粘胶纤维	不耐强氧化剂，在次氯酸盐和过氧化物中被酸漂白而不损伤	
溶解性能	不溶于一般溶剂			同粘胶纤维	不溶于乙醇、乙醚、苯、四氯乙烯	不溶于乙醇、乙醚、苯，在丙酮中溶胀并部分溶解于二氯甲烷及冰醋酸
染色性能	通常使用反应型染料、直接染料、还原染料、纳夫妥染料、硫化染料、媒染染料、碱性染料及颜料染色			同粘胶纤维，但初期染色速度快	通常使用分散染料、显色性染料、散染料、酸性染料及碱性染料染色	通常使用分散染料、显色染料、性分散染料、酸性染料染色
防虫蛀及防霉性能	不易虫蛀，但易霉变			同粘胶纤维	耐虫蛀及防霉性能强	

表1-3-4　常规合成纤维性能表（1）

性能指标		维纶-蛋白共混长丝	维纶普通短纤维	维纶普通长丝	锦纶6短纤维	锦纶6普通长丝	锦纶66普通长丝	聚氯乙烯纤维（氯纶）普通短纤	聚氯乙烯纤维（氯纶）强力短纤	聚氯乙烯纤维（氯纶）长丝
拉伸强度/cN·dtex⁻¹	标准状态	3.1~4.0	3.5~5.7	2.6~3.5	4.0~6.6	4.2~5.7	4.4~5.7	1.8~1.8	2.9~3.5	2.4~3.3
	湿润状态	2.8~3.7	2.8~4.6	1.9~2.8	3.3~5.7	3.7~5.2	4.0~5.3	1.8~2.5	2.9~3.5	2.4~3.3
干湿强力比/%		—	72~85	70~80	83~90	84~92	90~95	100	100	100
环扣强度/cN·dtex⁻¹		—	2.8~4.6	4.0~5.3	6.2~9.7	7.5~10.1	7.5~10.1	2.6~3.5	1.8~3.5	3.4~4.4
结节强度/cN·dtex⁻¹		—	2.1~3.5	1.9~2.6	3.3~4.9	3.8~5.3	4.0~5.3	1.6~2.2	1.8~2.2	1.6~2.4
断裂伸长率/%	标准状态	15~25	12~26	17~22	25~60	28~45	25~38	70~90	15~23	20~25
	湿润状态	15~25	12~26	17~25	27~63	36~52	28~45	70~90	15~23	20~25
伸长规定值时的回弹率/%		—	70~85	70~90	95~100	98~100	98~100	70~85	80~85	80~90
表观杨氏模量	cN·dtex⁻¹	35~79	22~62	53~79	7~26	18~40	26~46	13~22	26~44	26~44
	N·mm⁻²	3,920~9,800	2,940~7,840	6,860~9,310	784~2,940	1,960~4,410	2,940~5,100	1,960~2,920	3,920~5,880	4,410~5,390
密度/g·cm⁻³		—	1.26~1.30		1.14			1.39		
含水率/%	公称	5.0	5.0		4.5			0		
	标准状态（20℃,65%RH）	4.5~5.5	4.5~5.0	3.5~4.5	3.5~5.0			0		
	20℃,20%RH	2.0~4.0	普通1.2~1.8		1.0~1.8			0		
	20℃,95%RH	8.0~9.0	普通10.0~12.0		8.0~9.0			0~0.3		

续表

性能指标	维纶—蛋白共混长丝	维纶普通短纤维	维纶普通长丝	锦纶6短纤维	锦纶6普通长丝	锦纶66普通长丝	聚氯乙烯纤维（氯纶）普通短纤	强力短纤	长丝
耐热性及燃烧状态	约270℃分解，边收缩边燃烧，残留黑色或褐色不规整的脆灰烬块	软化点：220～230℃，无明显熔点，并徐徐燃烧，残留褐色或黑色不规整的脆块		软化点：180℃，熔点：215～220℃；边熔融边燃烧，冷却后呈玻璃状硬球，无自燃性		软化点：230～235℃，熔点：250～260℃	熔点：200～210℃；起始收缩温度：耐热型短纤维105～110℃，普通型短纤维90～100℃，强力型短纤维60～70℃，长丝60～70℃；伴随软化收缩，冒白烟并呈黑块，无自燃性		
耐候性（室外暴露的影响）	强度几乎不降低	强度几乎不降低		强度略降，有黄变现象			强度几乎不降低		
耐酸性	遇20%盐酸，20%硫酸，80%甲酸，强度几乎不降低	遇浓盐酸、浓硫酸分解，浓硝酸溶胀或溶解，遇10%盐酸、30%硫酸强度几乎不降		遇浓盐酸、浓硫酸及浓硝酸部分分解并伴随溶解，在7%盐酸、20%硫酸、10%硝酸中强度几乎不降			遇浓盐酸、浓硫酸强度几乎不降低		
耐碱性	20%NaOH，20%碳酸钠强度几乎不降	遇50%NaOH强度几乎不降		遇50%NaOH，28%氨水强度几乎不降			50%NaOH，浓氨水强度几乎不降		

续表

性能指标	维纶—蛋白共混长丝	维纶普通短纤维	维纶普通长丝	锦纶6短纤维	锦纶6普通长丝	锦纶66普通长丝	聚氯乙烯纤维（氯纶）			
							普通短纤	强力短纤	长丝
耐其他化学药品性能	在热二甲基甲酰胺、热二甲基亚砜、热乙基碳酸酯、甲乙基碳酸酯热双硫氰酸盐溶液、热氯化锌溶液中溶胀	在热吡啶、热苯、甲酚及浓甲酸中溶胀或溶解		在苯类（苯酚、间甲酚）、浓甲酸及冰醋酸中溶胀，加热后则溶解			几乎无变化，即使对氧化还原剂也有良好的耐受性；在苯、丙酮及热二氯甲烷中溶胀，溶解于四氢呋喃、环己醇、热二甲基甲酰胺及热二噁烷		
溶解性能	不溶于一般溶剂	不溶于一般溶剂		不溶于一般溶剂			不溶于乙醇、乙醚、汽油		
染色性能	通常使用直接染料、酸性染料、分散染料、碱性染料、阳离子染料、媒染染料及反应型染料染色	通常使用还原染料、硫化还原染料、金属络合盐染料、直接染料及颜料染色		通常使用酸性染料、分散染料、金属络合盐染料、硫化染料、特殊型的染料及阳离子型染料染色		金属络合盐染料、反应染料、铬媒染料、阳离子型染料染色	通常使用分散染料、纳夫妥染料、含金属络体染料染色		
防虫蛀及防霉性能	耐虫蛀及防霉性能强	优良的防虫蛀及防霉性能							

— 25 —

表1-3-5 常规合成纤维性能表（2）

性能指标		涤纶		腈纶		腈氯纶
		短纤维	普通长丝	短纤维	长丝	短丝
拉伸强度/cN·dtex^{-1}	标准状态	4.2~5.7	3.8~5.3	2.2~4.4	3.1~4.9	1.9~3.5
	湿润状态	4.2~5.7	3.8~5.3	1.8~4.0	2.8~4.9	1.8~3.5
干湿强力比/%		100	100	80~100	90~100	90~100
环扣强度/cN·dtex^{-1}		6.0~8.8	6.2~8.8	2.1~5.3	2.6~7.1	1.8~4.0
结节强度/cN·dtex^{-1}		3.5~4.4	3.4~3.9	1.8~3.5	1.8~3.5	1.5~3.5
断裂伸长率/%	标准状态	20~50	20~40	25~50	12~20	25~45
	湿润状态	20~50	20~40	25~60	12~20	25~45
伸长规定值时的回弹率/%		90~99	95~100	90~95	70~95	85~95
表观杨氏模量	cN·dtex^{-1}	22~62	79~141	22~55	34~75	18~49
	N·mm^{-2}	3,040~8,530	10,780~19,600	2,550~6,370	3,920~8,820	2,450~5,880
密度/g·cm^{-3}		1.38		1.14~1.17		1.28
含水率/%	公称	0.4		2.0		2.0
	标准状态(20℃,65%RH)	0.4~0.5		1.2~2.0		0.6~1.0
	20℃,20%RH	0.1~0.3		0.3~0.5		0.1~0.3
	20℃,95%RH	0.6~0.7		1.5~3.0		1.0~1.5

续表

性能指标	涤纶		腈纶		腈氯纶
	短纤维	普通长丝	短纤维	长丝	短纤维
耐热性及燃烧状态	软化点：238～240℃，熔点：255～260℃，伴随熔融徐徐燃烧，熔后小球状，无自燃性	冷却呈黑褐色块状	软化点：190～240℃，边熔融边燃烧，呈硬黑块状，无自燃性	无明显熔点，熔后呈硬黑块状	软化点：150℃，无明显熔点，边熔融边分解呈硬黑块状，无自燃性
耐候性（室外暴露的影响）	强度几乎不降		强度几乎不降		强度几乎不降
耐酸性	在35%盐酸、75%硫酸、60%硝酸中强度几乎不降		在35%盐酸、65%硫酸、45%硝酸中强度几乎不降		35%盐酸、70%硫酸、40%硝酸中强度几乎不降
耐碱性	10%NaOH溶液，28%氨水溶液中强度几乎不降		50%NaOH溶液，28%氨水溶液中强度几乎不降		50%NaOH溶液，28%氨水溶液中强度几乎不降
耐其他化学药品性能	可溶解于热间甲酚、热邻氯苯酚、热硝基苯酚、热二甲基甲酰胺及40℃苯酚—四氯乙烷混合液		可溶于二甲基甲酰胺、二甲基乙酰胺、二甲基亚砜、热饱和氯化锌溶液及热65%硫氰酸钠的溶液		可溶于丙酮、二甲基甲酰胺、二甲基乙酰胺、二甲基亚砜及环己酮
溶解性能	不溶于一般溶剂		不溶于一般溶剂		除丙酮外不溶于一般溶剂
染色性能	通常使用分散染料及色性分散染料，特殊情况下使用阳离子染料染色		通常使用阳离子及碱性染料，特殊情况下不使用酸性染料染色		通常使用阳离子染料及分散染料染色
防虫蛀及防霉性能	耐虫蛀及防霉性能强		耐虫蛀及防霉性能强		耐虫蛀及防霉性能强

表 1-3-6 常规合成纤维性能表 (3)

性能指标		丙纶		氨纶（长丝）	其他化学纤维	
		短纤	普通长丝		PBT 长丝	PTT 长丝
拉伸强度/ cN·dtex⁻¹	标准状态	4.0~6.6	4.0~6.6	0.5~1.1	2.6~4.4	3.4~3.7
	湿润状态	4.0~6.6	4.0~6.6	0.5~1.1	2.6~4.4	3.4~3.7
干湿强力比/%		100	100	100	95~100	95~100
环扣强度/cN·dtex⁻¹		7.1~12.3	7.1~10.6	1.1~1.6	5.3~7.1	—
结节强度/cN·dtex⁻¹		3.5~5.7	3.5~4.9	0.4~0.8	2.2~3.5	—
断裂伸长率/%	标准状态	30~60	25~60	450~800	20~40	~40
	湿润状态	30~60	25~60	450~800	20~40	~40
伸长规定值时的回弹率/%		—	—	95~99（伸长50%）	95~100	45~50
表观杨氏模量	cN·dtex⁻¹	18~49	35~106	0.5	18~35	22~25
	N·mm⁻²	1,570~4,410	3,230~9,800	~60	2,250~4,600	2,900~3,310
密度/g·cm⁻³	公称	0.91		1.0~1.3	1.31	1.33
含水率/%	标准状态 (20℃，65%RH)	0		聚醚型：1.3 聚酯型：0.3	0.4	0.15
	20℃，20%RH	0			0.4~0.5	0.15
	20℃，95%RH	0~0.1		—	0.1~0.3	—
					0.7~0.8	

续表

性能指标	丙纶		氨纶（长丝）	其他化学纤维	
	短纤	普通长丝		PBT长丝	PTT长丝
耐热性及燃烧状态	软化点：140～160℃，熔点：165～173℃，伴随熔融徐徐燃烧，几乎无残余灰烬		明火下随熔融徐徐燃烧，冷却后呈黏性橡胶块，无自燃性。聚醚型：150℃发黄，175℃发黏；聚酯型：150℃呈热塑性，190℃强度下降	软化点：200～220℃，熔点：220～230℃，伴随熔融徐徐燃烧，熔后小球冷却后呈黑褐色块状，无自燃性	熔点228℃，伴随熔融熔徐徐燃烧，熔后冷却球后呈小黑褐色块状，无自燃性
耐候性（室外暴露的影响）	强度几乎不降		于日光下暴晒强度下降且变黄，聚醚型更甚些	强度几乎不降	强度几乎不降
耐酸性	浓盐酸、浓硫酸、浓硝酸中强度几乎不降		聚醚型：耐大多数酸，在稀盐酸和硫酸中变黄，聚酯型：耐冷稀酸	在35%盐酸、75%硫酸、60%硝酸中强度几乎不降	在35%盐酸、75%硫酸、60%硝酸中强度几乎不降
耐碱性	50%NaOH溶液、28%氨水溶液中强度几乎不降		聚醚型：强碱溶液中强度几乎不降；聚酯型：热碱液中快速水解	在10%NaOH溶液、28%氨水溶液中强度几乎不降	在10%NaOH溶液、28%氨水溶液中强度几乎不降

续表

性能指标	丙纶		氨纶（长丝）	其他化学纤维	
	短纤	普通长丝		PBT长丝	PTT长丝
耐其他化学药品性能	在强氧化剂（如过氧化氢）作用下纤维会有损伤，在四氯乙烯、四氯化碳、环己醇、氯苯、二甲苯及甲苯中高温下可缓慢溶解		在含氯漂白剂中强度下降且变黄，耐干洗剂，在二甲基甲酰胺中无溶胀而溶解	具有耐一般化学药品性能，可溶解于热间甲酚、热邻氯苯酚、热硝基苯、氯苯酚、热二甲基甲酰胺及40℃苯酚—四氯乙烷混合液	具有耐一般化学药品性能，可溶解于热同甲酚、热邻氯苯酚、热硝基苯、热二甲基甲酰胺及热40℃苯酚—四氯乙烷混合液
溶解性能	不溶于乙醇、乙醚、丙酮，高温下在苯中溶胀		不溶于一般溶剂	不溶于一般溶剂	不溶于一般溶剂
染色性能	通常使用颜料原液着色，也可使用分散染料，特殊情况下使用酸性染料染色		用金属络合盐染料、酸性染料，分散及铬染料染色	通常使用分散染料，显色性染料染色	使用分散染料染色
防虫蛀及防霉性能	耐虫蛀及防霉性能强		有耐虫蛀及防霉性	耐虫蛀及防霉性能强	耐虫蛀及防霉性能强

表1-3-7 聚酯工业长丝性能表

性能指标	超高强型	高强型	低收缩型	超低收缩型	高模低收缩型
线密度偏差率/%	±2.5	±2.5	±2.5	±2.5	±2.5
线密度变异系数 (CV)/%	≤1.60	≤1.60	≤1.60	≤1.60	≤1.60
断裂强度/cN·dtex⁻¹	≥8.20	≥7.70	≥6.70	≥6.50	≥6.80
断裂强度变异系数 (CV)/%	≤4.00	≤4.00	≤4.00	≤4.00	≤4.00
断裂伸长率/%	(14.0~17.0) ±3.0	(13.0~15.0) ±3.0	(18.0~24.0) ±5.0	(20.0~28.0) ±5.0	(10.0~16.0) ±3.0
断裂伸长率变异系数 (CV)/%	≤9.00	≤9.00	≤9.00	≤9.00	≤9.00
4.0 cN/dtex 负荷的伸长率/%	(5.0~7.0) ±0.9	(5.0~7.0) ±0.9	—	—	(5.0~7.0) ±0.9
干热收缩率 (177℃)/%	≤8.0	≤8.0	(1.5~2.5) ±1.0	≤1.5	(1.5~2.5) ±1.5
尺寸稳定性指数	—	—	—	—	≤10.0

注 除力学性能外的其他性能参照普通聚酯纤维；本性能表参照涤纶工业长丝 GB/T 16604—2008。

表 1-3-8 聚酰胺工业长丝性能表

指标项目	聚酰胺 6	聚酰胺 66
线密度偏差率/ %	±2.5	±2.5
线密度变异系数（CV）/ %	≤2.50	≤2.50
断裂强力/ N	≥72.00（线密度 930 dtex ） ≥108.50（线密度 1400 dtex ） ≥145.00（线密度 1870 dtex ） ≥162.80（线密度 2100 dtex ）	≥75.20（线密度 940 dtex ） ≥112.00（线密度 1400 dtex ） ≥150.40（线密度 1880 dtex ） ≥168.00（线密度 2100 dtex ）
断裂强度/ cN · dtex⁻¹	≥7.75	≥8.00
断裂强度变异系数（CV）/ %	≤5.50	≤5.50
断裂伸长率/ %	M（供需双方商定值）±3.0	19.0 ±3.0
断裂伸长率变异系数（CV）/ %	≤7.00	≤5.50
4.0 cN/dtex 负荷时的伸长率/ %	10.0 ±2.0	12 ±1.5
干热收缩率/ %	≤7.5（160℃ ×2min）	6.2 ±1.5（177℃ ×2min ）
耐热强力保持率（180℃ ×4h）/ %	—	≥90

注 除力学性能外的其他性能参照普通聚酰胺纤维。

表1-3-9　主要高性能纤维性能表（1）

性能指标		聚对苯二甲酰对苯二胺纤维（芳纶1414）	聚间苯二甲酰间苯二胺纤维（芳纶1313）	PAN基碳纤维	沥青基碳纤维
断裂强度	$N \cdot mm^{-2}$ ($kg \cdot mm^{-2}$)	2354.4~3433.5 (240~350kgf/mm²)	490.5~833.85 (50~85kgf/mm²)	1962~7063.2 (200~720kgf/mm²)	981~3433.5 (100~350kgf/mm²)
	$cN \cdot dtex^{-1}$	17~24	3.6~6.0	11~38	5.4~19
断裂伸长率/%		1.5~4.5	22~38	0.5~2.4	0.5~2.0
模量	$N \cdot mm^{-2}$ ($kg \cdot mm^{-2}$)	$5.46 \times 10^4 \sim 1.44 \times 10^5$ (5,570~14,700kgf/mm²)	6867~17658 (700~1,800kgf/mm²)	$2.26 \times 10^5 \sim 6.87 \times 10^5$ (23,000~70,000kgf/mm²)	$3.29 \times 10^5 \sim 8.24 \times 10^5$ (33,500~84,000kgf/mm²)
	$cN \cdot dtex^{-1}$	384~1,015	50~128	1,220~3,700	1,825~4,570
密度/$g \cdot cm^{-3}$		1.44	1.38	1.74~1.97	1.40~2.18
分解温度/℃		480~570	400~430	2,000~3,500	2,000~3,500
耐热性（经时稳定性）		玻璃化温度345℃，不熔融，160℃可长期使用，在强紫外线辐射下会降解，强度保持率：200℃×1000h，59%~75%	玻璃化温度270℃，高温不熔融，强度保持率：200℃×1000h，85%~90%；250℃×1000h，70%~80%；260℃×1000h，65%	优异耐热性，在2000℃以上，惰性氛围下强度基本不变；高热传导性，热导率：10~160W/(m·K)；低热膨胀性，热膨胀系数－10⁻⁶/K	
耐药品性		耐一般化学药品，在高温下不耐浓硫酸、浓硝酸、浓盐酸及强碱	耐一般化学药品，除浓硫酸、浓硝酸、浓盐酸及50% NaOH外均良好	耐药品性良好，对一般酸、碱稳定，可被强氧化剂氧化，在空气中高于400℃会氧化成CO及CO_2	

续表

性能指标	聚对苯二甲酰对苯二胺纤维（芳纶1414）	聚间苯二甲酰间苯二胺纤维（芳纶1313）	PAN基碳纤维	沥青基碳纤维
难燃性	LOI值：28%~30%，发火点：650℃	LOI值：29%~32%；900℃以上产生隔热保护层，防御高温	不燃，在有氧条件下在明火中长时间会氧化分解成 CO_2	
电气性质	绝缘性良好，电阻 $10^9 \Omega$	绝缘性良好，介电强度17kV/mm	电阻率：$10^{-4} \Omega \cdot cm$	
特点	高强度、高模量及耐热性、难燃性、耐冲击性良好、防辐线	耐热性良好、耐 β 射线辐射	高强度、高模量及耐热性、难燃性良好及优异导电性	耐热性、难燃性良好及高模量、优异耐摩擦性
主要用途	轮胎帘子线、安全带、防弹服、防护服、石棉替代品、绳索、复合增强材料、混凝土增强材料	耐高温及耐腐蚀材料、电线包覆材料、防燃服、工作服、抄纸用毛毡、复印机清洁器、皮带	运动休闲用品、航空及宇航用部件、机械零部件、X射线仪器、复合增强材料	混凝土增强材料、运动休闲用品、石棉替代品、机械零部件、航空用部件

表1-3-10　主要高性能纤维性能表（2）

性能指标		超高强高模PE纤维	芳香族聚酯纤维	聚苯并噁唑（PBO）纤维	超高强力聚乙烯醇（PVA）纤维
强度	$N \cdot mm^{-2}$（$kg \cdot mm^{-2}$）	2158.2~4708.8（220~480kgf/mm²）	2844.9~4022.1（290~410kgf/mm²）	5689.8（580kgf/mm²）	1962~2550.6（200~260kgf/mm²）
	$cN \cdot dtex^{-1}$	22~48	21~29	37	15~20
伸度/%		3.0~6.0	2.5~4.5	2.5~3.5	5~6

续表

性能指标		超高强高模 PE 纤维	芳香族聚酯纤维	聚苯并噁唑 (PBO) 纤维	超高强力聚乙烯醇 (PVA) 纤维
模量	$N \cdot mm^{-2}$（$kgf \cdot mm^{-2}$）	$6.87 \times 10^4 \sim 1.72 \times 10^5$（$7,000 \sim 17,500kgf/mm^2$）	$4.90 \times 10^4 \sim 1.18 \times 10^5$（$5,000 \sim 12,000kgf/mm^2$）	$1.76 \times 10^5 \sim 2.65 \times 10^5$（$18,000 \sim 27,000kgf/mm^2$）	$3.82 \times 10^4 \sim 4.02 \times 10^4$（$3,900 \sim 4,100kgf/mm^2$）
	$cN \cdot dtex^{-1}$	$700 \sim 1750$	$355 \sim 850$	$1138 \sim 1710$	$294 \sim 310$
密度 /g·cm⁻³		$0.97 \sim 0.98$	$1.35 \sim 1.41$	$1.54 \sim 1.56$	1.30
分解温度/℃		$140 \sim 155$（熔点）	>400	650	245
耐热性（经时稳定性）		熔融温度低，耐热性不良	强度保持率：200℃×50h，97%；200℃×100h，89%	强度保持率：200℃×1000h，75%~85%；400℃×10h，14%~18%	强度保持率：180℃×1h，90%
耐药品性		耐药品性良好	耐酸、耐溶剂性良好，耐碱性较差	除浓硫酸外，耐酸性良好、耐碱性及耐有机溶剂性良好	干浓硫酸、浓盐酸中分解，其他酸及碱中强度不降低
难燃性（LOI值）/%		—	28	68	19
电气性质		绝缘性良好	绝缘性良好	—	—
特点		高强度、高模量、低密度及耐磨损性、耐冲击性、耐药品性、耐候性良好、低热膨胀系数	高强度、高模量及良好耐热性、耐酸性、低伸度、低蠕变性、低吸湿性及振动减衰性	高强、高模、高耐热、耐冲击、耐磨损、低吸湿性、低热膨胀系数、高热绝缘性、低蠕变、难燃	高强度、高模量、耐候性

续表

性能指标	超高强高模 PE 纤维	芳香族聚酯 纤维	聚苯并噁唑 (PBO) 纤维	超高强力聚乙烯醇 (PVA) 纤维
主要用途	绳索、防护服、运动休闲用品、渔线、渔网	绳索、渔网、运动休闲用品、电气材料、防护材料、塑料制品、功能纸	防弹材料、防护材、安全带、绳索、各种增强材料、耐热垫材料	混凝土及沥青等增强材料、轮胎帘子线、安全带、绳索

表 1-3-11　主要高性能纤维性能表 (3)

性能指标		聚苯硫醚 (PPS) 纤维	聚醚醚酮 (PEEK) 纤维	聚酰亚胺 (PI) 纤维	聚四氟乙烯 (PTFE) 纤维
强度	$N \cdot mm^{-2}$ ($kg \cdot mm^{-2}$)	529.7~647.5 (54~66kgf/mm²)	735.8~824.0 (75~84kgf/mm²)	461.1 (47kgf/mm²)	206.0~4061.3 (21~414kgf/mm²)
	$cN \cdot dtex^{-1}$	3.9~4.8	5.3~5.9	3.3	0.9~18
伸度/%		20~35	20~25	30	25~85
模量	$N \cdot mm^{-2}$ ($kg \cdot mm^{-2}$)	2943~7848 (300~800kgf/mm²)	8632.8~9810 (880~1,000kgf/mm²)	4031.9 (411kgf/mm²)	932.0~3924 (95~400kgf/mm²)
	$cN \cdot dtex^{-1}$	21.8~58.1	62~70	28.6	4.0~16.8
密度/$g \cdot cm^{-3}$		1.34~1.37	1.37~1.42	1.41	2.3
熔点/℃		285	340~345	215~225 (T_g)	347 (分解温度)

续表

性能指标	聚苯硫醚（PPS）纤维	聚醚醚酮（PEEK）纤维	聚酰亚胺（PI）纤维	聚四氟乙烯（PTFE）纤维
耐热性（经时稳定性）	强度保持率：260℃×1000h，60%；204℃×2000h，90%；204℃×5000h，70%；204℃×8000h，60%	强度保持率：200℃×24h，100%；连续使用温度260℃	500℃以上炭化；260℃下机械性质不变，可在−250~300℃空气中使用	260℃下可长时间使用
耐药品性	在酸、碱及有机溶剂中不溶解（200℃以下无溶剂）	对酸、碱稳定	耐酸、不溶于有机溶剂中，耐碱性良好	耐化学药品性能良好
难燃性（LOI值）/%	34~35	33~34	40~45	98
电气性质	绝缘性优良	绝缘性优良	绝缘性优良	绝缘性优良
特点	耐热性、耐药品性、绝缘性	耐热性、耐药品性、耐放射线性	耐热性、难燃性、高绝缘强度、过滤性能	低摩擦系数、低生体反应性、低疏水性、耐药品性
主要用途	滤材、抄纸用衬帆布、电气绝缘材料	滤材、轮胎帘子线、安全带	滤材、耐热服、防燃服、航空及宇航材料	滤材、薄型材、汽车部件材料

1.4 纤维的主要名词释义

1.4.1 天然纤维

天然纤维（natural fibers）是自然界存在和生长的，具有纺织加工价值的纤维。包括植物纤维、动物纤维和无机纤维。

1.4.2 化学纤维

化学纤维（chemical fibers）又称人造纤维（man-made fibers），是用天然的高分子材料或合成的高分子化合物为基本原料经化学和物理加工而制得的纤维。化学纤维又包含再生纤维和合成纤维两大类。

1.4.3 再生纤维

再生纤维（regenerated fibers）是由天然高聚物（最主要的是纤维素、甲壳素、蛋白质及海藻等）为基本原料，经过一系列化学和物理加工而制得的纤维。

1.4.4 合成纤维

合成纤维（synthetic fibers）是以石油、天然气、煤炭、石灰石等为基础原料，经过一系列化学加工合成的高聚物为基本原料，再经过化学和物理加工而制得的纤维。

1.4.5 熔体纺丝

熔体纺丝（melt spinning）是将成纤高聚物熔体在其熔融温度以上，分解温度以下的温度范围，从微细的小孔内吐出形成熔体细流，同时在外力作用下拉伸变细，并在冷空气中冷却固化，形成微细的纤维状物。熔体纺丝适用于耐热性能较高的高聚物的成纤过程，该高聚物应当具备熔融而不分解的性能。熔体纺丝过程简单，纺丝后的初生纤维只需拉伸及热定型后即得到成品纤维。因此，通常凡具有熔融而不分解的性能的高聚物大多采用熔体纺丝。

1.4.6 溶液纺丝

与上述熔体纺丝相对应,溶液纺丝(solution spinning)是将成纤高聚物溶解在某种溶剂中制备成具有适宜浓度的纺丝溶液,再将该纺丝溶液从微细的小孔吐出进入凝固浴或是热气体中,高聚物析出成固体丝条,经拉伸—定型—洗涤—干燥等后处理过程便可得到成品纤维。显然,溶液纺丝生产过程比熔体纺丝要复杂,然而对于某些尚未熔融便已发生分解的高聚物而言,就只能选择该种纺丝成型技术。溶液纺丝又有湿法纺丝、干法纺丝及干湿法纺丝之分。

1.4.6.1 湿法纺丝

湿法纺丝(wet spinning)是溶液纺丝中的一种,将上述纺丝溶液从微细的小孔吐出进入一种凝固浴中,该凝固浴是由高聚物的非溶剂组成,纺丝溶液一旦遇到凝固剂便凝固析出呈固体丝条,经拉伸—定型—洗涤—干燥等后处理过程便可得到成品纤维。湿法纺丝尚需要凝固浴及后处理浴液的回收、处理及再应用等循环过程,使生产过程复杂化,生产成本提高。

1.4.6.2 干法纺丝

干法纺丝(dry spinning)是溶液纺丝中的一种,若成纤高聚物可以找到一种沸点较低、溶解性能又好的溶剂制成纺丝液,此时可以将纺丝溶液从微细的小孔吐出进入加热的气体中,纺丝液中的溶剂挥发,高聚物丝条逐渐凝固,经拉伸—定型—洗涤—干燥等后处理过程便可得到成品纤维。所得到的纤维力学性能优于同类的湿法纺丝的纤维。干法纺丝需要溶剂的回收及再处理循环使用过程。它比湿法纺丝过程要简单些。

1.4.6.3 干湿法纺丝

干湿法纺丝(dry – wet spinning)是溶液纺丝中的一种,又称干喷湿纺法。它将湿法纺丝与干法纺丝的特点相结合,特别适合于液晶高聚物的成型加工,因此也常称为液晶纺丝。即将成纤高聚物溶解在某种溶剂中制备成具有适宜浓度的纺丝溶液,再将该纺丝溶液从微细的小孔吐出,首先经过一段很短的空气夹层,在此处由于丝条所受阻力较小,处于液晶态的高分子有利于在高倍拉伸条件下高度取向,而后丝条再进入低温的凝固浴完成固化成型,并使液晶大分子处于高度有序的"冻结液晶态",制得的成品纤维具有高强度、高模量的力学性能。

1.4.7　冻胶纺丝

　　冻胶纺丝（freezing spinning）是指将高浓度的高聚物溶液或塑化的冻胶从喷丝孔挤出进入高温气体氛围，丝条被冷却，有时还伴随着溶剂的挥发，遂使高聚物固化制成纤维。此法介于干法纺丝法和熔体纺丝法之间，又称半熔体纺丝法。所使用的纺丝液为溶液，这类似于干法纺丝，但其浓度极高；其固化过程主要是冷却，又类似于熔体纺丝。

1.4.8　线密度

　　线密度（linear density）是表征纤维和纱线粗细程度的指标，通常有定长制与定重制两种表示方法。定长制是以在标准状态下（20℃，65%RH）一定长度纤维所具有的质量来表示，线密度属于定长制，其定义为1000m长度纤维的质量克数，其单位为特克斯（tex），简称特；而1000m长度纤维的质量分克数（0.1g）则称为分特克斯（dtex），简称分特，这是我国的法定计量单位。此前，也曾经试用过"旦"（D）用作线纤度的单位，纤度也属于定长制，是指9000m长度的纤维所具有的质量克数。显然，一定长度纤维的质量克数越小，则纤维就越细。定重制是以在标准状态下（20℃，65%RH）单位质量纤维（或纱线）所具有的长度米数，例如1克纤维（或纱线）的长度为100m，则纤维的细度为100公支。显然，单位质量纤维（或纱线）所具有的长度米数越大，表示纤维（或纱线）越细。

1.4.9　断裂强度

　　断裂强度（breaking tenacity）是表征纤维力学性能的主要质量指标之一。是指纤维在连续增加的负荷作用下直至拉断时的强度。通常有四种表示方法：

1.4.9.1　绝对强力

　　绝对强力是指纤维在连续增加的负荷作用下，直至断裂时所能承受的最大负荷，单位为N。显然绝对强力的数值与纤维样品的粗细程度相关，因此对不同粗细的纤维试样不具有可比性。

1.4.9.2　强度极限

　　强度极限是指纤维受断裂负荷的作用而断裂时，单位面积上所受的力，单位为N/mm^2。

1.4.9.3　相对强度

相对强度是指纤维的绝对强力与其线密度的比值，单位为 cN/dtex。

1.4.9.4　断裂长度

断裂长度用纤维本身的质量与断裂强力相等时的纤维长度来表示，单位为 km。

1.4.10　断裂伸长率

纤维受外力作用至拉断时，拉伸前后的差值与拉伸前长度的比值称断裂伸长率（percentage of breaking elongation），用百分率表示。它是表征纤维柔软性能和弹性性能的指标。断裂伸长率越大表示其柔软性能和弹性越好，依据纤维的用途应当具有所需要的断裂伸长率。

1.4.11　干湿强力比

通常所指的强度为在标准状态（20℃，65％RH）下纤维的强度，称干强度，而纤维在湿润状态下测定的强度称湿强度。吸湿性能较好纤维的湿强度比干强度要低，故采用湿强力与干强力的比值，即干湿强力比（tenacity ratio of dry and wet state）的百分数来表征湿润状态下纤维的性能。

1.4.12　环扣强度

环扣强度（link tenacity）又称勾结强度。将两根纤维相互套成环状，在强力机上测定环扣处断裂时的强度，单位为 cN/dtex。它是渔网和绳索等应用时的重要指标，用以表征纤维的刚性和脆性。

1.4.13　打结强度

打结强度（knot tenacity）又称结节强度。将纤维或纱线打结后在强力机上测定结节处断裂时的强度，单位为 cN/dtex。是针织和结网用纤维和纱线的重要指标，用以表征纤维的刚性和脆性。

1.4.14　回潮率

回潮率（moisture regain）是以干基表示的纤维材料含湿量的指标之一。

即在标准状态（20℃，65% RH）下纤维试样所含水分的质量与绝干纤维试样质量的比值，用百分率表示。

1.4.15 含湿率

含湿率（moisture content）是以湿基表示的纤维材料含湿量的指标之一。即在标准状态（20℃，65% RH）下纤维试样所含水分的质量与湿纤维试样质量的比值，用百分率表示。

1.4.16 染色性能

染色性能（dyeing property）是纺织纤维的重要性能指标之一。染色性能与纤维的化学结构及超分子结构有关。主要指某种纤维可用何种染料染色、染色速度及染色牢度等。

1.4.17 限氧指数

限氧指数（limiting oxygen index，缩写为 LOI）是材料燃烧性能的指标之一。即指材料维持平稳燃烧所需氧气与氮气混合气体中最低氧含量的体积百分浓度。空气中氧气与氮气的体积比为 21∶79，因此当 LOI 值大于 21% 时，即表示在空气中不易燃烧，LOI 值越高表示材料越难燃烧。

1.4.18 原液着色纤维

原液着色是纤维着色的一种方法。通常生产的是白色纤维，需将该纤维或用其织成的织物用染料或颜料染色或印花。如果生产批量较大的单一素色纤维时，可以在制备聚合物熔体或溶液时将染料或颜料直接添加其中，纺制出的纤维即为有色纤维，称原液着色纤维（dope dyed fiber）。此法更换颜色时较为烦琐。

1.4.19 母粒着色纤维

母粒着色也是纤维着色的一种方法。与原液着色技术不同的是，预先将染料或颜料与一种欲生产的纤维品种相同或改性（多为降低熔融温度）的聚合物载体均匀混合制成具有高浓度染料或颜料的有色母粒，而后在纺制纤维时将该母粒以一定比例与无色的主体聚合物均匀混合直接制成有色纤维，被称为母粒着色纤维（masterbatch coloured fiber）。该技术也是适用于生产大批量单一素色的纤维，更换不同颜色品种时较为烦琐。

然而，原液着色及母粒着色技术，在生产单一素色纤维时可以省却染色加工过程，减少染色过程生产用水和降低环境污染。

1.5　主要化学纤维的化学结构式

1.5.1　粘胶纤维

1.5.2　聚酰胺6（PA6）纤维

1.5.3　聚酰胺66（PA66）纤维

1.5.4　聚对苯二甲酸二乙二醇酯（PET）纤维（涤纶）

1.5.5　高温高压型阳离子染料可染聚酯（CDP）纤维

$$\left[\!\!-\overset{O}{\overset{\|}{C}}\!-\!\!\bigcirc\!\!-\overset{O}{\overset{\|}{C}}\!-\!O\!-\!(CH_2)_2O\!-\!\right]_m\left[\!\!-\overset{O}{\overset{\|}{C}}\!-\!\!\bigcirc\!\!-\overset{O}{\overset{\|}{C}}\!-\!O\!-\!(CH_2)_2O\!-\!\right]_n$$
$$SO_3Na$$

1.5.6　酯型常压型阳离子染料可染聚酯（ECDP）纤维

$$\left[\!\!-\overset{O}{\overset{\|}{C}}\!-\!\!\bigcirc\!\!-\overset{O}{\overset{\|}{C}}\!-\!O\!-\!(CH_2)_2O\!-\!\right]_m\left[\!\!-\overset{O}{\overset{\|}{C}}\!-\!\!\bigcirc\!\!-\overset{O}{\overset{\|}{C}}\!-\!O\!-\!(CH_2)_2O\!-\!\right]_n$$
$$SO_3Na$$

$$\left[\!\!-\overset{O}{\overset{\|}{C}}\!-\!(CH_2)_x\!-\!\overset{O}{\overset{\|}{C}}\!-\!O\!-\!(CH_2)_2O\!-\!\right]_l$$

1.5.7　醚型常压型阳离子染料可染聚酯（ECDP）纤维

$$\left[\!\!-\overset{O}{\overset{\|}{C}}\!-\!\!\bigcirc\!\!-\overset{O}{\overset{\|}{C}}\!-\!O\!-\!(CH_2)_2O\!-\!\right]_m\left[\!\!-\overset{O}{\overset{\|}{C}}\!-\!\!\bigcirc\!\!-\overset{O}{\overset{\|}{C}}\!-\!O\!-\!(CH_2)_2O\!-\!\right]_n$$
$$SO_3Na$$

$$\left[\!\!-\overset{O}{\overset{\|}{C}}\!-\!\!\bigcirc\!\!-\overset{O}{\overset{\|}{C}}\!-\!O\!-\!(CH_2CH_2O)_x\!-\!\right]_l$$

1.5.8　易水解聚酯（EHDPET）

EHDPET 与 ECDP 的区别在于 m、n、l 摩尔数的不同。

$$\left[\!\!-\overset{O}{\overset{\|}{C}}\!-\!\!\bigcirc\!\!-\overset{O}{\overset{\|}{C}}\!-\!O\!-\!(CH_2)_2O\!-\!\right]_m\left[\!\!-\overset{O}{\overset{\|}{C}}\!-\!\!\bigcirc\!\!-\overset{O}{\overset{\|}{C}}\!-\!O\!-\!(CH_2)_2O\!-\!\right]_n$$
$$SO_3Na$$

$$\left[\overset{O}{\underset{\|}{C}} - \text{(benzene ring)} - \overset{O}{\underset{\|}{C}} - O-(CH_2CH_2O)_x \right]_l$$

1.5.9　分散染料常压可染聚酯（EDDP）纤维

$$\left[\overset{O}{\underset{\|}{C}} - \text{(benzene ring)} - \overset{O}{\underset{\|}{C}} - O-(CH_2)_2O \right]_m \left[\overset{O}{\underset{\|}{C}} - \text{(benzene ring)} - \overset{O}{\underset{\|}{C}} - O-(CH_2)_2O \right]_n$$

$$\left[\overset{O}{\underset{\|}{C}} - \text{(benzene ring)} - \overset{O}{\underset{\|}{C}} - O-(CH_2CH_2O)_x \right]_l$$

1.5.10　聚对苯二甲酸二丙二醇酯（PTT）纤维

$$\left[\overset{O}{\underset{\|}{C}} - \text{(benzene ring)} - \overset{O}{\underset{\|}{C}} - O-(CH_2)_3O \right]_n$$

1.5.11　聚对苯二甲酸二丁二醇酯（PBT）纤维

$$\left[\overset{O}{\underset{\|}{C}} - \text{(benzene ring)} - \overset{O}{\underset{\|}{C}} - O-(CH_2)_4O \right]_n$$

1.5.12　聚萘二甲酸二乙二醇酯（PEN）纤维

$$\left[\overset{O}{\underset{\|}{C}} - \text{(naphthalene ring)} - \overset{O}{\underset{\|}{C}} - O-(CH_2)_2O \right]_n$$

1.5.13　聚丙烯腈（PAN）纤维（腈纶）

$$\left[CH_2 - \underset{\underset{CN}{|}}{CH} \right]_n$$

1.5.14　聚乙烯（PE）纤维（乙纶）

$$-\left[CH_2-CH_2\right]_n$$

1.5.15　聚丙烯（PP）纤维（丙纶）

$$-\left[CH_2-CH\atop \quad CH_3\right]_n$$

1.5.16　聚乙烯醇（PVA）缩甲醛纤维（维纶）

$$-\left[CH_2-CH-CH_2-CH-CH_2-CH\right]_n$$
$$\qquad\qquad O \qquad\qquad OH$$

1.5.17　聚氯乙烯（PVC）纤维（氯纶）

$$-\left[CH_2-CH\atop \quad Cl\right]_n$$

1.5.18　聚四氟乙烯（PTFE）纤维（氟纶）

$$-\left[CF_2-CF_2\right]_n$$

1.5.19　聚氨酯（PU）纤维（氨纶）

$$-\left[\overset{O}{\overset{\|}{C}}-NH-R-NH-\overset{O}{\overset{\|}{C}}-O\right]_n$$

1.5.20　聚乳酸（PLA）纤维

$$-\left[O-CH-\overset{O}{\overset{\|}{C}}-O\right]_n$$
$$\quad CH_3$$

1.5.21　聚对苯二甲酰对苯二胺（PPTA）纤维

1.5.22　聚间苯二甲酰间苯二胺（PMIA）纤维

1.5.23　聚酰亚胺（PI）纤维

1.5.24　聚醚醚酮（PEEK）纤维

1.5.25　聚苯硫醚（PPS）纤维

1.5.26　碳纤维

1.6　化学纤维的主要纺丝方法

1.6.1　熔体纺丝法

　　图1-6-1为切片法熔体纺丝工艺流程示意图。熔体纺丝技术是化学纤维的主要成型方法之一，简称熔纺。与溶液纺丝技术相比较而言，熔体纺丝技术生产工艺流程简单，生产成本低廉，因此凡是熔融而不分解的成纤高聚物——如聚酯、聚酰胺、聚丙烯等均采用熔体纺丝技术，而不采用溶液纺丝技术。

　　熔体纺丝方法的主要特点是纺丝速度高（1000～7000m/min），无须溶剂和沉淀剂及其回收、循环系统，设备简单，工艺流程短。熔体纺丝工艺包括以下步骤：

　　（1）纺丝熔体制备——连续聚合制得熔体或将经过预结晶、干燥后的成

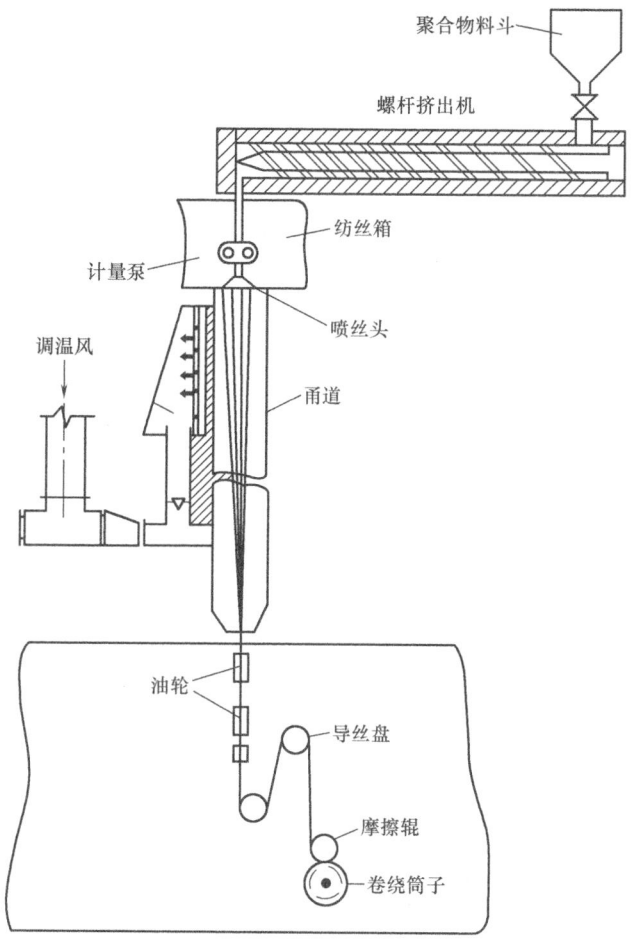

图 1-6-1　切片法熔纺成形工艺流程示意图

纤高聚物切片从聚合物料斗加入，用可按要求分段加热的螺杆挤压机先后进行熔融、混合、计量并挤出，经挤出机与纺丝箱体间的弯管送入熔体计量泵。

（2）熔体通过置于纺丝箱体内的计量泵定量地将熔体由喷丝头的小孔挤出形成熔体细流。

（3）熔体细流进入甬道后在较低温度的冷却吹风环境下冷却、固化并形成初生纤维。

（4）初生纤维再经上油、网络后卷绕成筒。

（5）此卷绕丝再经后续的拉伸—热定型等二次成形加工后便制得具有实用性的成品纤维。

熔纺法按照熔体制备工艺过程又分直接纺丝法和切片纺丝法。将聚合后的聚合物熔体直接送入计量泵计量、挤出进行纺丝的工艺称为直接纺丝法；而将聚合物的切粒经预结晶、干燥等必要的纺前准备后送入螺杆挤出机熔融纺丝的技术称为切片纺丝法。大规模工业生产上常采用直接纺丝技术，有利于降低生产成本，但是难于生产差别化纤维品种，只能在线密度、纤维截面形状上做些许改变。而切片纺丝法较为灵活，易于更换品种，生产小批量、高附加值的差别化纤维。

1.6.2 溶液纺丝法

溶液纺丝法大体有湿法纺丝法、干法纺丝法和干湿纺丝法三种。

1.6.2.1 湿法纺丝

图1-6-2为卧式湿法纺丝生产工艺流程示意图，图1-6-3为立式湿法纺丝生产工艺流程示意图。

以典型湿法纺丝技术的粘胶纤维生产为例。是将原料纤维素浆粕先行碱化制成碱纤维素，经老成过程调节其相对分子质量，而后与二硫化碳反应生成纤维素黄原酸酯，即可溶解于稀碱液中，而后再经过溶解、熟成、过滤、脱泡等过程即制成了可供纺丝的溶液——粘胶。将纺丝溶液经过鹅颈管送入喷丝头，纺丝液自喷丝板小孔形成的细流进入由硫酸、硫酸钠、硫酸锌构成的凝固浴，纺丝液中的碱向凝固浴扩散生成硫酸钠，凝固浴中的硫酸向原液细流中渗透，使原液细流中聚合物——纤维素黄原酸酯重新再生成不可溶的纤维素，析出而形成固态的再生纤维素纤维。一般湿法纺丝过程中会发生传质、传热及凝胶化等物理化学过程，但粘胶纤维在成型过程中还同时发生化学变化，即由纤维素黄原酸酯再生为纤维素。上述已成型的初生纤维经导丝盘引出后还要经过洗涤、上油、干燥、热定型等工艺过程才能得到成品纤维。溶液纺丝与熔体纺丝相比较工艺流程长，除上述主流程外还要进行凝固浴液和后处理浴液的循环和回收。可见湿法纺丝工艺是很复杂的。湿法纺丝工艺依据丝条走向不同又有卧式纺丝与立式纺丝之分，各有所长。

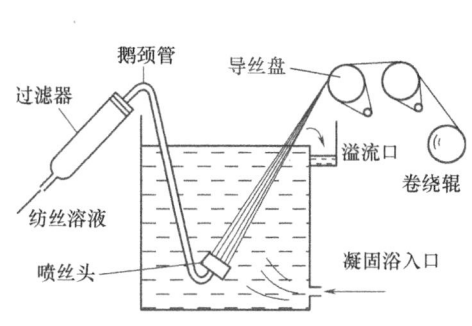

图1-6-2 卧式湿法纺丝生产
工艺流程示意图

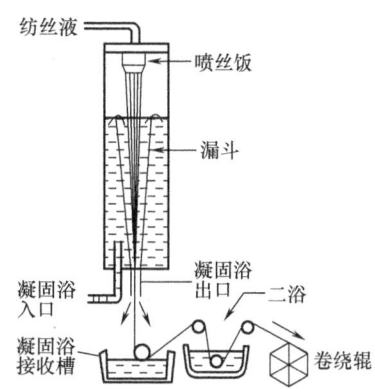

图1-6-3 立式湿法纺丝
生产工艺流程示意图

腈纶和维纶也是采用溶液法纺丝成型的。溶液纺丝法也有一步法和两步法两种工艺技术。一步法是将聚合过程得到的纺丝原液直接用于纺丝，两步法则是预先在只能溶解单体的溶剂中完成聚合工艺，制备出的聚合物以沉淀的形式析出，经提纯后再将其溶解于另一种可溶解该聚合物的溶剂中制成所需浓度的纺丝液再行纺丝。例如聚丙烯腈的一步法纺丝是将丙烯腈、丙烯磺酸钠、衣康酸等单体在二甲基亚砜、硫氰酸钠、二甲基甲酰胺或二甲基乙酰胺中聚合直接得到纺丝溶液送去纺丝。而聚丙烯腈的两步法纺丝则是将丙烯腈、丙烯磺酸钠、衣康酸等单体在水中完成聚合，得到的聚丙烯腈不溶于水而沉淀析出。再将聚丙烯腈溶解于二甲基亚砜、硫氰酸钠、二甲基甲酰胺或二甲基乙酰胺中，制得的纺丝溶液再去纺丝。

1.6.2.2 干法纺丝

图1-6-4是干法纺丝工艺流程示意图。干法纺丝是溶液法纺丝成型工艺之一种。将成纤高聚物溶解在某种沸点较低、溶解性能又好的溶剂中制成纺丝溶液，再将纺丝溶液经计量泵送入喷丝头，经喷丝板上微细的小孔吐出进入附有加热器的纺丝甬道，纺丝液细流进入被加热的气体，伴随其中溶剂的挥发，高聚物浓度不断地提高而逐渐析出凝固成初生纤维的丝条。再经洗涤—上油—拉伸—定型—干燥等后处理过程便可得到成品纤维。干法纺丝的纤维成型主要发生着传质（溶剂的向外扩散）与传热（纺丝液细流与丝条的冷却）过程。丝条中挥发的溶剂与加热的气体一同从纺丝甬道上部逸出后经

冷却液化，溶剂再行回收并循环使用。干法纺丝比湿法纺丝的纺丝溶液具有较高的高聚物浓度，以保证在较短的时间内得以挥发，与此同时也可以得到较好力学性能的纤维。整个工艺过程比湿法纺丝过程要简单。腈纶、氨纶、氯纶以及维纶等均采用干法纺丝工艺。

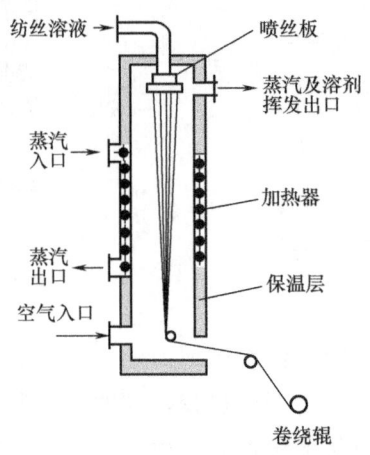

图 1 - 6 - 4　干法纺丝工艺流程示意图

1.6.2.3　干（喷）湿（纺）法纺丝

图 1 - 6 - 5 是干湿法纺丝工艺流程示意图。干湿法纺丝是溶液纺丝成型工艺的一种，主要应用于溶致液晶高聚物（例如聚对苯二甲酰对苯二胺）的纺丝加工工艺。将预先配制好的具有适宜相对分子质量、聚合物浓度和温度的处于液晶态的纺丝液，通过纺丝液入口经计量泵定量且均匀地送入纺丝组件，纺丝液由喷丝孔挤出后先经过凝固浴与喷丝板之间的一段若干厘米的空气夹层，在此处纺丝液细流所受到的阻力较小，可以经受高倍喷丝头拉伸，使仍处于液晶态的大分子得以整齐有序地取向排列。随后原液细流进入置于凝固浴槽中的纺丝流管，低温凝固浴的液流自纺丝流管上方溢流而入，与逐渐凝固的原液细流顺流而下。由于流管内径较小，凝固浴流速加快，减小了丝条的运行阻力，丝条与凝固浴两者顺流而下避免了丝条运行过程的抖动。与此同时，以浓度差为推动力使得原液细流中的溶剂组分向凝固浴扩散，而凝固浴中的凝固剂向原液细流内扩散，这种双扩散过程使丝条中液晶高聚物组分的浓度逐渐提高而凝固成丝条，丝条遇到低温的凝固浴后也迅速降温，丝条在卷绕辊的拉伸作用下使液晶大分子形成"取向冻结液晶相"的结构，

保证了纤维优异的力学性能。丝条经导丝辊转向后被卷绕辊牵引并卷绕成丝筒。干湿法纺丝的纤维成型不同于其他溶液法纺丝，它主要发生传质（溶剂自纺丝液细流向凝固浴的扩散及凝固剂向纺丝液细流中渗透与扩散）、传热（纺丝液细流与丝条的冷却）以及纤维在受拉伸时大分子液晶相的有序排列与冻结过程。随丝条流下的凝固浴落入凝固浴储槽后，再重新调配浓度和温度后，用循环泵打回到凝固浴槽继续使用。

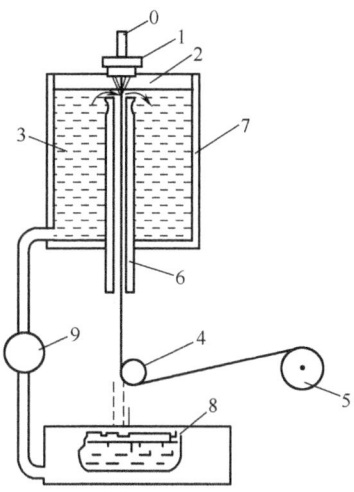

图 1 - 6 - 5　干湿法纺丝工艺流程示意图

0—纺丝液入口　1—纺丝组件　2—空气夹层　3—凝固浴　4—导丝辊　5—卷绕辊

6—纺丝流管　7—凝固浴槽　8—凝固浴储槽　9—凝固浴循环泵

2. 图解纤维材料

2.1　天然纤维

2.1.1　棉花

棉花是锦葵目锦葵科棉属植物（图 2 - 1 - 1）种子上被覆的纤维，简称棉。连同棉籽的棉纤维称籽棉；剥去棉籽的棉纤维称皮棉或原棉。图 2 - 1 - 2 为本色棉。原棉纤维依据粗细、长短或强度不同可分为三类，即：

（1）长绒棉（海岛棉栽培种纤维），主要是埃及棉，适于织造轻薄或坚牢的织物。

（2）细绒棉（陆地棉栽培种纤维），可织造一般棉织物。

（3）粗绒棉（亚洲棉栽培种纤维），适于织造较粗厚或绒布类专用织物。

此外，还有少量非洲棉栽培种的纤维，细度中等，长度较短，只能织造粗厚织物。

棉纤维为一端开口的管状物，呈空心（图 2 - 1 - 3）左旋或右旋扭曲带状（图 2 - 1 - 4），成熟棉（图 2 - 1 - 5）空腔小，呈丰满的扁平带状，扭曲多；未成熟棉（图 2 - 1 - 6）呈薄细胞壁的扁平带状，扭曲少；少数棉纤维细胞壁极厚，空腔极小，呈棍棒状，扭曲少，为过成熟棉。还有一种成熟度不高的彩棉（图 2 - 1 - 7）。图 2 - 1 - 8 为棉卡其织物，其表面可见一些棉纤维的尾端从棉纱中露出而浮于织物的表面。

棉纤维的主要组成是纤维素、棉蜡、少量糖类物质及灰分等。其中纤维素的比例占到 95% 以上，其化学组成为纤维二糖，含有大量的亲水性基团——羟基，因此棉花具有优异的吸湿性能。

（聚合度 n 在 6000~11000 之间）

图 2-1-1 棉铃

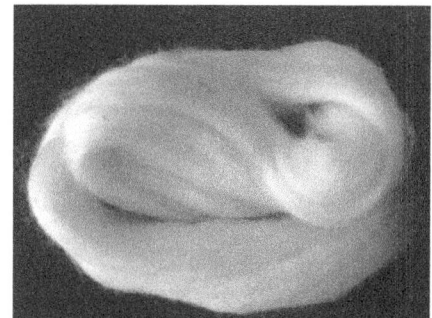

图 2-1-2 本色棉（见彩图）

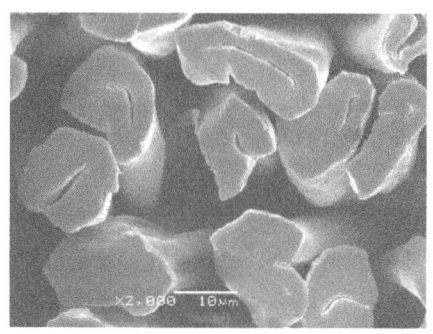

图 2-1-3 棉纤维横截面

图 2-1-4 棉纤维纵表面

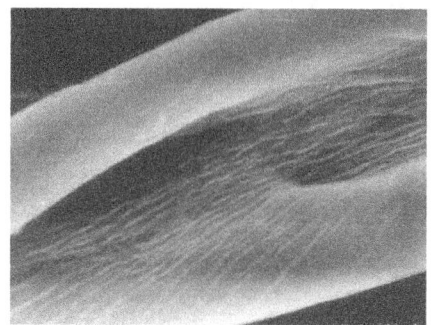

图 2-1-5 成熟棉

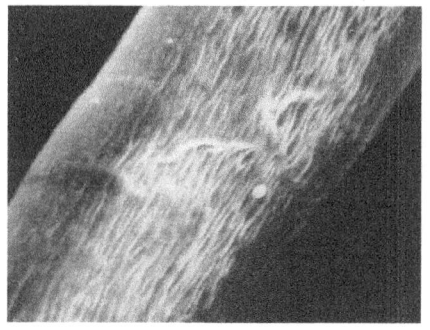

图 2-1-6 未成熟棉

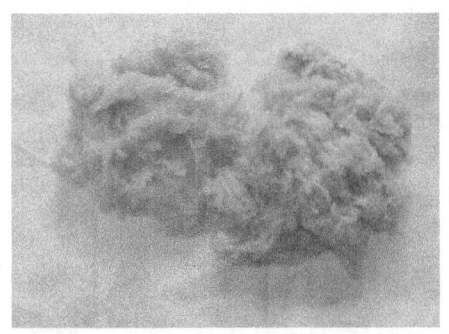

图 2-1-7　彩棉（见彩图）

图 2-1-8　棉纱卡其

2.1.2　木棉

　　木棉是锦葵目木棉科属几种植物（如木棉属的木棉种、长果木棉种和吉贝属的吉贝种）的果实纤维（图 2-1-9），属单细胞纤维。木棉纤维有白、黄和黄棕三种颜色，光泽感强，长度为 8～32mm，其纵向表面较为光滑（图 2-1-10）。木棉纤维强度低、抱合力差、缺乏伸缩弹性，不宜用作纺织材料。木棉单纤维为中空圆管状（图 2-1-11），细胞破裂后收缩呈扁带形（图 2-1-12）；纤维胞壁很薄，两端封闭，根钝梢细，中段直径 18～45μm，细胞中充有空气，干后也不会扭曲。然而，木棉纤维具有良好的抗压性和压缩恢复能力，单位质量体积大，为 56cm^3/g，在水中的浮力很大，可承载自身 20～36 倍的重量，回潮率 10%，但不吸水，极适合作救生圈、救生衣、枕芯及褥垫等的填充材料。木棉纤维可与棉、粘胶或其他纤维素纤维混纺成纱，将混纺纱纯织或与合成纤维交织等，已被广泛应用到针织内衣、绒衣、绒线衫、机织休闲外衣、床品、袜类等领域。

图 2-1-9　木棉果实纤维（见彩图）

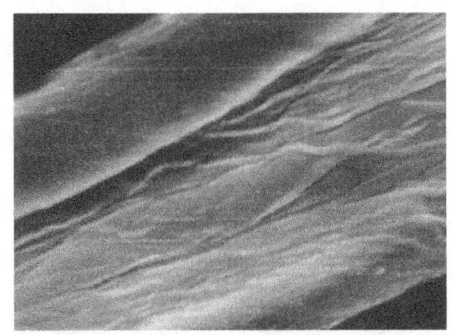

图 2-1-10　木棉纤维纵表面

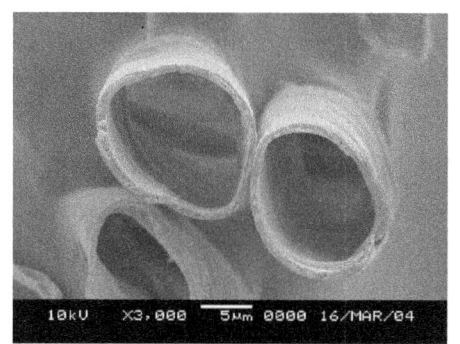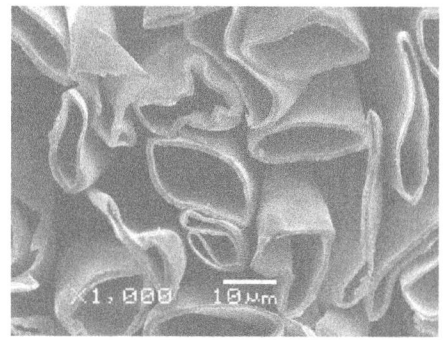

图 2 - 1 - 11　中空圆管状
木棉纤维横截面

图 2 - 1 - 12　细胞破裂后呈
扁带形木棉纤维横截面

2.1.3　亚麻

亚麻是亚麻科亚麻属植物的韧皮纤维。亚麻属植物有百余种，又有一年生和多年生之分，纺织用亚麻纤维（图 2 - 1 - 13）通常均为一年生。亚麻原麻（图 2 - 1 - 14）经浸渍脱胶后，取出麻茎晒干或烘干得干茎，再经挤压破碎、刮打去除附于纤维外表的木质素、表皮等杂质得到打成麻，此即为亚麻纺织厂的原料。

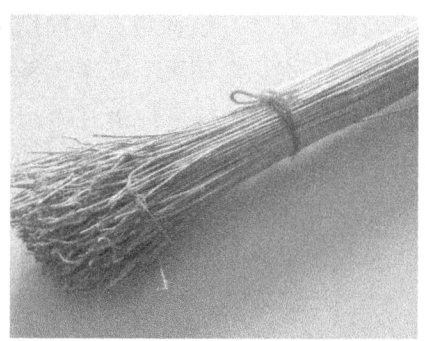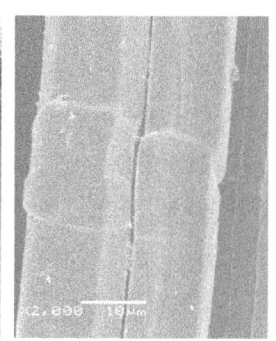

图 2 - 1 - 13　亚麻
纤维（见彩图）

图 2 - 1 - 14　亚麻原麻

图 2 - 1 - 15　亚麻
纵表面

亚麻纤维宽 15 ~ 20μm，表面非光滑，有裂节（图 2 - 1 - 15），是区别于其他麻类的特征之一；横截面根据其取自麻茎的部位不同而有所不同，可为多角形或扁圆形等，内部有中空孔（图 2 - 1 - 16），根部纤维腔大壁薄，中部壁厚，品质最佳。亚麻单纤维是细长且具有中腔两端封闭呈尖状的细胞，平均长度为

17～25mm；每30～50根单纤维被胶质黏结在一起组成一个纤维束。

亚麻纤维手感粗硬，但比苎麻纤维纤细柔软，断裂伸长率在3%左右，因此亚麻织物（图2-1-17）挺括、爽滑、弹性差、易折皱。

图2-1-16　亚麻横断面

图2-1-17　亚麻织物

2.1.4　苎麻

苎麻属荨麻科多年生宿根植物（图2-1-18），一般年收三至四次，也有年收五次及以上的。收割的苎麻经剥皮、刮青及干燥得到原麻（图2-1-19），即苎麻韧皮层（图2-1-20）。苎麻韧皮层由众多苎麻单纤维（图2-1-21）与果胶杂质共同构成，纤维纵表面带有横向结节和纵条纹（图2-1-22）。苎麻纤维表面不光滑，在纵向沟纹上有许多刺状球形物（图2-1-23），它会使皮肤产生刺痒感。制取苎麻单纤维时须对苎麻韧皮层进行全脱胶，即对原麻进行 NaOH 溶液煮练，利用机械敲打、高压水流冲洗并开纤，然后酸洗、漂白、精练，最后给油、烘干制得精干麻。纺纱前，精干麻还要经机械软麻、给湿加油、分把、堆仓等工序的准备。

图2-1-18　苎麻植物

图2-1-19　苎麻原麻

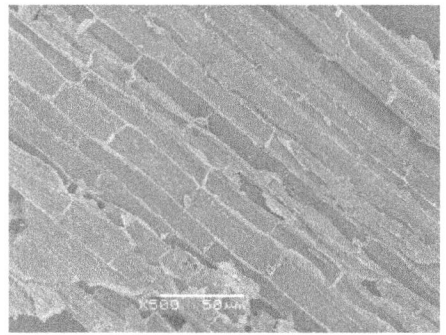

图 2 - 1 - 20　苎麻韧皮层

图 2 - 1 - 21　苎麻韧皮纤维

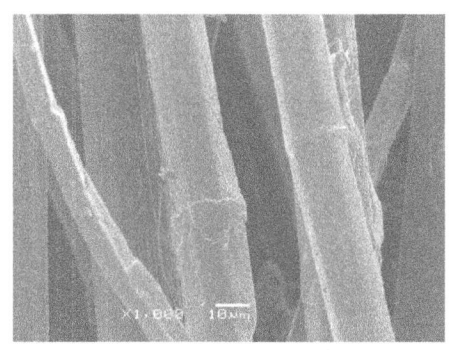

图 2 - 1 - 22　苎麻纤维纵表面

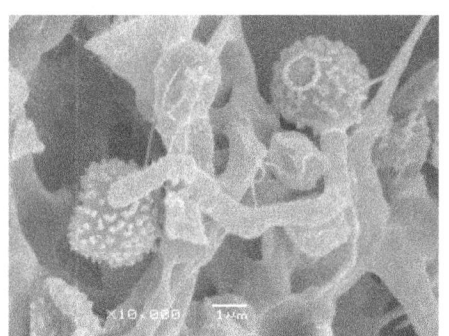

图 2 - 1 - 23　苎麻纤维表面的
刺状球形物

　　苎麻纤维是各种麻类纤维中最长的一种纤维（图 2 - 1 - 24），平均长度为 50 ~ 120mm，为一个细胞组成的单纤维。纤维粗细不均匀，当量直径为 10 ~ 50μm，横截面呈腰圆形、扁平形、多边形或不规则形，具有中空孔洞（图 2 - 1 - 25），横截面的中腔至外壁布有长短不一的辐射状条纹（图 2 - 1 - 26）。苎麻纤维颜色洁白，有丝样光泽（图 2 - 1 - 27），且具有抗菌、防臭、吸湿、排汗功能，苎麻纤维织物（图 2 - 1 - 28）适合用于服装面料，制作袜子及窗帘、台布、床上用品等多种家纺产品。苎麻织物下水后变硬，有别于遇水手感较为柔软的亚麻织物。为了消除苎麻织物穿着的刺痒感，可以将具有吸湿排汗功能的涤纶短纤维与苎麻纤维混纺成纱，再织制成织物，这样还能降低苎麻织物的成本。

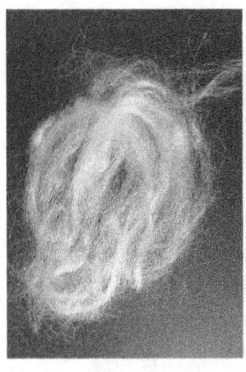

图 2 - 1 - 24 苎麻
纤维（见彩图）

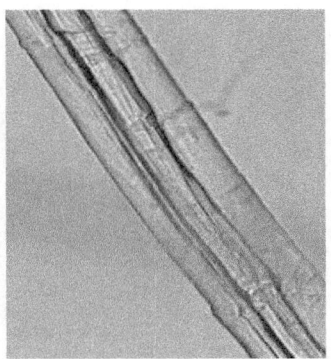

图 2 - 1 - 25 苎麻纤维
表面显微镜照片

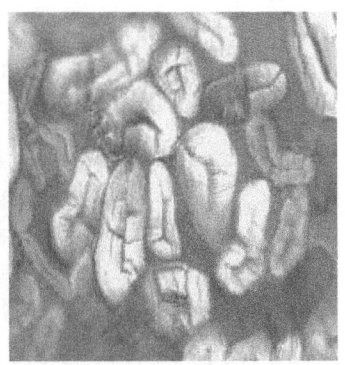

图 2 - 1 - 26 苎麻纤维横
截面显微镜照片

图 2 - 1 - 27 梳理后的苎麻条

图 2 - 1 - 28 苎麻纤维织物

2.1.5 大麻纤维

大麻为一年生直立草木桑科大麻属植物（图 2 - 1 - 29），又称汉麻、火麻等，高 1~3m。大麻纤维束（图 2 - 1 - 30）取自大麻茎部的韧皮层（图 2 - 1 - 31），其韧皮不易剥下，传统的方法是将收割的大麻置于田地里，用露水沤麻，先脱除少量果胶。随着大麻脱胶技术的发展，已能利用生物脱胶和蒸气爆裂等技术将收割的原麻加工成被剥皮的大麻纤维（图 2 - 1 - 32）。

大麻纤维横截面（图 2 - 1 - 33）为三角、多边、扁圆、腰圆等无规形，中腔细长，纵表面外形不一，且有纵向裂纹和横向结节（图 2 - 1 - 34），顶端呈钝圆形。大麻单纤维长度为 15 ~ 25mm，当量直径为 15 ~ 30μm，密度为 1.48g/cm^3。大麻纤维分子结构较松散，手感柔软，具备吸湿排汗、抗菌、抗紫外线、耐高温等性能，大麻纤维织品广泛应用于服装、家纺、帽子、鞋材、袜子以及太阳伞、露营帐篷、渔网、绳索、汽车坐垫、内衬材料（图2-1-35）等。

图2-1-29　大麻植物

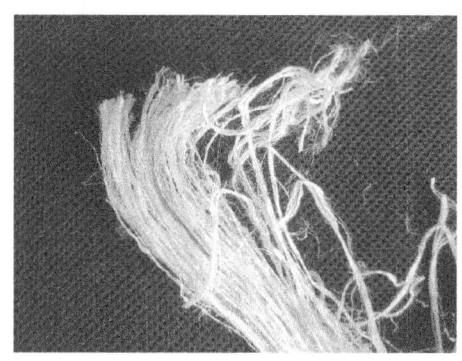

图2-1-30　大麻纤维束

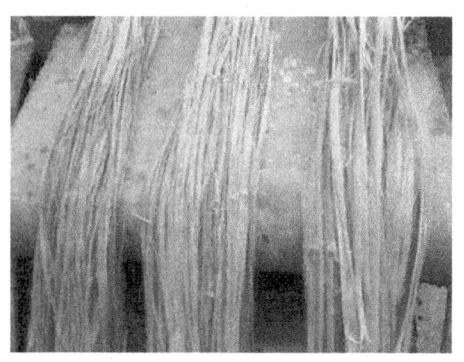

图2-1-31　大麻韧皮

图2-1-32　大麻纤维（见彩图）

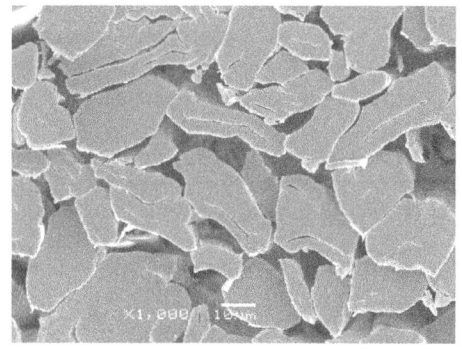

图2-1-33　大麻纤维横截面

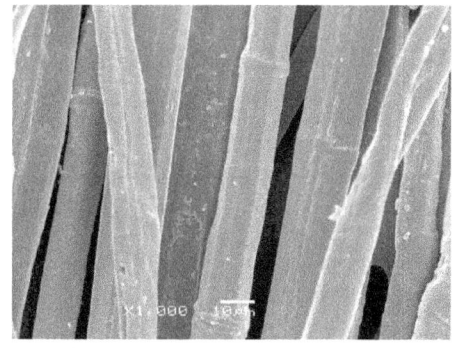

图2-1-34　大麻纤维纵表面

图2-1-35　大麻装饰布

2.1.6　黄麻

黄麻为椴树科黄麻属一年生草本植物，高1～4m，又称络麻、绿麻、野洋麻等。黄麻的种植量和用途仅次于棉花。黄麻麻茎韧皮组织含初生纤维和次生纤维，初生纤维束长、柔软、品质好，而次生纤维品质差。黄麻纤维束可从植物内皮或外皮提取，收获后的黄麻麻株先需进行沤麻、脱胶和精洗。经脱胶的黄麻称为熟麻或精麻（图2-1-36）。

黄麻纤维束由数十根单纤维与胶质组成，纤维束中纤维网状交错，相互抱紧，纤维分离困难。黄麻纤维的颜色从白色到褐色，单纤维长度为1.5～5mm，细度为12～17μm；单根纤维的横截面为扁圆形、三角形及其他不规则形，具有三角形或圆形的中腔（图2-1-37）；纤维纵表面十分粗糙，局部有凹坑和竖向条纹（图2-1-38、图2-1-39）。黄麻纤维吸湿性能好、散失水分快；抗张强度很高，延展性低，防水性能较好；黄麻纤维织品主要用于制作麻袋、粗麻布（图2-1-40）等土工布及包装布、造纸、绳索（图2-1-41）、地毯和窗帘。

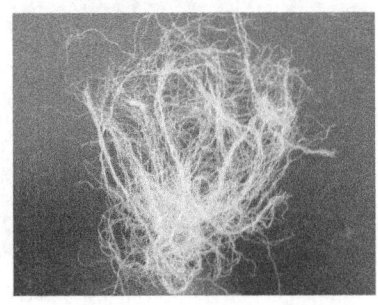

图2-1-36　黄麻纤维（见彩图）

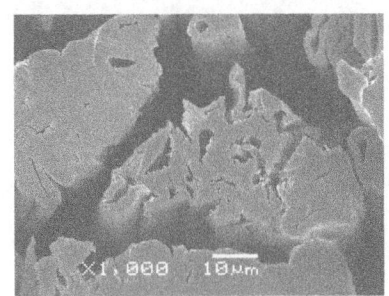

图2-1-37　黄麻纤维横断面

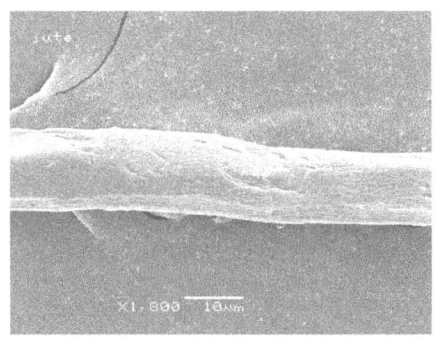

图 2 - 1 - 38　黄麻单纤维纵表面

图 2 - 1 - 39　黄麻纤维纵表面

图 2 - 1 - 40　黄麻粗布

图 2 - 1 - 41　黄麻绳

2.1.7　羊毛

羊毛是人类在纺织上最早利用的天然纤维之一。羊毛纤维（图 2 - 1 - 42）柔软而富有弹性，有天然形成的波浪状卷曲，羊毛织品手感丰满、保暖性好、穿着舒适。纺织原料使用最多的是绵羊（图 2 - 1 - 43）的毛。

羊毛纤维是一种由 20 余种不同的 α - 氨基酸残基构成的多层次生物组织。羊毛纤维的外观几何形态呈细长柱体，其横截面形状细羊毛接近圆形（图 2 - 1 - 44），粗羊毛为扁圆形，纵向表面（图 2 - 1 - 45）有许多鳞片。表面呈薄云状的羊毛为劣质羊毛（图 2 - 1 - 46）。市场上也有将羊毛拉伸以充当羊绒，但其表面已经看不到鳞片结构。一些劣质羊毛的髓腔内常呈孔洞结构（图 2 - 1 - 47）。

羊毛纤维的外层是表皮层，内层为皮质层。粗羊毛的中心部有髓质层，详细结构见图 2 - 1 - 48。

羊毛的细度、长度和弯曲的波形很不均匀，且依品种不同而异，直径为

15~20μm，断裂强度为1.4~1.9cN/dtex，断裂伸长率为35%~50%，在2%拉伸形变时的弹性回复率为99%，细羊毛的最大回潮率可达30%以上，干燥羊毛的表观密度为1.32g/cm³。羊毛比纤维素难燃，燃烧后无熔滴黏结现象，高温时会烧焦而形成充气的炭球。羊毛制品的欠缺是易被虫蛀，湿态下易变形，洗涤后易毡缩变形。

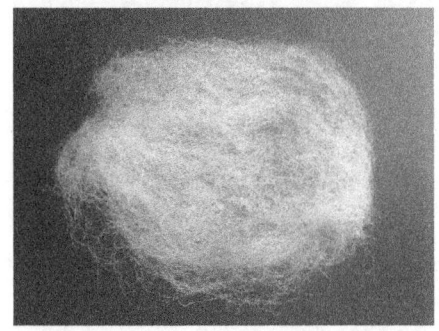

图2-1-42　羊毛纤维（见彩图）

图2-1-43　绵羊

图2-1-44　羊毛纤维横截面

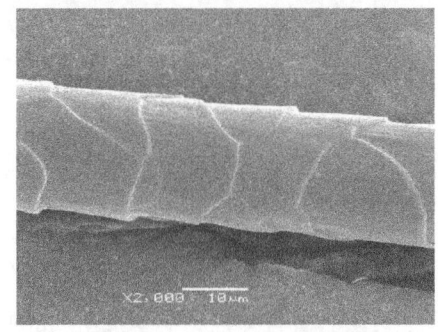

图2-1-45　细羊毛纵表面

图2-1-46　劣质羊毛

图2-1-47　髓腔呈孔洞劣质羊毛

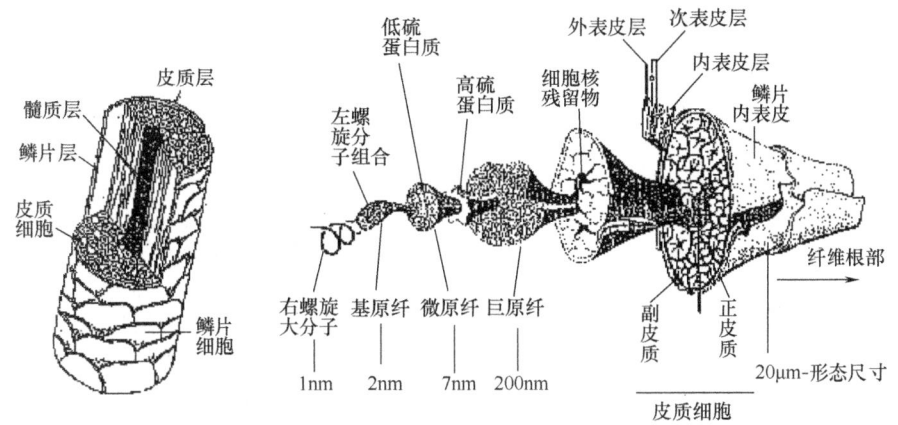

图2-1-48 羊毛的微细结构

2.1.8 羊绒

羊绒是长在山羊外表皮层、掩在粗毛根部的一层薄薄的细绒,此类山羊称为绒山羊（图2-1-49）。每年春季是山羊脱毛之际,用特制的铁梳从山羊躯体上抓取的绒毛为原绒。洗净的原绒经分梳,去除原绒中的粗毛、死毛和皮屑后得到的山羊绒称为无毛绒。山羊绒有白、青、紫三种颜色,其中以白绒（图2-1-50）最为珍贵。国际上习惯称山羊绒为cashmere,中国采用其谐音为"开司米";因其珍贵,常称之为"软黄金"。山羊绒纤维的横截面多为规则的圆形（图2-1-51）,无中腔,纵表面具有较薄的（小于0.55μm）呈环状的鳞片包覆于毛干上,鳞片较长,翘角很小,表面比较光滑平贴（图2-1-52）。山羊绒纤维的长度一般为30~40mm,平均细度为14~16μm,毛干均匀,很少扭曲。

图2-1-49 绒山羊

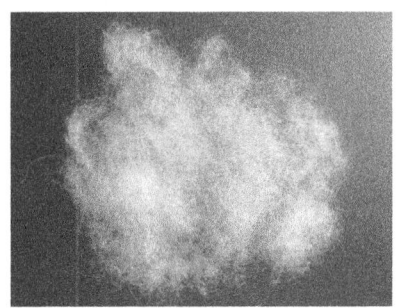

图2-1-50 羊绒纤维（见彩图）

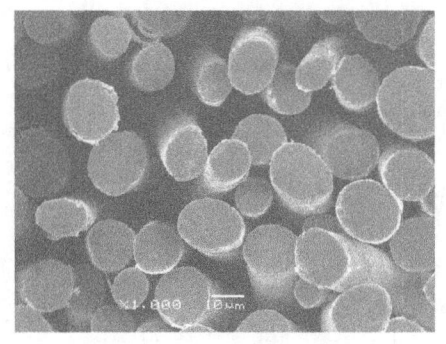

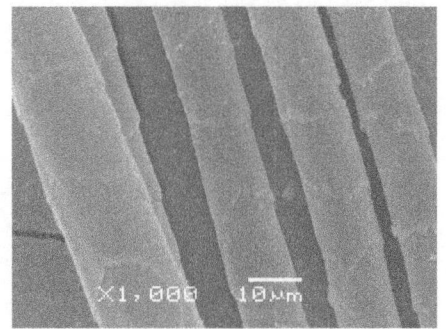

图 2 - 1 - 51　羊绒横截面　　　　　　图 2 - 1 - 52　羊绒纵表面

　　羊绒纤维具有光泽自然、柔和，吸湿性强，手感滑糯，保暖性优异等特征，十分适合加工成手感丰满、柔软、富有弹性的针织品，也可织制成机织物用于制作高级服装。羊绒织物洗涤后不缩水，保型性好。

2.1.9　马海毛

　　马海毛（mohair）是从安哥拉山羊身上剪下的被毛（图 2 - 1 - 53），是由土耳其语"MUKHYAR"（最好的毛）而得名。安哥拉山羊毛原产于土耳其安哥拉省，19 世纪末和 20 世纪初输出到南非好望角和美国的德克萨斯州等地。马海毛是光泽很强的长山羊毛的典型。

　　安哥拉山羊适宜栖息在高山灌木丛地带，不适宜在草原上放牧。山羊在 8 岁前剪取的毛，属于优质马海毛，超过此年龄，毛质较差。马海毛的长度一般为 100 ~ 150mm，最长可达 200mm 以上，细度为 10 ~ 90μm，小山羊毛细度平均为 24 ~ 27μm，成年羊毛细度平均为 40μm。马海毛的横截面为圆形或椭圆形（图 2 - 1 - 54），有髓质层。其纵表面（图 2 - 1 - 55）可见鳞片少而平阔，紧贴于毛干，很少重叠，具有竹筒般的外形，纤维表面光滑，有蚕丝般的光泽。

　　马海毛的皮质层几乎由正皮质细胞组成，纤维很少弯曲，与染料有较强的亲和力；马海毛坚牢度高，耐用性好，柔软不毡化，不起毛起球，沾污后易清洁。马海毛可纯纺或混纺成纱线，可用作毛线（图 2 - 1 - 56），也可织制男女西服衣料、提花毛毯、装饰织物、长毛绒、运动衣、人造毛皮、花边、饰带以及假发等，制品具有弹性好、亮度高、光泽悦目的特征。

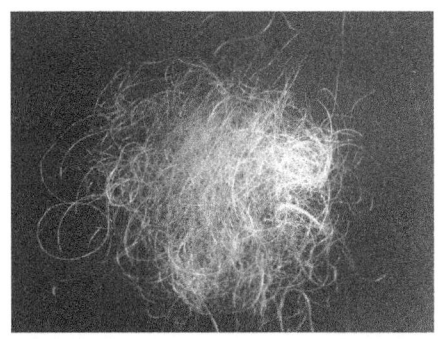

图 2 - 1 - 53　马海毛纤维（见彩图）

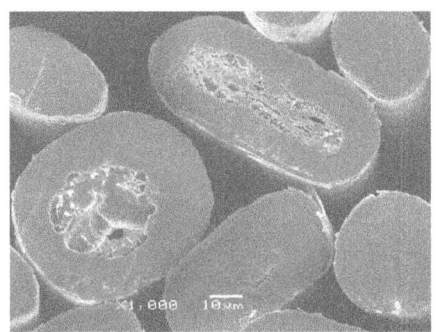

图 2 - 1 - 54　马海毛横截面

图 2 - 1 - 55　马海毛纵表面

图 2 - 1 - 56　马海毛毛线

2.1.10　骆驼绒

　　骆驼绒是从骆驼（图 2 - 1 - 57）腹部剪下、梳制收集的绒毛，双峰骆驼含绒量高，超过 70%。骆驼绒纤维有乳白、杏黄、黄褐、棕褐等多种色泽。骆驼绒纤维（图 2 - 1 - 58）平均长度为 40 ~ 70mm，平均直径为 10 ~ 24μm；断裂强度为 1.3 ~ 1.6cN/dtex，断裂伸长率为 40% ~ 45%。

　　骆驼绒纤维的横截面为圆形（图 2 - 1 - 59），粗细不均，有些具有中空状结构，有利于空气的储存；纵表面有不大明显的薄层鳞片（图 2 - 1 - 60），鳞片边缘比较光滑；骆驼绒纤维表层有高密度的胶质保护层，绒质本身不吸收水分，因而具有极好的隔潮性。骆驼绒耐磨性优良、弹性好、光泽强，不易产生静电，极具保暖耐寒性，是制作高档毛纺织品的重要原料之一，也常用作服装的衬絮。

图 2 - 1 - 57　骆驼

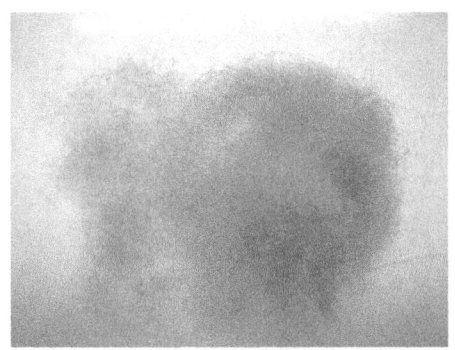

图 2 - 1 - 58　骆驼绒纤维（见彩图）

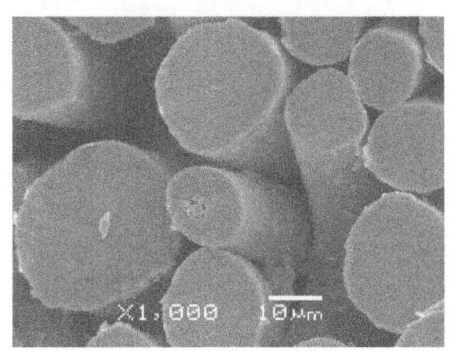

图 2 - 1 - 59　骆驼绒纤维横截面

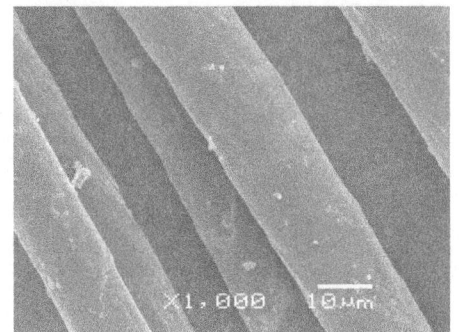

图 2 - 1 - 60　骆驼绒纤维纵表面

2.1.11　小羊驼绒

　　小羊驼（图 2 - 1 - 61）是生活在南美洲安第斯山脉海拔 3650 ~ 4800m
高处的无峰骆驼，隶属骆驼科，在同类中体形较小，性情温和。小羊驼身
上长有厚厚的精柔华贵的绒毛，与其他动物不同，它们的血液中有更多的
携带氧气的红细胞，因此能更好地利用稀薄的氧气，这正是"适者生存"
的原则。

　　每年春天是剪小羊驼绒毛的季节。婴驼长有很好的绒毛，随着年龄的增
长，绒毛的质量有所下降。图 2 - 1 - 62 为小羊驼绒毛线。小羊驼绒是世界上
最细最柔软的动物纤维，直径为 6 ~ 25μm，平均直径约为 13.2μm，比最细的
山羊绒纤维还细，比羊绒更丝滑；小羊驼绒纤维的横截面为圆形（图 2 - 1 -
63），个别有髓腔，纵表面有边缘光滑的环形鳞片（图 2 - 1 - 64）；小羊驼绒

的强度要高于羊绒，它不易起球、不缩水，一般用于生产轻薄高档华贵的大衣等产品。

天然成色的小羊驼绒制品不会褪色、变色，小羊驼绒制成的服装可以贴身穿着，其织物可以用中性洗涤剂在冷水中洗涤，然后平摊晾干。

图 2 - 1 - 61　小羊驼

图 2 - 1 - 62　小羊驼绒毛线（见彩图）

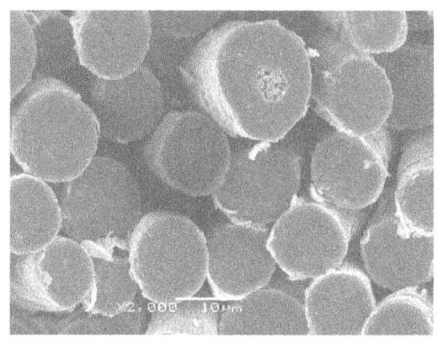

图 2 - 1 - 63　小羊驼绒纤维横截面

图 2 - 1 - 64　小羊驼绒纤维纵表面

2.1.12　羊驼毛

羊驼（图 2 - 1 - 65）又名骆马、驼羊，属骆驼科。90％以上的羊驼生活在南美洲的秘鲁、阿根廷及智利等地，其余分布于澳洲的维多利亚州以及新南威尔士州。羊驼有骆马、阿尔帕卡、维口纳和干纳柯四个纯种。阿尔帕卡与骆马杂交后，又产生两个杂交种。羊驼毛（图 2 - 1 - 66）粗细毛混杂不一，平均直径 22～30μm，细羊驼毛长约 50mm，粗毛长达 200mm。羊驼毛纤维的横截面（图 2 - 1 - 67）近似圆形，有些有髓腔，髓腔随羊驼毛的细度不同差异较大；羊驼毛的纵表面（图2-1-68）有薄形贴伏的鳞片，鳞片间距较小，排列与细羊毛极为相似，边缘比羊毛光滑，但边缘凸出程度不如细羊毛，因较粗而硬挺少卷曲。羊驼毛有白色、棕色、淡黄褐色或黑色等多种色泽，不同品种羊驼毛的力学性能差异很大，但其强力和保暖性均远高于羊毛。羊驼毛具有良好的光泽、柔软性和卷曲性，防毡性优于羊毛，韧性为绵羊毛的两倍，无毛脂，杂质少，净绒率达90%；羊驼细毛可直接应用，纺纱织制高档的机织物、针织物和礼帽。羊驼毛制成的时装轻盈柔软，穿着舒适，垂感好，不起皱，不变形。

图2-1-65　羊驼

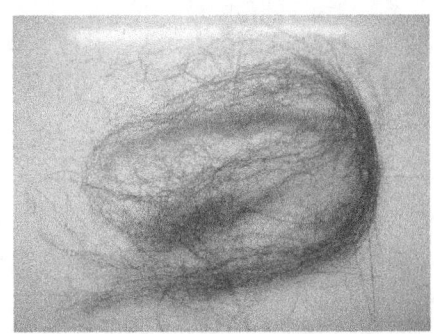

图2-1-66　羊驼毛纤维（见彩图）

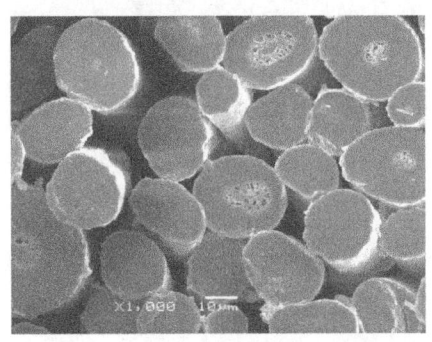

图2-1-67　羊驼毛纤维横截面

图2-1-68　羊驼毛纤维纵表面

2.1.13　牦牛绒纤维

牦牛（图2-1-69）是生长于中国青藏高原及其毗邻地区高寒草原的特有牛种，是世界上生活在海拔最高处的哺乳动物。牦牛被毛浓密、粗长，内层生有细而短的绒毛，即牦牛绒（图2-1-70）。牦牛每年采毛一次，采集的毛中粗毛和绒毛各占一半。

    牦牛绒的细度和长度随着生长地区和牛体部位不同而有差异，最细的绒毛纤维直径约为 7.5μm，大多数集中在 30~35μm 之间，平均细度在 18μm 左右；纤维长度最长约为 60mm，最短只有 26mm 左右，平均长度为 34~45mm。牦牛绒的断裂强力为 4.4cN 左右，高于驼绒、山羊绒等。

    牦牛绒横截面呈椭圆形或近似圆形（图 2-1-71），较粗的绒毛内有髓质层；牦牛绒的鳞片不明显（图 2-1-72），鳞片形状随品种不同也有区别，细绒的鳞片形似花盆，一个叠一个地包覆于毛干上，鳞片翘角较小。牦牛绒纤维有不规则的弯曲，颜色多为黑、深褐或黑白混色，纯白色很少。牦牛绒光泽柔和、弹性好、手感滑糯、吸湿性高，比普通羊毛更加保暖柔软，可织制成针织物和机织物应用于服装，是继羊绒之后的另一种高档纺织原料。

图 2-1-69　牦牛

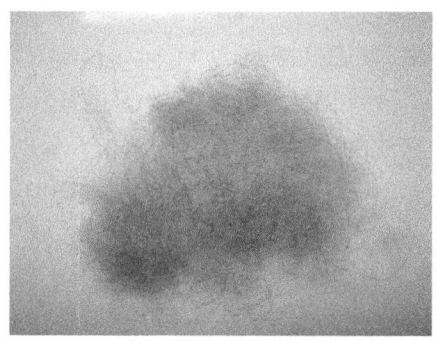

图 2-1-70　牦牛绒纤维（见彩图）

图 2-1-71　牦牛绒纤维横截面

图 2-1-72　牦牛绒纤维纵表面

2.1.14 兔毛

家兔毛和野兔毛统称为兔毛（兔绒和粗毛）。纺织用兔毛产自安哥拉兔（图2-1-73）和家兔，安哥拉兔毛（图2-1-74）较长，质量最好。长毛兔的被毛中85%~90%的毛纤维十分柔软纤细，为细毛，又称兔绒；其余被毛占总量5%~10%的为粗毛，又称枪毛或针毛，是兔毛中纤维最长最粗的一种；还有1%~5%为两型兔毛，即单根毛纤维的上半段髓质层发达，具有粗毛特征，下半段则较细，具有细毛特征。两型毛粗细交接处直径相差很大，极易断裂，毛纺价值较低。

兔绒和粗毛横截面呈圆形或不规则形（图2-1-75），均有发达的髓腔，兔绒的毛髓呈单列断续状或狭块状，粗毛的毛髓较宽，呈多列块状，髓腔中含有空气；兔绒和粗毛的纵表面（图2-1-76）带有纹路倾斜的薄层鳞片，还存有粉状光滑的物质；兔绒细度为12~15μm，长度为50~120mm，呈波浪形弯曲；粗毛细度为35~120μm，长度为100~170mm，硬而光滑，无弯曲。

兔绒断裂强度为1.6~2.7cN/dtex，平均断裂伸长率为31%~48%。兔绒颜色洁白，光泽好，柔软蓬松，保暖性强，但纤维卷曲少，表面光滑，纤维之间抱合性能差，易脱毛；兔绒纯纺较困难，一般与其他纤维混纺，用于织制针织和机织面料。

图2-1-73　安哥拉兔

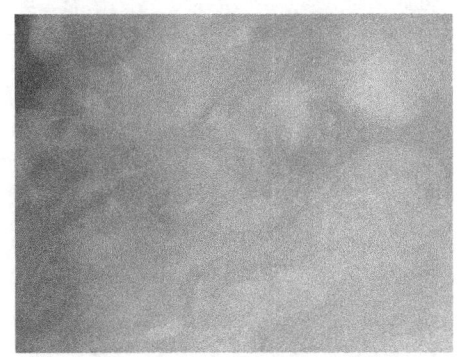

图2-1-74　兔毛纤维（见彩图）

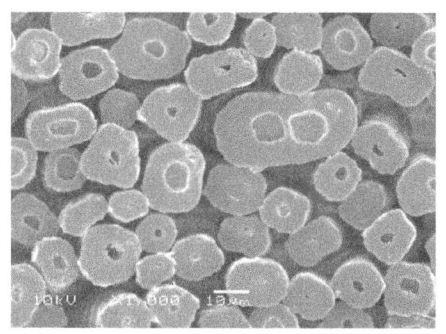

图 2 - 1 - 75　兔绒和粗毛横截面

图 2 - 1 - 76　兔绒和粗毛纵表面

2.1.15　羽绒

　　羽绒是长在鹅、鸭等腹部紧邻皮肤内层成朵状的绒毛（图 2 - 1 - 77），长在外侧部位成片状的则为羽毛（图 2 - 1 - 78）。羽绒形状是以一点为中心呈放射状，向四外伸展出许多羽枝，沿着每根羽枝又滋生出无数更细的羽丝；羽毛形状是以一根较长的连续羽轴为中心向左右伸展出许多羽枝（图 2 - 1 - 79）。纵向羽丝上带有一定间距的骨节（图 2 - 1 - 80），骨节前后羽丝直径变化明显，由根部到梢部逐渐变细；白鹅绒的横截面上密布着众多大小不一的气孔，横截面形状和大小变化较大（图 2 - 1 - 81、图 2 - 1 - 82）；末梢节点间距变短，节点并不突出，但生有向上的短小枝芽（图 2 - 1 - 83）。白鸭绒横截面上的气孔细密，无清晰可见的大孔（图 2 - 1 - 84、图 2 - 1 - 85），纵向无明显的骨节，羽枝上的羽丝较白鹅绒密集（图 2 - 1 - 86）。

　　鹅绒与鸭绒相比，绒朵大，中空度高，纤维组织细、软、长，蓬松度高出 50%，回弹性优异，保暖性更强。鸭绒由于纤维短，相对容易板结，影响保暖性。羽绒的第一特点是保暖性好，羽绒的直径为 $4 \sim 5 \mu m$，最细部只有 $1 \mu m$ 左右，使在堆砌的羽绒间包含有大量的空气，加之羽绒内的气孔，使其具有很好的绝热性能；第二个特点是其相互不会发生缠结，在羽枝末端处有许多向上突出的尖角，可防止其他杂物侵入羽毛中，却不会影响杂物的移出。羽丝上又附有许多油脂，可降低羽绒间的相互摩擦，当其蓬松性变差时只需轻轻拍打、揉搓便能恢复原状。羽绒被或羽绒服的一点不足是纤细的羽绒很容易从包覆的织物组织间隙中拔出，现在已有超细纤维高密织物可以解决钻绒问题。

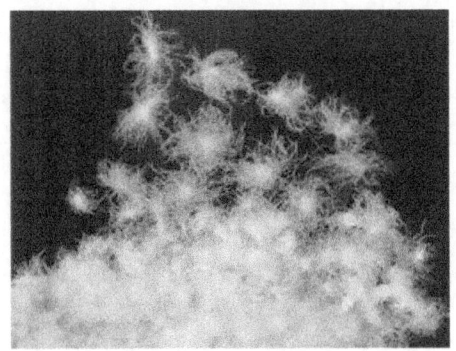

图 2 - 1 - 77　白鹅羽绒

（见彩图）

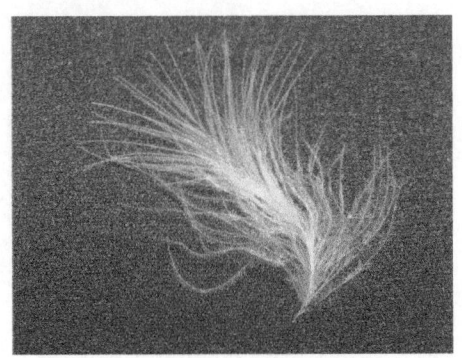

图 2 - 1 - 78　白鹅羽毛

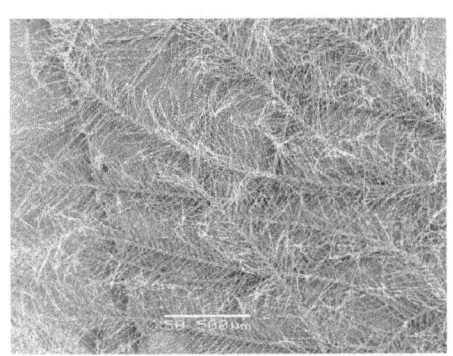

图 2 - 1 - 79　白鹅绒羽毛的羽枝

（×500）

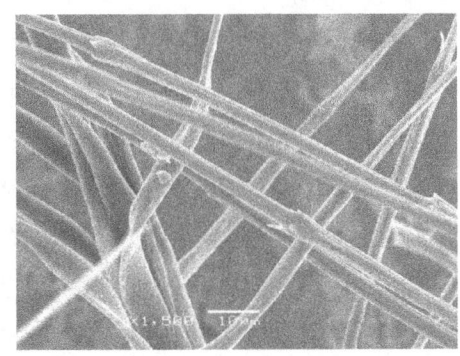

图 2 - 1 - 80　羽丝上的骨节

（×1500）

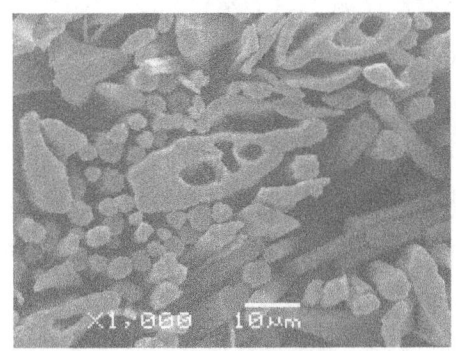

图 2 - 1 - 81　白鹅绒横截面

（×1000）

图 2 - 1 - 82　白鹅绒横截面

（×5000）

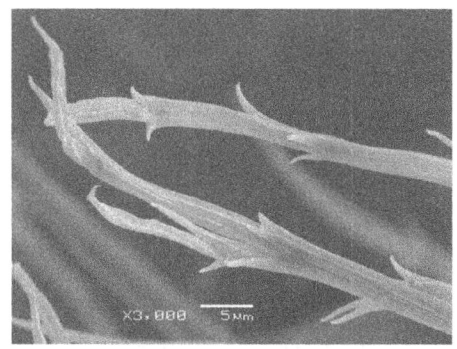

图 2 - 1 - 83 白鹅绒梢部
放大图 （×3000）

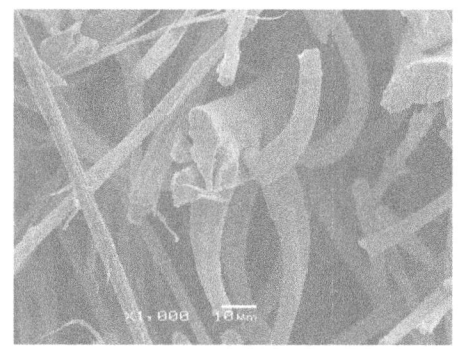

图 2 - 1 - 84 白鸭绒横截面
（×1000）

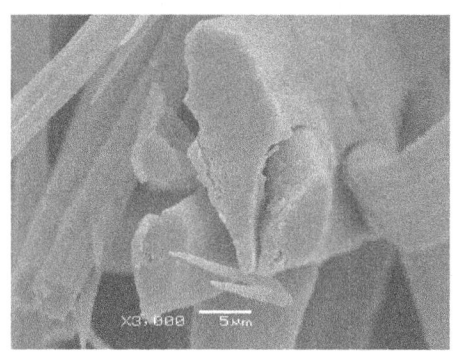

图 2 - 1 - 85 白鸭绒横截面图
（×3000）

图 2 - 1 - 86 白鸭绒毛纵表面
（×1000）

2.1.16 蚕丝

由蚕的一生示意图（图 2 - 1 - 87）可知蚕茧的形成过程。蚕卵孵化成蚁蚕后，经 5 个龄期，脱 4 次皮，发育成 5 龄蚕；再食桑 6～8 天后皮肤呈透明，成为熟蚕。发育成熟的绢丝腺分泌丝素的过程见绢丝腺示意图（图 2 - 1 - 88），经中部丝腺并与其分泌的丝胶一起进入前部的丝腺，两根腺体的绢丝液在蚕体头部的吐丝部汇合后从吐丝口排出，遇空气凝固成一根茧丝，犹如一根双芯结构的皮芯并列（丝胶为皮、丝素为芯）复合纤维（图 2 - 1 - 89）。初始熟蚕零乱地吐丝成茧衣，而后蚕的头部以"S"或"8"字形规律地摆动吐丝，每吐 15～20 个丝圈形成一个丝片，如此往复，诸多丝片连成茧层，并将蚕体包覆其中形成蚕茧（图 2 - 1 - 90）。数日后蚕化为蛹。蚕茧由外层到内层分为茧衣、茧层、蛹体和蜕皮四部分。通常每个蚕自成一个茧，但也偶有两个蚕共作成一个茧，就像是双胞胎一般，称双宫茧（图2-1-91），颇为有趣。但此类双茧丝的两股丝纠缠在一起很难理顺，难于缫丝。

蚕丝是熟蚕结茧时所分泌的黏液凝固而成的连续长纤维（图2-1-92），是人类最早利用的天然动物纤维之一。依据蚕食用物种类的不同，有桑蚕、柞蚕、蓖麻蚕、木薯蚕、柳蚕和天蚕等之分。由单个蚕茧抽出的丝条称茧丝，其横截面形态见图2-1-93。缫丝时将蚕茧浸于热水中，茧丝外包覆的丝胶溶于热水，除去丝胶的蚕丝称为精练丝（图2-1-94、图2-1-95），将几根脱胶的茧丝合股抽出成一束丝条，便可用于织造如图2-1-96所示的真丝织物了。

新华社东京2014年8月28日报道，日本农业生物资源研究所8月28日宣布，该所研究人员将蜘蛛产生蛛丝的基因植入蚕体内，即在家蚕体内植入了大腹圆蛛制作蛛丝的基因，生产出的生丝与普通生丝相比，强度提高了约20%，伸长率提高了约30%，其韧性相当于钢铁的20倍，碳纤维的5倍。研究小组随后利用这种蜘蛛蚕丝，像加工普通蚕丝那样，制成了马甲和围巾。

"蜘蛛蚕丝"不仅细而强韧，抗热性也非常高，易于加工，容易普及，有望作为手术缝合线或用来制作防护服。研究小组准备进一步开发强度和功能更佳的"蜘蛛蚕丝"。

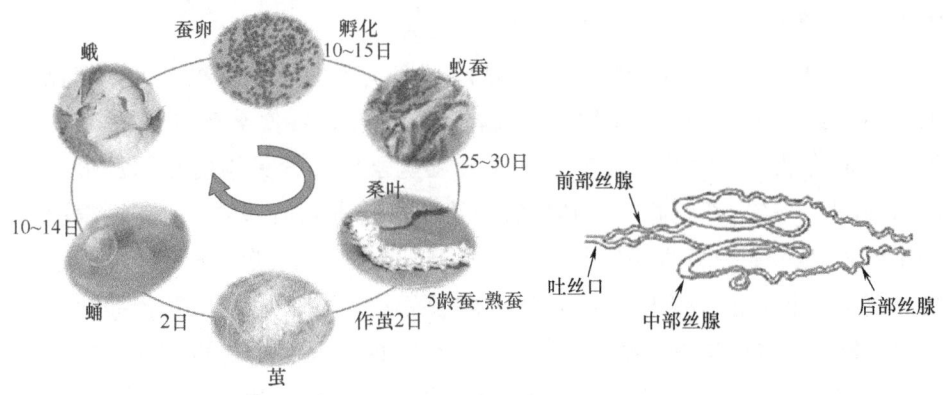

图2-1-87 蚕的一生（见彩图）　　　图2-1-88 绢丝腺示意图

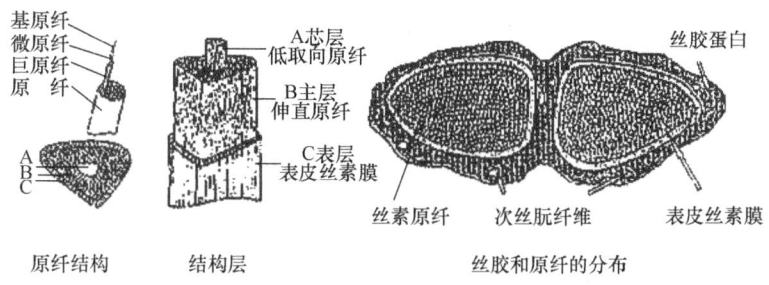

基原纤
微原纤
巨原纤
原 纤

A
B
C

原纤结构

A芯层
低取向原纤

B主层
伸直原纤

C表层
表皮丝素膜

结构层

丝胶蛋白

丝素原纤　　次丝肌纤维　　表皮丝素膜

丝胶和原纤的分布

图2-1-89　蚕丝的微细结构

图2-1-90　蚕茧

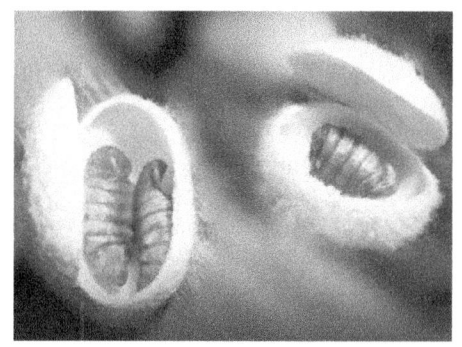

图2-1-91　单宫和双宫蚕茧

（见彩图）

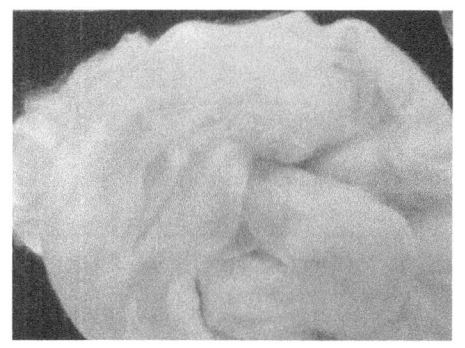

图2-1-92　桑蚕丝（见彩图）

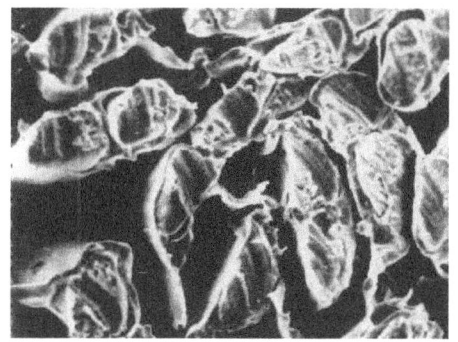

图2-1-93　茧丝横截面

图 2 - 1 - 94　桑蚕精练　　　图 2 - 1 - 95　桑蚕精练　　　图 2 - 1 - 96　真丝织物
　　　丝纵向表面　　　　　　　　丝横截面　　　　　　　　（见彩图）

2.1.17　蜘蛛丝

　　蜘蛛（图 2 - 1 - 97）吐出的蜘蛛丝是天然动物纤维。天然蜘蛛丝主要源于蜘蛛结网（图 2 - 1 - 98 ~ 图 2 - 1 - 100），纤维直径为 400 ~ 600nm（图 2 - 1 - 101），属超细纤维。蜘蛛丝断面呈圆形，密度 1.34g/cm³，断裂强度 2GPa，与碳纤维及芳纶 1414 的断裂强度相近，断裂伸长率达 200%，具有好的弹性和韧性；在水中会发生溶胀并收缩，收缩率约 12%，具有良好的耐紫外线功能和耐高、低温性能，200℃下热稳定性好，300℃开始泛黄；不溶于稀酸、碱，可溶于浓硫酸、溴化钾及甲酸，产量非常低，且具有同类相食的个性，无法像家蚕一样高密度养殖。

　　我国云南省普洱市拉祜族的分支苦聪人很久前已经用专用工具在深山中收集蛛网，并将其以现今的非织造布加工方式，人工做成保暖的服装穿用。书中记载人类利用蜘蛛丝始于 1909 年，在第二次世界大战时蜘蛛丝被用作望远镜、枪炮瞄准系统光学装置的十字准线。蜘蛛丝的优异力学性能引起了科学家们的极大兴趣，研究人员剖析它的化学结构和物理结构，并企图通过基因工程来人工合成和复制蜘蛛纤维。蜘蛛丝主要由甘氨酸（NH_2CH_2COOH）、丙氨酸 [$NH_2CH(CH_3)COOH$]、小部分的丝氨酸 [$NH_2CH(CH_2OH)COOH$] 及其他氨基酸分子链构成。蜘蛛丝中不规则的蛋白质分子链赋予了细而柔软的蜘蛛丝以弹性；而规则的蛋白质分子链又使蜘蛛丝具有高强度。

　　蜘蛛丝是如何形成的呢？蜘蛛的肚子里有许多丝浆，它的尾端有多个很小的孔眼（吐丝口）。当其结网时，蜘蛛便将这些丝浆喷出，丝浆遇空气，便固化成蜘蛛丝。蜘蛛网分为放射状和椭圆形两部分，蜘蛛在结网时，先构筑放射状的骨架丝线——纵丝。纵丝主要起蜘蛛网结构的支撑作用，强度大，但无黏性。骨架结成后，蜘蛛会以逆时针的方向织造，称为横丝的螺旋状丝线。仔细观察会发现横丝上有水珠似的凸起，它们被称为黏珠，其黏性会让误闯入的昆虫难以脱身成为蜘蛛的美味佳肴。蜘蛛的高明之处就是它能吐出不同种类的丝。蜘蛛腹部尾端一般有 6～8 个吐丝口，与每个吐丝口对应的是蜘蛛体内功能各异的腺体，每个腺体能产生不同的丝线原料，蜘蛛视需要而织造出黏（横丝）与不黏（纵丝）的两种丝线。蜘蛛在网上活动时，会选择在没有黏性的纵丝上，避免被粘住。

长期以来，科学家一直在研究规模化制造蜘蛛丝的方法。丹麦阿赫斯大学的研究人员发现，蜘蛛丝的蛋白质与酸接触时，会发生相互叠合，结成链状，使丝的强度大大提高。美国麻省的国家陆军生物化学指挥中心和加拿大魁北克省内克夏生物科技公司（Nexia Biotechnologies）从蜘蛛身上抽取出蜘蛛基因植入山羊体内，使羊奶具有蜘蛛丝蛋白，再利用特殊的纺丝工艺，将羊奶中的蜘蛛丝蛋白纺成人造基因蜘蛛丝，这种丝又称为生物钢（Bio - Steel）。该人造基因蜘蛛丝的比强度是钢丝的 4～5 倍，且具有如蚕丝般的柔软和光泽，可用于制造高级防弹衣以及战斗飞行器、坦克、雷达、卫星等装备的防护罩等。也有将蜘蛛的基因转移到一个大型容器内培养的细菌上，经发酵得到蜘蛛丝蛋白。还有将蜘蛛基因转移到花生、烟草及谷物等植物上，可以大量生产类似蜘蛛蛋白的蛋白质，作为生产蜘蛛丝的原料。更有将蜘蛛"牵引丝"部分的基因注入蚕卵内，培育出的家蚕可以分泌出含"牵引丝"蛋白的蜘蛛丝。据我国产业用纺织品手机报 2014 年 9 月 3 日报道，美国科学家可以从细菌获取合成蜘蛛丝，并将其进行加工。他们创造性地改革了合成蜘蛛丝的纯化过程，为生产和应用高强度合成蜘蛛丝奠定了基础。合成蜘蛛丝的强度可与 Kevlar 相媲美，同等强度下的质量更轻，可用于制造防弹衣、飞机机身增强材料以及医用手术缝合线。

图 2 - 1 - 102 是大米虫吐出的丝，其直径小于 5μm，也属超细纤维。

图 2 - 1 - 97　正在织网的蜘蛛

图 2 - 1 - 98　织好的蜘蛛网

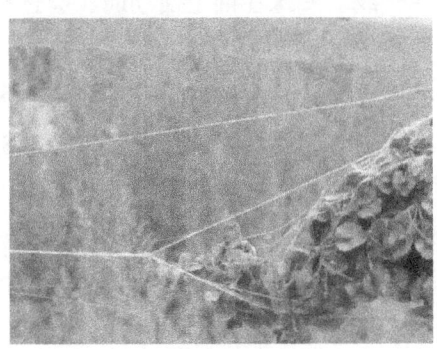

图 2 - 1 - 99　蜘蛛往返爬行构成
的较粗复丝

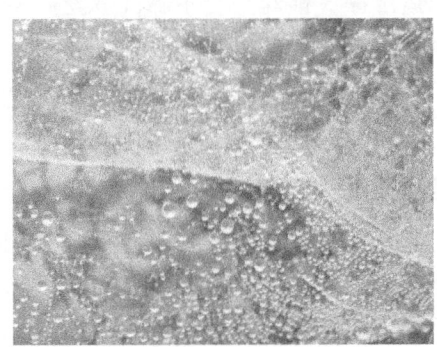

图 2 - 1 - 100　带露珠的蜘蛛网
（见彩图）

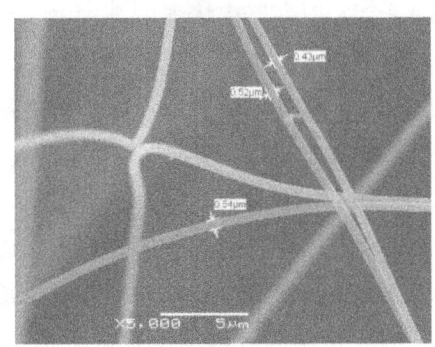

图 2 - 1 - 101　蜘蛛丝（直径 400～600nm）

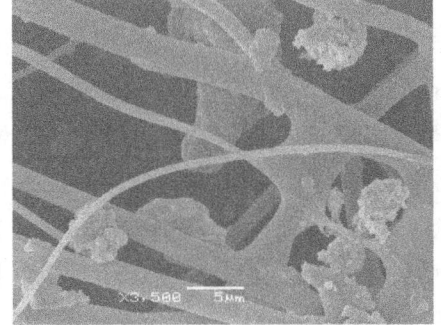

图 2 - 1 - 102　大米虫吐出的丝

2.1.18　金蜘蛛丝

　　金蜘蛛（图 2 - 1 - 103）在西印度洋的马达加斯加很常见，雌性的金蜘蛛只能在当地的雨季产丝，吐出的丝为明亮的金黄色（图2-1-104）。金蜘蛛丝具有很好的弹性，与钢和Kevlar纤维相比，它具有难以置信的强大抗拉强度。到目前为止，没有谁能够100%地复制出该天然蛛丝的性能。

　　法国传教士雅各·保罗在19世纪末曾经制造了一个小型手摇机用来提取蛛丝，他同时提取24只蜘蛛的蛛丝，却没有伤害到它们。英国艺术历史学家西蒙·皮尔斯（Simon Peers）受其启发，也成功地制作出了这种提取蛛丝的机器。皮尔斯和他的美国生意伙伴尼古拉·戈德利雇佣70名工人花了4年时间在马达加斯加的电线杆上收集了100多万只金色球体蜘蛛，雇佣另外12名工人负责从每只蜘蛛身上抽取约24.4m（约80英尺）长的蛛丝。历经5年时间、花费30万英镑，制成长约3.35m、重约1.2kg装饰有马达加斯加传统图案的手织丝披肩（图2-1-105、图2-1-106）。

图2-1-103　金蜘蛛吐丝

图2-1-104　收集成筒的金蜘蛛丝

图2-1-105　皮尔斯和戈德利
审视正在制作的金蜘蛛丝披肩

图2-1-106　金蜘蛛丝披肩
（见彩图）

2.1.19 竹原纤维

　　原竹秆部横截面可见许多较大的孔洞，在其周围包围着许多直径不等的微孔［图2-1-107（a）、（b）］，微孔是由许多微细纤维沿圆周缠绕而构成的空心管［图2-1-107（c）、（d）］构成，它们就是纤维束。有些空心管中还有星状支架［图2-1-107（d）］支撑着。图2-1-108是竹原纤维的横截面形态，单纤维横截面形状及尺寸很不均一，呈短径10～15μm、长径20～40μm的扁圆形，纤维横截面有明显的被挤扁的中空孔结构，这个中孔不仅是为竹纤维的生长提供水分与营养所生，同时还为竹原纤维织物提供了吸湿排汗的毛细效应。图2-1-109是一束单纤维的纵向表面，呈现不光滑的特征。

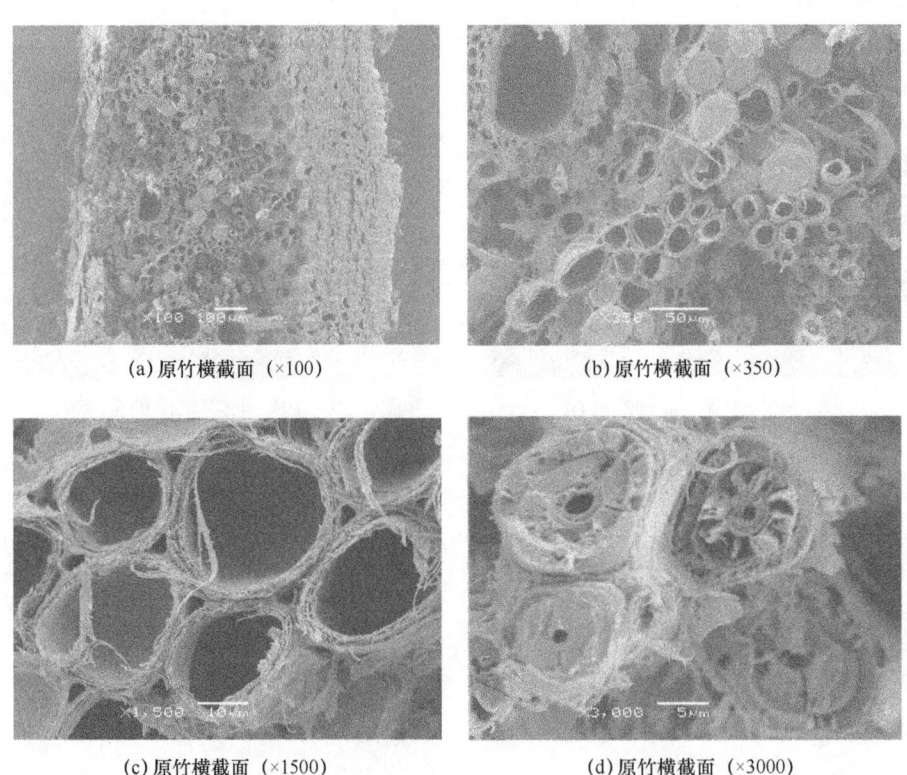

(a)原竹横截面（×100）　　　　　　　　(b)原竹横截面（×350）

(c)原竹横截面（×1500）　　　　　　　(d)原竹横截面（×3000）

图2-1-107　不同放大倍数的原竹横截面

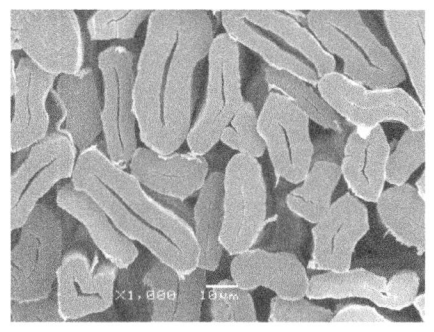
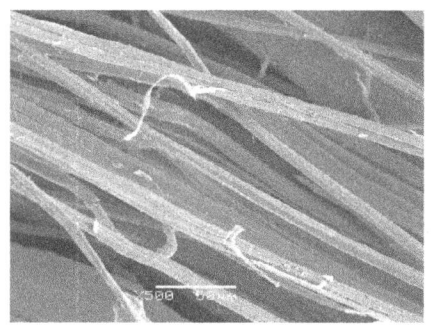

图 2 - 1 - 108　竹原纤维横截面　　　　　图 2 - 1 - 109　竹原纤维纵向表面

由于竹原纤维是以数百根单纤维聚集成纤维束的形式分散在竹茎内而存在，因此单独地将单纤维分离出来较为困难。原生竹纤维的提取过程如下：

（1）先去除竹节部分，将其分割成适当长度，再去掉外皮。

（2）用压榨机将竹片压碎，破坏其柔细胞组织。

（3）用2% ~ 3%的 NaOH 水溶液煮沸 2h。

（4）水洗后再行压榨，破坏柔软的柔细胞组织，便于与纤维束分离。

（5）再在水槽中充分水洗，使纤维束与柔细胞分离，柔细胞沉淀于水槽下部。

（6）继续与水一起在搅拌机中搅拌 2 ~ 3min，纤维束便可分离成单纤维。这样处理不会将纤维切短。

（7）用粗金属网过滤后即得浆粕状竹纤维，干燥后用搅拌机短时间搅拌便开纤成单纤维。

竹原纤维制取过程中为避免单纤维发生脆化，必须确保原竹未经干燥，整个制取过程必须维持湿润状态。

竹原纤维为纯天然纤维，其主要化学成分为纤维素，而纤维素的基本结构单元是由两个葡萄糖残基通过1，4 - 苷键连接而成的纤维二糖，每个葡萄糖残基上有 3 个羟基，赋予纤维素具有很强的吸湿能力；竹原纤维内带中腔，进一步加强了竹原纤维织物的吸湿排汗功能；竹原纤维面料所制服装在夏季穿着干爽、舒适。原竹中含有一种天然物质"竹醌"，"竹醌"具有天然的抗菌、抑菌、防螨、防虫及能产生大量负离子的特性，"竹醌"在 24h 内能杀灭75%的大肠杆菌、金黄色葡萄球菌和巨大芽孢杆菌。竹原纤维中还含有叶绿素铜钠，具有良好的除臭功能。显然，"竹醌"可赋予竹原纤维织物相应的功能。

2.1.20 香蕉纤维

香蕉植株为芭蕉科芭蕉属大型草本植物（图2-1-110），其果实为香蕉（图2-1-111），终年可收获。香蕉植株结果后枯死，由根状茎长出的吸根继续繁殖，每一根株可活多年。香蕉植株叶鞘下部的假秆高3~6m；香蕉叶为长圆形至椭圆形，叶长达2~2.2m，有的长达3~3.5m，宽约65cm。

图2-1-110　香蕉树

图2-1-111　香蕉

香蕉纤维分为香蕉叶纤维和香蕉茎纤维。香蕉叶纤维藏于香蕉树的树叶中，属叶纤维，图2-1-112为香蕉茎纤维的横截面，外形无规，粗细不匀，且有中空孔；图2-1-113为香蕉茎纤维纵向表面，表面不甚光滑。香蕉茎纤维属韧皮纤维，藏于香蕉树的韧皮（图2-1-114）内。香蕉茎纤维的提取主要有机械法、闪爆法及化学法。机械法与闪爆法得到的纤维比较粗糙，只能用于家用室内装饰品。香蕉茎纤维中纤维素含量较低，木质素含量较高，故光泽、柔性、弹性及可纺性不甚好，逊于亚麻和黄麻。香蕉茎纤维单纤长度仅有2.0~3.8mm，宽度11~34μm，不能直接用于纺纱，要经过半脱胶，留存部分胶质将单纤维粘连成具有一定长度的纤维束再行纺纱，纱线较粗，再行化学脱胶处理后可降低其细度。

香蕉纤维以往多用于造纸原料，现今可作为纺织材料与棉或其他纤维混纺材料。香蕉纤维织物（图2-1-115）具有良好的吸湿性能，除用于制作服装外，还可制作窗帘、毛巾、床单、地毯等以及绳索、麻袋、建筑增强材料、汽车内饰板等复合增强材料。

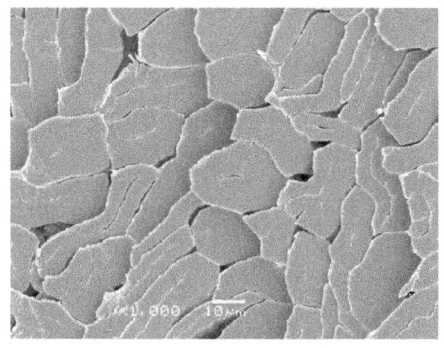

图 2 - 1 - 112　香蕉纤维横截面

图 2 - 1 - 113　香蕉纤维纵表面

图 2 - 1 - 114　香蕉茎皮

图 2 - 1 - 115　香蕉纤维织物（见彩图）

2.1.21　芭蕉纤维

　　芭蕉与香蕉同属于芭蕉科芭蕉属，为多年生草本植物（图 2 - 1 - 116），又称大蕉，其茎高达 3 ~ 4m，叶子大而宽，为长椭圆形，其果实为芭蕉（图 2 - 1 - 117）。与香蕉纤维一样，芭蕉纤维也可取自芭蕉叶和芭蕉茎两个部分，纤维分别称为芭蕉叶纤维和芭蕉韧皮纤维。图 2 - 1 - 118 为芭蕉茎纤维的横截面，外形为扁圆形或无规形，粗细相差极大，有中空腔；图 2 - 1 - 119 为芭蕉纤维的纵表面，虽不甚光滑，仍带有不太明显的横结，但较亚麻、苎麻等麻纤维要光滑。芭（香）蕉纤维又称作蕉麻（图 2 - 1 - 120），为含一定胶质的多细胞纤维束，故其纺纱以工艺纤维形式进行。蕉茎皮的脱胶古法常采用草木灰水浸泡，一些地方仍在沿用此法，新型生物酶和化学氧化联合处理工艺的出现，攻克了芭（香）蕉韧皮纤维脱胶和分离的关键技术，使较细（21 英支）纯芭（香）蕉纤维纱的纺制获得成功。芭（香）蕉纤维强度高、伸长小、吸水性强、吸湿放湿快、易降解，其纯纺织物风格近似于麻织物，但穿着无刺痒感，具有较好的服用性能，图2-1-121为芭蕉麻席。

图2-1-116　芭蕉树

图2-1-117　芭蕉

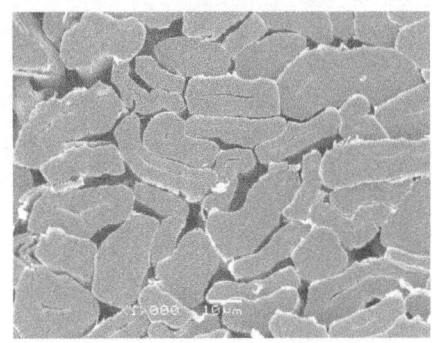

图2-1-118　芭蕉纤维横截面

图2-1-119　芭蕉纤维纵表面

图2-1-120　芭蕉纤维束

图2-1-121　芭蕉麻席（见彩图）

2.1.22　棕榈纤维

棕榈树（图2-1-122）属棕榈科常绿乔木，世界上产纤维的棕榈植物超过 16 个属 100 多种。棕榈纤维大部分来源于棕榈树叶（图 2 - 1 - 123），棕榈叶鞘为扇形，叶鞘纤维俗称棕皮，细的如毛发，粗的如牙签。

图 2 - 1 - 122　棕榈树

图 2 - 1 - 123　棕榈树叶

棕榈树的叶茎是由许多外径约 $10\mu m$、内径约 $5\mu m$ 的细小管状物组成（图 2 - 1 - 124），这些管子用于输送水分和养料以保证树的生长，这些管壁又是由呈螺旋状排列的纤细纤维卷绕而成。将螺旋状排列的纤细纤维用物理法打散，便可以得到用作纺织材料的纤维簇。

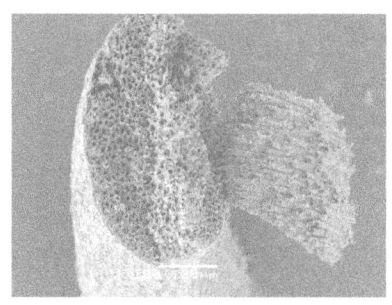

(a)棕榈树叶茎横断面（×500）

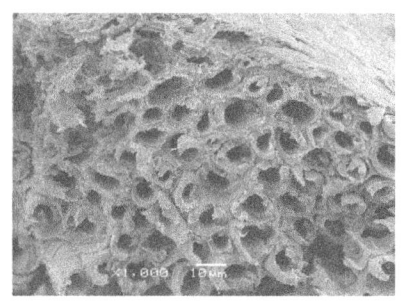

(b)棕榈树叶茎横断面（×1000）

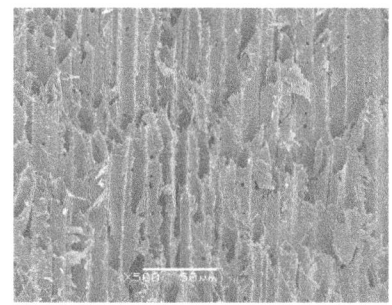

(c)棕榈树叶茎纵断面（×500）

(d)棕榈树叶茎纵断面（×5000）

图 2 - 1 - 124　不同放大倍数的棕榈树叶茎横、纵断面

棕榈纤维（图2-1-125）具有牢固、耐盐、抗菌、耐磨、透气、耐湿、富有弹性等特性，可用于编织各种产业用品和日常生活用品，如棕榈床垫（图2-1-126）、座椅靠垫、地毯、棕榈绳、棕榈扫把、棕榈蓑衣等。

图2-1-125　棕榈纤维（见彩图）

图2-1-126　棕榈纤维床垫

2.2　再生纤维素纤维及纤维素酯纤维

2.2.1　再生纤维素纤维及纤维素酯纤维的基本原材料

再生纤维素纤维和半合成纤维主要是指粘胶纤维、铜氨纤维及醋酯纤维。凡是富含纤维素的天然植物几乎都可以作为再生纤维素纤维与半合成纤维的原材料，例如棉秆皮（图2-2-1），针叶树（图2-2-2）与阔叶树的树干、树枝（图2-2-3），竹子的秆茎（图2-2-4），榨完糖后的甘蔗残渣、芦苇茎以及汉麻、亚麻及苎麻等各种麻类的秆茎等（图2-2-5～图2-2-7）均可作为再生纤维素纤维和纤维素酯纤维的基本原材料。棉桃摘除可直接应用于纺织加工的棉花后，剩余的棉籽（图2-2-8）上包覆着长度仅6mm左右的纤维称棉短绒（图2-2-9），它已不可直接用于纺织材料，但其中纤维素的含量高，杂质少，相对分子质量高，是制造粘胶纤维、醋酯纤维、羧甲基纤维素纤维、硝酸纤维素纤维的上乘原料。上述以纤维素成分为主的材料均属自然界生长的、资源非常丰富的，且可再生的世界第一产量的天然高分子材料。

图 2 - 2 - 1 棉秆皮（见彩图）

图 2 - 2 - 2 针叶树

图 2 - 2 - 3 阔叶树

图 2 - 2 - 4 竹子

图 2 - 2 - 5 甘蔗

图 2 - 2 - 6 芦苇

图 2 - 2 - 7 各类麻

图2-2-8　棉籽　　　　　　　　　　图2-2-9　棉短绒

2.2.2　常规粘胶纤维

通常粘胶纤维的制造是先将前述富含纤维素的天然植物材料进行化学精练，去除其中的木质素、蜡质、灰分等，制成以纤维素为主要成分的浆粕——木浆、棉浆、竹浆或麻浆等。将浆粕经碱化制成碱纤维素并经过压榨同时去除可溶于碱液的，相对分子质量较低的半纤维素；再在规定的温度和时间，在空气存在下使纤维素的聚合度适度地降低，并使其相对分子质量分布均匀化，被称为"老成化"处理；而后用二硫化碳与碱纤维素行黄酸化反应制成可在稀碱溶液中溶解的纤维素黄原酸钠，继而在碱液中溶解、熟成、过滤、脱泡等过程制成可供纺丝的溶液——粘胶。采用湿法纺丝工艺，将从喷丝板小孔中吐出的纺丝原液（粘胶）细流挤入由硫酸/硫酸钠/硫酸锌等组成的凝固浴中，纤维素黄原酸钠遇硫酸后脱出硫酸钠，重新再生为纤维素而凝固。凝固浴中的硫酸钠和硫酸锌是为盐析除水和延缓再生纤维素成型过程，用以控制初生纤维成型过程速度和结构的均匀性；初生纤维再经拉伸、水洗、上油、干燥等工序得到粘胶纤维。粘胶纤维的成型过程包括了化学反应、传质与传热过程和凝胶化的物理化学过程。其起始原材料为纤维素，经过一系列的化学和物理加工后得到纤维的化学结构仍然是纤维素，只是其相对分子质量及其分布以及超分子结构发生了变化，因此常将其称为再生纤维素纤维。复杂的成型过程的不均匀性会使常规粘胶纤维的横截面呈腰圆或无规状（图2-2-10），内部有孔洞，纵向表面显示出无规的沟槽状（图2-2-11）。由于由纤维二糖结构单元构成的纤维素含有大量的亲水性基团——羟基，粘胶纤维具有优良的吸湿性、易染性，但是其模量、强度较低，尤其是湿强度低。

粘胶纤维依用途不同也有长丝及短纤维之别；依性能又有常规粘胶纤维、高强纤维、高湿模量纤维及高强高模纤维等品种，它们对原料及成型加工工艺均有特殊要求；近年来又涌现出了阻燃粘胶纤维、抗菌防臭粘胶纤维、珍珠粘胶纤维、相变粘胶纤维等功能性粘胶纤维。

 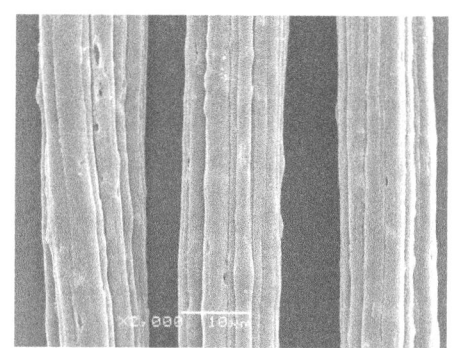

图 2－2－10　粘胶纤维横截面　　　　　图 2－2－11　粘胶纤维纵向表面

2.2.3　莫代尔（Modal）纤维

莫代尔纤维（图 2－2－12）是高湿模量粘胶纤维的商品名，它区别于普通粘胶纤维的是改善了普通粘胶纤维在润湿状态下的低强度、低模量的缺点，在润湿状态也具有较高的强度和模量，故常称为高湿模量粘胶纤维。不同生产厂家的同类商品还有不同称谓，例如波利诺西克、富强纤维、虎木棉及纽代尔（Newdal）等品名。

高湿模量性能的获得是由生产过程的特殊工艺而赋予的。区别于一般粘胶纤维生产工艺不同的是：

（1）纤维素应当具有较高的平均聚合度（约为450）。

（2）制备的纺丝原液具有较高的浓度。

（3）调配相应适宜的凝固浴组成（如提高其中硫酸锌的含量），并降低凝固浴温度，延缓成型速度，利于得到结构致密，结晶度较高的纤维。这样得到的纤维内、外层结构较均匀，纤维横截面的皮芯层结构没有普通粘胶纤维那样明显，截面形态趋于圆形或腰圆形（图 2－2－13），纵向表面也较光滑（图 2－2－14），该纤维在湿态下有较高强度和模量，优异的吸湿性能也适于用作内衣（图 2－2－15）。

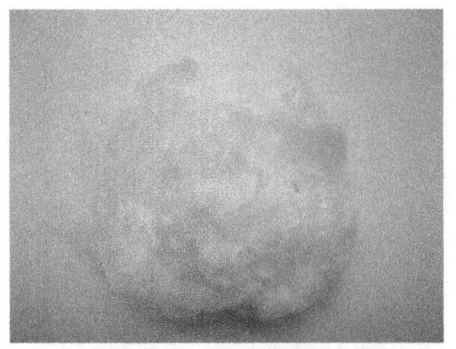

图 2-2-12　莫代尔短纤维

图 2-2-13　腰圆形的纤维横截面

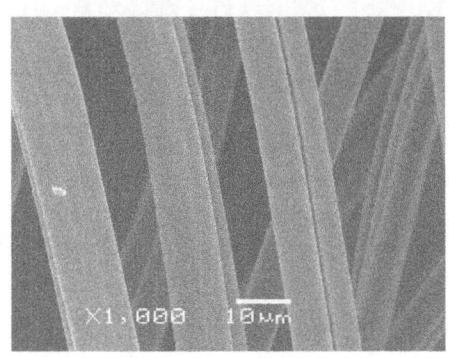

图 2-2-14　纤维纵向表面

图 2-2-15　纽代尔内衣

2.2.4　莱赛尔（Lyocell）纤维

　　莱赛尔（Lyocell）纤维（图 2-2-16）是由英国考陶尔公司发明，后转由瑞士蓝精公司生产，商品名为 Tencel，在我国的商品名是采用其谐音"天丝"。在尚未找到可直接溶解纤维素的溶剂之前，以纤维素为原料生产的再生纤维素纤维多是采用粘胶纤维生产技术制造。莱赛尔是以无毒的 N-甲基氧化吗啉（NMMO）水溶液为溶剂，可以直接将纤维素浆粕溶解得到纺丝溶液，再采用湿法纺丝或干—湿法纺丝方法，以一定浓度的 NMMO-H_2O 溶液为凝固浴使纤维成型，再将纺得的初生纤维经拉伸、水洗、上油、干燥而制得的一种新型纤维素纤维，故有人称其为新纤维素纤维。与通常的再生纤维素纤维——粘胶纤维生产技术相比较的最大优点是 NMMO 可直接溶解纤维素浆粕，因此纺丝原液制造的生产工艺流程大大简化，且生产过程几乎无环境污染。

由于生产过程中控制纤维成型过程较缓慢，且无化学反应发生，其形态结构
与粘胶纤维完全不同，横截面结构均匀，呈圆形（图2-2-17），且无皮芯
层之分，纵向表面光滑无任何沟槽（图2-2-18），故具有比粘胶纤维优异
的力学性能。以可再生且可降解的纤维素为原料的莱赛尔（Lyocell）纤维，
加之它生产过程的环保性，它的良好发展前景值得期待。

图2-2-16　莱赛尔短纤维（见彩图）　　　图2-2-17　近圆形的纤维横截面

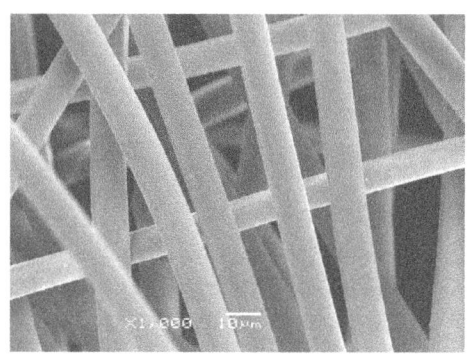

图2-2-18　纤维纵向光滑表面

2.2.5　汉麻秆及其韧皮纤维

汉麻由韧皮、秆芯及髓部组成，韧皮部约占20%，可直接用于纺织材料；
秆芯占70%～80%，髓部占2%。汉麻秆芯中含有约45%～50%的纤维素，
经除杂提纯后也可以获得以纤维素为主体的浆粕。图2-2-19为不同放大倍
数汉麻秆的横截面，其上可见到规则地排布着许多大小不等的蜂窝状微孔，
孔形呈受力最为均匀的五边形或六边形，在布满微孔的截面上分布着一些较

大的孔洞。这些孔洞应当是为原竹的生长提供自根部吸收的水分和养分的毛细管通道。图 2 - 2 - 20 是汉麻秆的纵断面，与横截面结构对应，横截面的纵向孔洞并非自上而下贯通，而是隔一段距离（40 ~ 50μm）有一个隔断，以增强其刚性。图 2 - 2 - 21、图 2 - 2 - 22 为汉麻韧皮单纤维纵向表面，表面不光滑，直径不均匀，为 10 ~ 20μm，内部有沿纤维纵向的毛细孔洞，利于水分的吸收与轴向输送，赋予原纤维织物吸湿排汗功能。也可将汉麻韧皮纤维与其他化学纤维混纺或交织相互取长补短，应当是有发展前景的。

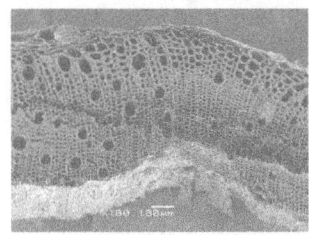 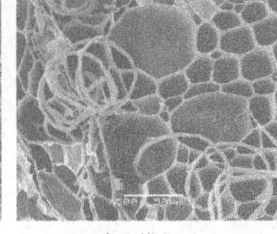 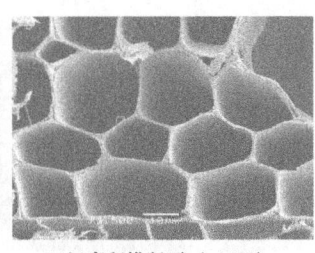

(a)汉麻秆横断面（×100）　　(b)汉麻秆横断面（×500）　　(c)汉麻秆横断面（×1500）

图 2 - 2 - 19　不同放大倍数的汉麻秆横断面

  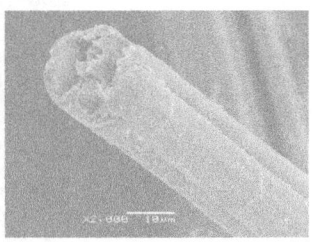

图 2 - 2 - 20　汉麻秆　　　图 2 - 2 - 21　汉麻韧皮纤维　　　图 2 - 2 - 22　中空结构的
　　　纵断面　　　　　　　　纵向表面　　　　　　　　汉麻韧皮纤维

2.2.6　汉麻秆芯浆粕及汉麻秆芯粘胶纤维

天然汉麻秆芯含有大量纤维素成分，可经过物理及化学相结合的方法处理去除其中的木质素、胶质及灰分等化学及机械杂质，保留下的纤维素制成如图 2 - 2 - 23、图 2 - 2 - 24 所示的浆粕。它可作为制造粘胶纤维的原材料，浆粕由许多扁平且扭曲的微细纤维组成。可利用通常粘胶纤维的生产工艺，经过一系列化学和物理的加工过程后便制成如图 2 - 2 - 25、图 2 - 2 - 26 所示的汉麻粘胶纤维。汉麻粘胶纤维的横截面呈现出带有许多褶皱的，完全无规的非圆形截面，褶皱状的纵向侧表面表现出许多沟槽状的结构。与天然汉麻纤维的横截面结构以及纵表面结构完全不同，但与棉浆、木浆、竹浆等其他粘胶纤维横截面及纵表面结构相似，只是断面结构内显得比较密实。

天然汉麻秆芯加工成粘胶纤维过程中经受了一系列化学和物理的加工，性能上受到很大损伤，强力降低、结晶度降低、大分子排列较稀疏，回潮率提高，属于与普通粘胶纤维相似的再生纤维素纤维。原有的一些天然特性也遭到破坏，纤维的除臭、抗菌、防紫外线功能必然会有不同程度的下降。

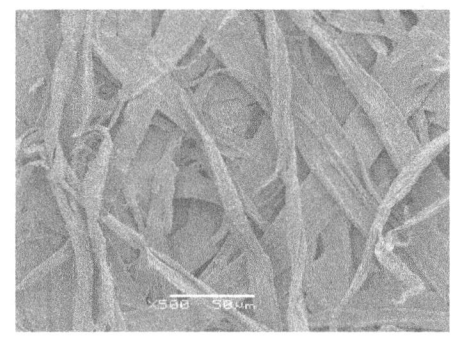

图 2 - 2 - 23　汉麻浆粕表面

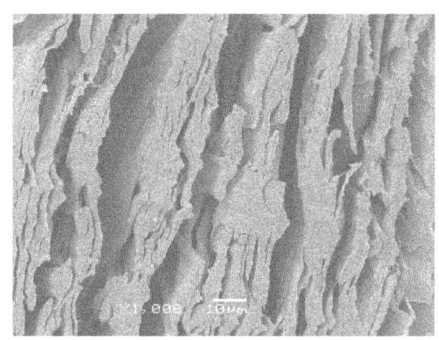

图 2 - 2 - 24　汉麻浆粕侧断面

图 2 - 2 - 25　汉麻粘胶纤维纵向表面

图 2 - 2 - 26　汉麻粘胶纤维横截面

2.2.7　竹浆粕及竹（浆）粘胶纤维

以天然竹为原料经化学及物理加工去除其中的木质素、胶质及灰分等化学杂质及机械杂质，保留下纤维素制成的浆粕图 2 - 2 - 27、图 2 - 2 - 28 可作为制造粘胶纤维的原材料，它是由许多微细的纤维组成，其形态结构不同于汉麻秆浆粕，单纤维表面黏附了许多不明物。利用通常的粘胶纤维生产工艺，经过一系列化学和物理加工后便制成了如图2-2-29、图2-2-30所示的竹浆粘胶纤维。竹浆粘胶纤维的横截面呈现出完全无规的具有许多褶皱的非圆形，纵向侧表面带有许多沟槽状的结构。它的纵、横向结构类似于汉麻秆粘胶纤维。该粘胶纤维与2.1.19所述原竹单纤维的横截面结构以及纵表面结构完全不同。

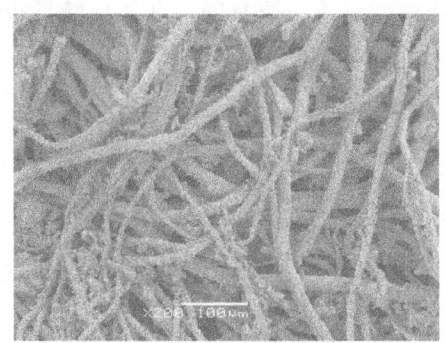

图2-2-27　竹浆粕表面

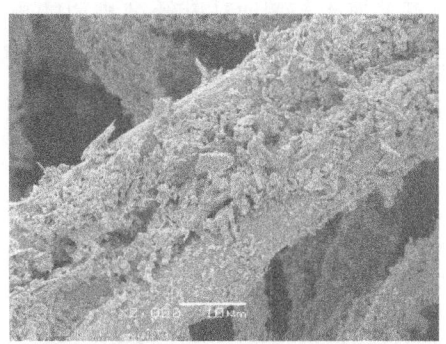

图2-2-28　竹浆粕单纤维表面

图2-2-29　竹浆粘胶纤维纵表面

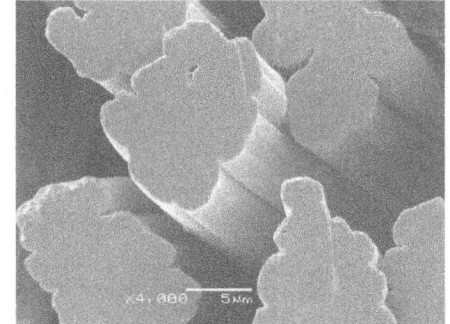

图2-2-30　竹浆粘胶纤维横截面

　　天然竹加工成竹浆粘胶纤维过程中经受了一系列的加工，性能上受到很大损伤，也归属于与普通粘胶纤维同样的再生纤维素纤维。原竹纤维固有的一些天然特性也必然遭到破坏，纤维的除臭、抗菌、防紫外线功能均有不同程度的下降。曾有对竹浆粘胶纤维的抗菌性能研究报告表明，竹浆粕试样并不具有抗菌性能，而市售的竹浆粘胶纤维制品却具有一些抗菌效果。对于抗菌的竹浆粘胶纤维制品检测发现，其中含有粘胶纤维生产过程中的副产物——硫黄成分存在，它并非是原竹中固有的成分，而是由于粘胶纤维生产过程中未被洗净而留存。研究者推断竹浆粘胶纤维织物的抗菌效果可能是由此外来因素所致。

市售的不少竹浆粘胶纤维服装常被冠以"竹纤维"的铭牌，甚至在一些相关杂志及报刊上也如此称呼，有失真实性。

2.2.8　醋酸纤维素酯纤维

早年尚未发现天然纤维素可以被适当的溶剂直接溶解，再纺制成纤维，通常是采用粘胶纤维的生产工艺路线。后经研究发现，当将纤维素的羟基用醋酸酐酯化制备成醋酸酯，则可溶解于丙酮等溶剂制成纺丝原液，而后便可用溶液法纺制成纤维了。酯化率在74%～92%的二醋酸纤维素酯可溶解于丙酮制成纺丝原液，采用干法纺丝制备二醋酸纤维素酯纤维，图2-2-31～图2-2-33为二醋酸纤维素酯纤维及其纵表面、横截面。酯化率大于92%的被称为三醋酸纤维素酯，可溶于二氯甲烷与甲醇（或乙醇）的混合溶剂制成纺丝溶液，采用干法纺丝得到三醋酸纤维素酯纤维，图2-2-34为三醋酸纤维素酯纤维，图2-2-35、图2-2-36为其纵表面和横截面。醋酸纤维素酯类纤维都是采用溶液法纺丝成型，与其他溶液法纺丝纤维一样，不可避免地会发生成型过程的不均匀性，醋酯纤维横截面亦为非圆形，表面滑爽，吸湿性好，抗静电性好，穿着性舒适，适合于做内衣及高档西装的衬里等。

图2-2-31　二醋酸纤维
素酯纤维

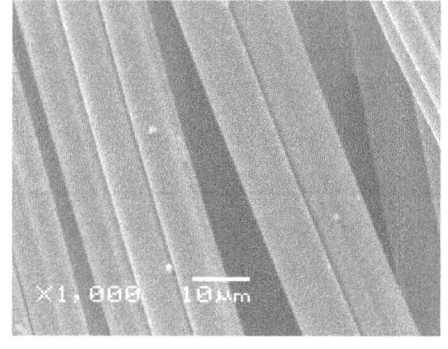

图2-2-32　二醋酸纤维素
酯纤维纵表面

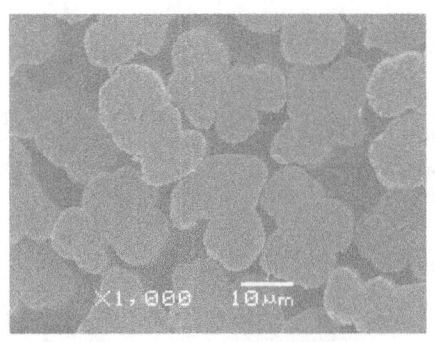

图 2 - 2 - 33　二醋酸纤维
素酯纤维横截面

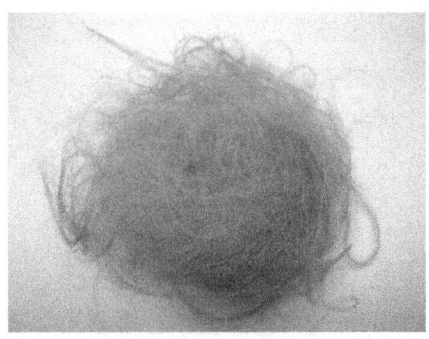

图 2 - 2 - 34　三醋酸纤维
素酯纤维（见彩图）

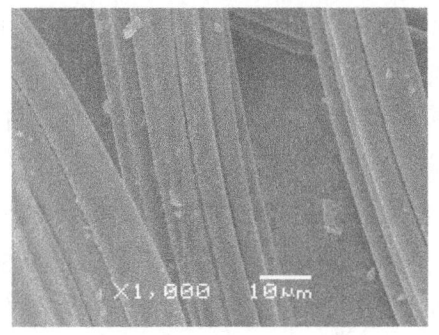

图 2 - 2 - 35　三醋酸纤维
素酯纤维纵表面

图 2 - 2 - 36　三醋酸纤维
素酯纤维横截面

2.3　生物质纤维

通常以自然界生长的动、植物等天然生物质材料作为基本原料，经过一系列化学和物理的加工过程制备的化学纤维称之为生物质纤维。自然界生长的动、植物具有非常重要的属性——可持续再生、可自然降解。它们之所以能够生存于宇宙世界，是经历了数亿年，遵循"适者生存"的原则不断地繁衍、变种才被保留下来。因此，生物质纤维往往具有诸多与大自然和谐的优异的特殊功能。

2.3.1　聚乳酸（PLA）纤维

聚乳酸纤维原料单体乳酸是由玉米等谷物发酵提炼而成，又有左旋乳酸

（l-LA）与右旋乳酸（d-LA）之分。由乳酸合成聚乳酸有两种工艺路线，一种是先将乳酸环化成丙交酯，再开环聚合成聚乳酸，常被称为两步法；另一种则是由乳酸直接聚合成聚乳酸，被称为一步法。目前有聚左旋乳酸（PLLA）和聚右旋乳酸（PDLA）两种，也有在研究聚外消旋乳酸（PDLLA）以及共聚乳酸的报道。其中，PLLA为结晶性高聚物，用其加工制得的纤维具有较好的性能，研究与应用较多。聚乳酸的合成过程属羟基与羧基的缩聚反应，反应过程会有小分子的水脱出。因此，在聚乳酸的聚合过程中必须尽可能充分地脱除反应过程中生成的小分子水，才能得到适用于制备具有实用价值的高分子量聚乳酸。在聚乳酸的缩聚过程中还存在着单体、环状低聚物与聚合物三者之间的平衡，也就是说缩聚产物实际上是一种混合体，也表明该缩聚反应的平衡常数较大。设法提高聚乳酸的相对分子质量是开发聚乳酸纤维的重要研究内容之一，若将熔融缩聚得到的较低分子量的聚乳酸中添加适量的可与聚乳酸端羧基反应的扩链剂实施扩链反应，能够快速地提高其相对分子质量，扩链剂的选择及反应条件的控制至关重要。也可将较低分子量的PLA切片在低于其熔融温度下分段升温进行真空条件下的固相缩聚，用以提高其相对分子质量。聚乳酸的耐热性能较差，熔融温度也仅有175℃左右，在高温下易发生降解，不利于纤维的成型加工，设法提高其熔融温度和热稳定性也是一个重要的研究课题。

以聚乳酸含量大于85%的高聚物经熔体纺丝、拉伸、热定型纺制的纤维称聚乳酸纤维，其强度可以达到4cN/dtex以上，断裂伸长约30%。聚乳酸纤维有长丝与短纤维，可应用于不同的场合。熔融纺丝的PLA纤维通常具有如图2-3-1、图2-3-2的圆形横截面和光滑的纵向表面；也可以纺制图2-3-3、图2-3-4的异形截面纤维。还可以用纺粘法直接制成非织造布（图2-3-5），也可以纺制成短纤维（图2-3-6），梳理成网后经针刺、水刺或热轧（图2-3-7）成非织造布。

聚乳酸纤维的最大特点是，其原料来源丰富且可再生，纤维又可被土壤及海水中的微生物完全分解成水和二氧化碳而全无环境污染之忧，而且它还天然地具有抗菌性能。因此很适于用作附加价值较高的定时降解外科手术缝合线，（图2-3-8）即是利用可定时吸收PLA外科手术缝合线缝合后的手术伤口，完全不见缝合线痕迹，还可用作人造皮肤等医用敷料以及药物缓释胶囊包覆材料等。尽管在服装市场上也出现了一些用于内衣面料的聚乳酸纤维混纺织物，然而它至今没能很快地得到大量产业化发展，其主要障碍是性价比不够高，如能不断完善其性能，降低生产成本，或许有可能成为具有发展前景的服装、服饰用新型功能纤维材料。

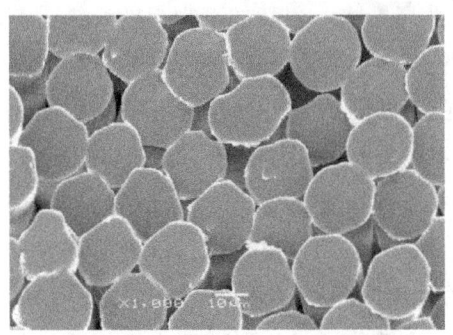

图 2 - 3 - 1　圆形 PLA 纤维横截面

图 2 - 3 - 2　圆形 PLA 纤维纵表面

图 2 - 3 - 3　异形 PLA 纤维横截面

图 2 - 3 - 4　异形 PLA 纤维纵表面

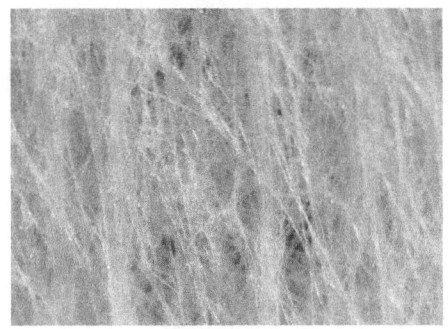

图 2 - 3 - 5　纺粘法制得的 PLA 非织造布

图 2 - 3 - 6　PLA 短纤维

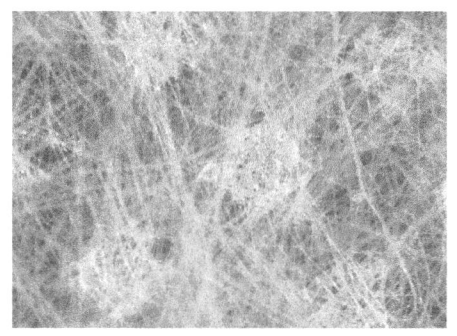

图 2 - 3 - 7　热轧黏合 PLA
非织造布

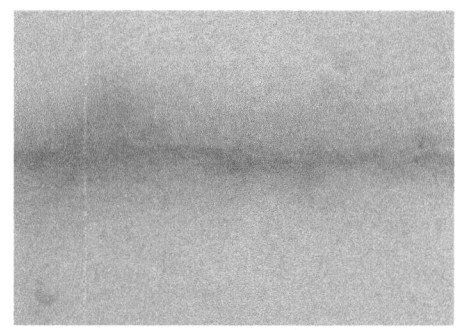

图 2 - 3 - 8　可吸收 PLA
手术缝合线的伤口（见彩图）

2.3.2　甲壳素及壳聚糖（甲壳胺）纤维

　　自然界的天然有机高分子物中，数量居第三位的就是甲壳素（chitin），每年生物天然合成量达 100 亿吨，存在于虾、蟹、昆虫的甲壳（图 2 - 3 - 9、图 2 - 3 - 10）、真菌以及菌类植物的细胞壁，并可从中被提炼而得。甲壳素属含氮类有机高分子物，是一种天然氨基多糖高分子物质，分子式为（$C_8H_{13}NO_5$）N，其化学结构为 N - 乙酰 - 2 - 氨基 - 2 - 脱氧 - D - 葡萄糖以 β - 1，4 - 糖苷键连接成的多糖，相对分子质量在 100 万左右。甲壳素脱掉 55% 以上 N - 乙酰基的产物被称为壳聚糖（也有称甲壳胺等）。

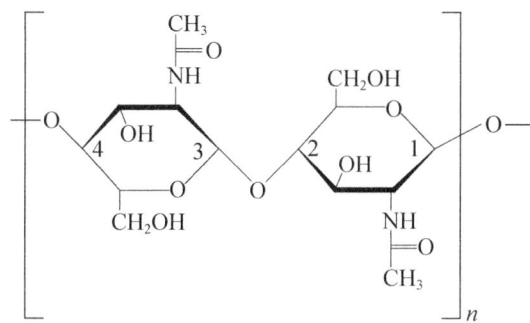

甲壳素化学结构式

甲壳胺化学结构式

利用甲壳素为原料制备纤维通常有两种方法：

（1）类似粘胶纤维制造的方法。将提纯后的甲壳素先后经碱化、黄酸化、溶解、熟成、过滤、脱泡等过程得纺丝原液；采用湿法纺丝，将纺丝液通过喷丝头小孔挤入以硫酸、硫酸钠、硫酸锌溶液构成的凝固浴，再将得到的初生丝条在乙醇中拉伸、洗涤、干燥后得到甲壳素纤维。

（2）将甲壳素粉末直接溶解于甲酸、二氯醋酸或甲磺酸等溶剂得纺丝原液，再利用湿法纺丝成型，初生纤维先后经异丙醚、乙醇/冰醋酸/水及冷水三道凝固浴拉伸、洗涤，而后再经干燥得甲壳素纤维。

甲壳胺能够直接溶解于1%醋酸或1%盐酸，再添加少量尿素以降低原液黏度，经过滤、脱泡等过程得纺丝原液。采用湿法纺丝，将原液细流挤入碱水溶液构成的凝固浴，凝固的初生纤维经拉伸、水洗、上油、干燥后得甲壳胺纤维。活性染料染色甲壳胺丝束及甲壳胺纤维如图2-3-11、图2-3-12所示，有棉型、毛型及中长型短纤维等品种，强度1.4cN/dtex，断裂伸长不小于10%，也可将其与其他纤维混纺成如图2-3-13所示的纱线。与粘胶纤维类湿法纺丝的纤维不同，甲壳胺纤维横截面非圆形，纵表面较光滑（图2-3-14、图2-3-15）。甲壳胺纤维性质稳定，在稀酸环境下其上的氨基（—NH_2）发生质子化成（—NH_3^+），具有亲水性、生物相容性且无抗原性，还具有生物可降解性以及广谱抗菌性，对大肠杆菌、金黄色葡萄球菌、白色念珠菌、绿脓杆菌及真菌有很好的抑菌效果，且具有防腐性、止血及促进凝血性功能。脱乙酰度越高，抗菌效果越好。适用于可吸收外科手术缝合线、非织造布人造皮肤（图2-3-16）、止血材料（图2-3-17）、伤口包扎材料、抗菌织物、离子交换纤维及辐射能防御等功能性材料。图 2 – 3 – 18 所示的纱线用于特殊内衣类纺织品，赋予织物抗菌、防臭等功能性。有将壳聚糖溶于溶剂做成喷雾剂，喷洒于伤口并固化成膜，可有效发挥其抑菌效果。

图 2 – 3 – 9　甲壳胺纤维原料
之一——蟹壳（见彩图）

图 2 – 3 – 10　由蟹壳到甲壳
胺纤维（见彩图）

图 2 – 3 – 11　活性染料染色
甲壳胺丝束（见彩图）

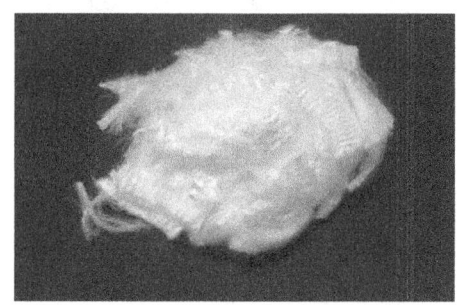

图 2 – 3 – 12　甲壳胺短纤维

图 2 – 3 – 13　甲壳胺纤维混纺纱线

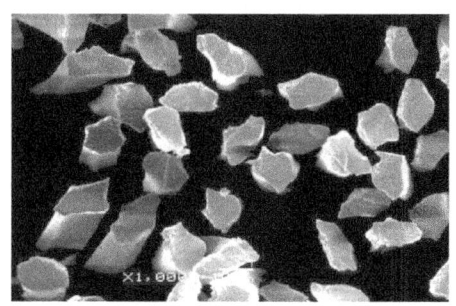

图 2 – 3 – 14　甲壳胺纤维横截面

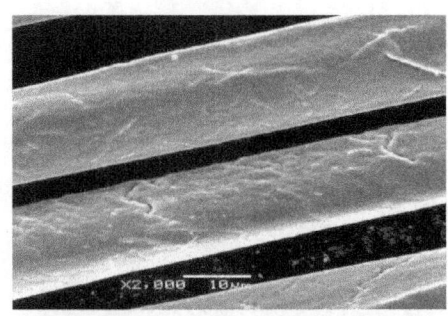

图 2 - 3 - 15　甲壳胺纤维纵向表面

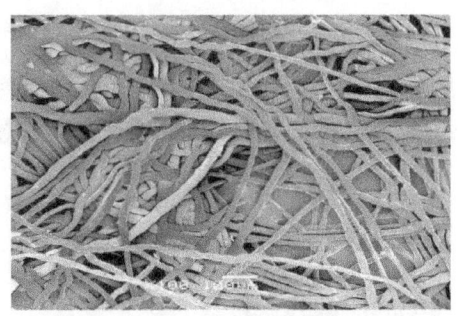

图 2 - 3 - 16　甲壳胺纤维非织造布

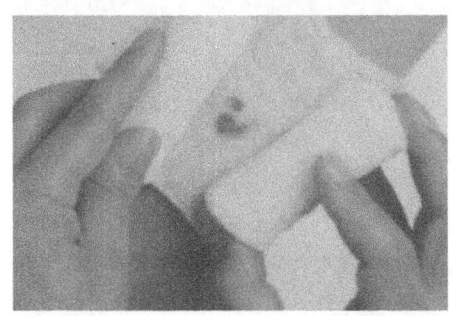

图 2 - 3 - 17　壳聚糖溶液浸泡
过的止血绷带

图 2 - 3 - 18　甲壳胺纤维纱线

2.3.3　海藻酸盐纤维

　　由天然海藻中提取海藻酸，溶解于碳酸钠溶液，可制成水溶性海藻酸钠纺丝原液，采用湿法纺丝成型，以含有少量盐酸及阳离子表面活性剂的多价金属离子溶液（如氯化钙溶液）为凝固浴，原液自喷丝头小孔吐出后遇氯化钙形成不溶于水的络合物凝胶（海藻酸钙）析出成丝条，后经拉伸、水洗、上油、干燥、卷绕成筒得海藻酸盐纤维。海藻酸盐纤维的形态结构与通常湿法纺丝纤维不太一致，纤维横截面为非圆形，纵表面光滑而无沟槽，有明显的皮芯层结构，皮层密实，而芯层松散（图 2 - 3 - 19、图 2 - 3 - 20）。海藻酸盐纤维具有优良的本质自阻燃性（LOI > 34%）、生物相容性和吸湿性，舒适透气且亲肤功能好。它的主要功能及应用如下：

　　（1）良好的生物可降解和生物相容性，降低了环境污染源，适用于医用卫生材料，例如可降解外科手术缝合线。

（2）高吸收性。可吸收人体手术过程中的大量渗出物，减少绷带更换次数。

（3）高透氧性。纤维吸湿后会形成亲水性凝胶，与亲水基团结合的"自由水"会成为氧气传递的通道，用作医用纱布及绷带时可使氧气从外界环境进入伤口部位，有利于伤口部位早日痊愈。

（4）凝胶阻塞性。海藻酸盐纤维医用绷带可大大减少伤口渗出物对健康组织的浸渍作用。

纤维的干断裂强度 2.1cN/dtex，断裂伸长约 12%，弹性尚不理想，且其染色效果又较差，其短纤维（图 2-3-21）多与棉、粘胶纤维等混纺或交织（图 2-3-22）以相互取长补短，并降低成本。

图 2-3-19　海藻酸盐纤维横截面

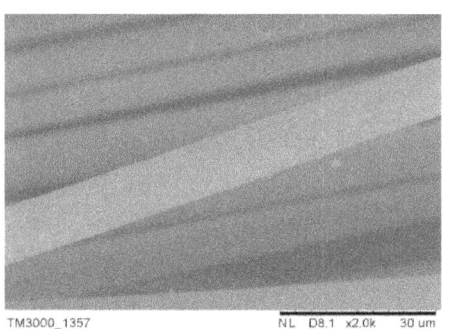

图 2-3-20　海藻酸盐纤维纵向表面

图 2-3-21　海藻酸盐短纤维

图 2-3-22　海藻酸盐纤维织物

目前，纯粹的生物质纤维大多只被用于附加价值较高的特殊应用场合，例如医用领域。而在服装、服饰领域的应用尚不多见，恐主要是性价比的问题。有人曾提出可将以棉短绒、木材、竹、麻以及甘蔗渣等生物质为基本原料制成的粘胶纤维也划归为生物质纤维，由于它们确实是以自然界生长的并可自然降解的原料为来源加工而成，然而"粘胶纤维"的称谓历史久远，并早已自成体系被世人认可，仍单列为宜。而一些宣传广告中也还有将聚对苯二甲酸丙二醇酯（PTT）纤维也称为生物质纤维或生物基纤维，未免过于牵强，有利用当今引起人们关注的"环境、资源、能源"问题的大形势作为"卖点"之嫌，欠科学严谨。尽管其中使用的丙二醇是来自玉米等原料，但毕竟 PTT 中所含有的丙二醇成分只占不足 37%。近来已经有采用植物原料合成乙二醇，以木质素为原料合成对苯二甲酸或呋喃二羧酸的文献报道，倘若真正能做到以此类原料制备成 PET、PBT 或 PTT 以及聚呋喃二羧酸乙二醇酯、聚呋喃二羧酸丙二醇酯或聚呋喃二羧酸丁二醇酯及其纤维，将其称之为生物质纤维是绝无可厚非的。

2.4　熔体纺丝法常规合成纤维

2.4.1　熔体纺丝法纺制合成纤维

在加热熔融状态下不会发生分解的成纤聚合物通常会使用生产工艺较为简单的熔体纺丝技术制备纤维，统称为熔体纺丝。可熔纺的高聚物主要有聚对苯二甲酸乙二醇酯（PET）、聚酰胺 6 及聚酰胺 66（PA6、PA66）、聚丙烯（PP）以及 PET 改性类聚酯、聚对苯二甲酸丙二醇酯（PTT）、聚对苯二甲酸丁二醇酯（PBT）、聚萘二甲酸乙二醇酯（PEN）以及上述聚合物的化学改性品种和通过物理共混改性的品种等。熔体纺丝技术主要包括两类：即连续聚合—熔体直接纺丝技术（俗称为连续纺）；以及聚合物的固体切片经前处理后，再熔融纺丝（俗称为切片纺）。聚合物熔体或切片又按其中含有的消光剂二氧化钛质量的不同分为大有光（不含 TiO_2）、微消光（TiO_2 含量 0.25%）、半消光（TiO_2 含量 0.5%）、全消光（TiO_2 含量≥2.5%）等多种，用以生产不同消光性能的纤维。有一种二氧化钛含量高达 30% ~ 50% 的聚酯切片，可作为母粒与常规大有光切片以各种不同比例相互混合，用以制备不同 TiO_2 含量的消光纤维。还有一类含有各种不同颜色高浓度颜料或染料的有色母粒，用于与常规聚合物切片共混纺丝制备各种不同色泽的有色纤维。熔体纺丝的纤维品种，主要有与上述可熔纺聚合物相对应的聚酯纤维、聚酰胺纤维、聚丙烯纤维等。其中聚酯纤维的产量约占化学纤维总量的70%左右，而在我国聚对苯二甲酸乙二醇酯（PET）纤维产量则占有75%以上。因此通常所说的聚酯纤维都是指聚对苯二甲酸乙二醇酯（PET）纤维。PET纤维具有非常优越的性价比，但也有其不足之处，为了改善其性能的不足又有许多改性聚酯及其纤维品种的开发应用（详见1.5节）。

PET及其纤维的发展速度非常快，据我国化学纤维工业协会统计，2013年我国的生产量已经达到3057万吨，其中长丝产量2155万吨，短纤维产量902万吨，总体产能超过4000万吨。因此对聚酯及聚酯纤维的改性技术研发也是最为引人注目的，例如由聚酯大分子结构特征决定，其纤维只能采用分散染料于125℃高温高压条件下染色，于是开发了分散染料常压可染的聚酯（EDDP）及其纤维。继而又出现了染色牢度更好、颜色更加鲜艳的高温高压型阳离子染料可染聚酯（CDP）及其纤维、更加节省能量的常压沸染型阳离子染料可染聚酯（ECDP）及其纤维，这些都已经形成了较大规模的生产量。还有采用碱性染料染色聚酯的研究工作。除上述外，有关改善其吸湿、排汗、抗静电、阻燃、抗起球、抗菌防臭、异收缩、低熔点等功能性聚酯及其纤维、熔体直纺法超细纤维、复合纺丝法超细纤维以及各种异形截面的纤维等都已经在我国得到大力的发展。近年来人类对日益短缺的石油资源的节约及资源的再生利用也越加重视，开发着许多新技术。例如，以植物基原料生产1，3－丙二醇，供制备PTT；以植物基原料研究合成对苯二甲酸或呋喃二羧酸，并由呋喃二羧酸派生出了性能与PET相似的聚呋喃二羧酸乙二醇酯及其纤维；以煤炭或植物为原料生产乙二醇；以煤炭为原料生产2，6－萘二甲酸，用以生产聚萘二甲酸乙二酯（PEN）及其纤维等。关于聚酯、聚酰胺及聚丙烯等废弃物的重新再生利用等也在广泛地实现产业化。

在聚酯及其纤维的生产技术及装置方面也有飞速发展。我国已经能够自行设计制造20万～50万吨/年能力的大型聚酯生产及直接熔体纺制长、短纤维的技术。它生产稳定性好，适于生产高质量、大批量、低成本聚酯纤维，但是更换品种较难。通常只能在改变纤维的线密度、截面形状等方面做些文章。我国也已经有了6万～10万吨/年的改性聚酯装置和直接纺丝技术。如何实现品种的多样化，近年已经有些企业正在实施如图2－4－1所示的以一个纺丝箱体为单元，增加辅助螺杆挤出机的共混纺丝技术，由辅助螺杆挤出机添加色母粒或其他功能性母粒熔体，与 PET 主管线熔体以动态或静态混合技术均匀混合，纺制改性功能纤维。为保证产品质量的均匀性，有必要在熔体管道内设置动态或静态混合器。还研发了设置于纺丝组件内部的如图 2-4-2 所示的静态混合器技术，实验结果显示，即使是非相容高聚物之间的共混熔体也具有如图 2-4-3 所示非常均匀的混合效果。它不仅适用于相容性高聚物共混过程，还可用于非相容高聚物共混纺丝制备功能性纤维或超细纤维，对防止分散相组分的再凝聚具有显著效果。

熔体纺丝另一工艺技术是采用切片纺丝法。即将聚合物熔体经冷水冷却凝固后切成小粒子——切片（图 2-4-4），切片再经过干燥即可用螺杆挤出机熔融纺丝制成纤维。显然，这种工艺比连续聚合——直接纺丝技术增加了工序，提高了生产成本，但是它却有易于更换品种和远距离输送的优点，适于"短、平、快"量少的多品种快速反应产品需求。许多新品种的开发也都需要首先在间歇聚合——螺杆纺丝装置上完成生产定型，而后才有可能转移到大型连续生产装置。

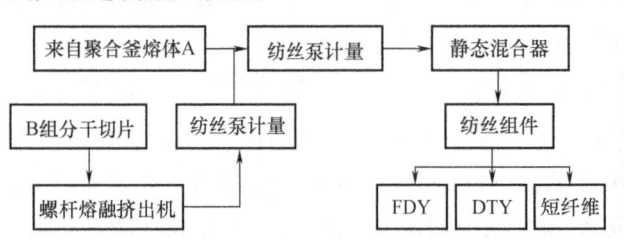

图 2-4-1　连续聚合熔体直纺共混改性
生产工艺流程

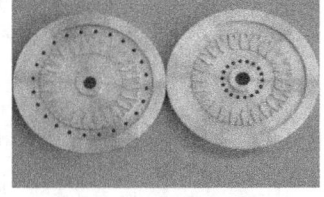

图 2-4-2　纺丝组件内
静态混合器部件

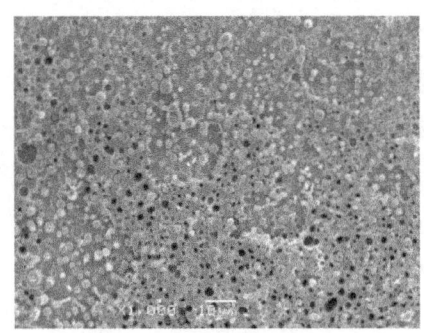

图 2-4-3　非相容高聚物
共混纤维截面

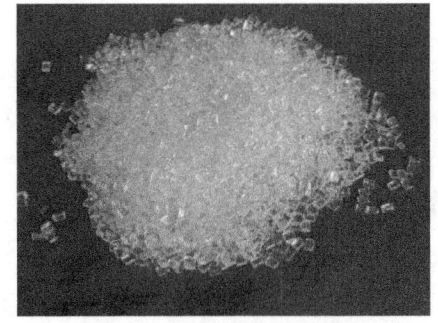

图 2-4-4　大有光聚酯切片
（见彩图）

　　熔体纺丝过程是将纺丝熔体利用计量泵均匀且定量地从喷丝头小孔中挤出，受重力及卷绕张力等的作用被拉长变细，进入到低温冷却环境（即通称的环吹风或侧吹风）中，熔体丝条与环境间仅发生热传递的物理过程，当熔体温度逐渐降低至聚合物材料的熔融温度以下时，熔体丝条凝固成固体纤维状。由于冷却成型过程是在很均匀、稳定的条件下进行的，纤维的横截面通常呈圆形截面（图 2 - 4 - 5、图 2 - 4 - 6），纵向表面也是非常光滑的（图 2 - 4 - 7）。倘若使用的纺丝组件喷丝孔形状为非圆形的，则可制得异形截面纤维。如若在纺丝过程中使用了含有消光剂 TiO_2 的切片（图 2 - 4 - 8）或熔体，或是添加了含有高浓度 TiO_2 或染料、颜料的母粒（图 2 - 4 - 9），则可以制成消光纤维（图 2 - 4 - 10）或有色纤维（图 2 - 4 - 11）。熔体冷却后得到的纤维被称为初生纤维，它还不具备足够的强度和尺寸稳定性，需要再经拉伸、定型等过程。拉伸过程通常是在略高于高聚物材料的玻璃化转变温度的条件下将纤维拉长一定倍率，使纤维大分子获得取向结构，而后使纤维处于松弛或张力状态，在材料的结晶温度条件下发生结晶并适当消除内应力，大分子处于长程有序、短程无序的取向结晶态，具有了实用价值——成为具有足够的断裂强度与断裂伸长率及尺寸稳定性的成品纤维。

　　纺丝、拉伸、定型工艺又有很多种类型，如：

　　（1）先经过 1000m/min 左右较低的速度纺丝，再经高倍拉伸和定型的技术（UDY - DT）。

　　（2）在较高的 3200m/min（纺制 PET 时）或 4500m/min（纺制 PA6 时）下高速纺得到预取向丝，再行拉伸的技术（POY - DT）。

　　（3）经高速纺得到预取向丝，再进行假捻变形的技术（POY - DTY）。

　　（4）经高速纺得预取向丝，再经空气变形的技术（POY - ATY）。

　　（5）热管纺丝技术（TCS）。

　　（6）6000m/min 以上的超高速纺丝技术（HOY）。

　　（7）纺牵联合一步法技术（FDY）。

　　（8）先经 1500m/min 纺丝，再在特殊喷嘴进行膨化变形的技术（BCF）等，在后续还将进行说明。

　　不同加工技术所得到的纤维具有不同的力学性能及染色性能等，适应于不同的应用领域。

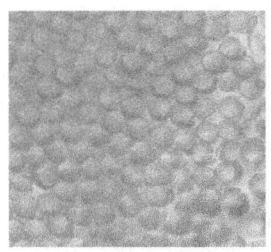

图 2 - 4 - 5　圆形截面
PA6 纤维

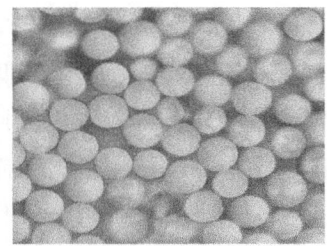

图 2 - 4 - 6　PET 圆形
截面纤维

图 2 - 4 - 7　熔纺法纤维
纵向表面

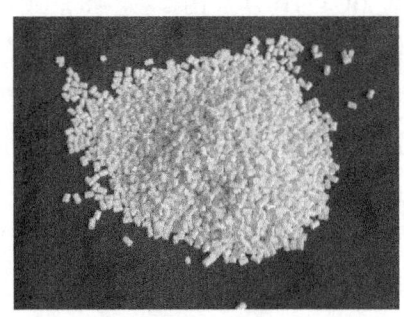

图 2 - 4 - 8　添加 TiO_2
的消光切片（见彩图）

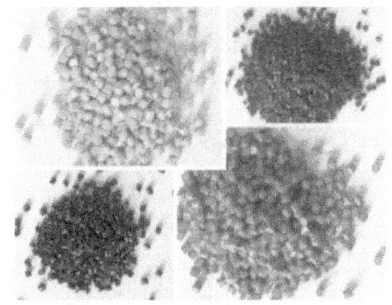

图 2 - 4 - 9　添加高浓度颜料
或染料的色母粒（见彩图）

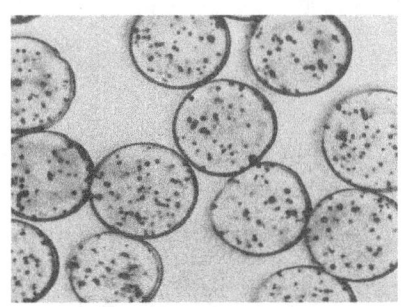

图 2 - 4 - 10　添加二氧化钛
的消光纤维横截面

图 2 - 4 - 11　有色纤维标准
色卡（见彩图）

2.4.2　熔体纺丝、拉伸生产过程中的现象

　　由于原料的性能差异、温度控制不当以及喷丝孔径选择不合适等均会导致纺丝过程不正常，发生熔体胀大（图 2 - 4 - 12）、熔体破裂（图 2 - 4 - 13）、熔体断裂（图 2 - 4 - 14）等现象。图 2 - 4 - 15 是纤维二次拉伸成型过

程出现的细颈效应。

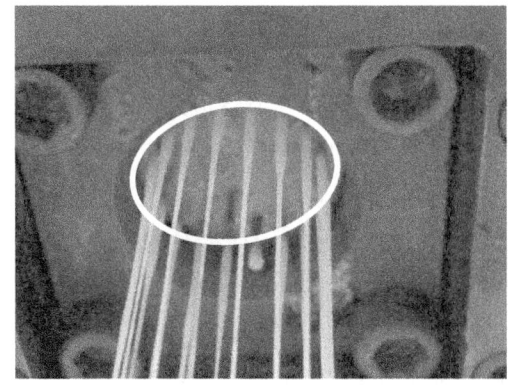

图 2 - 4 - 12　熔体膨化效应

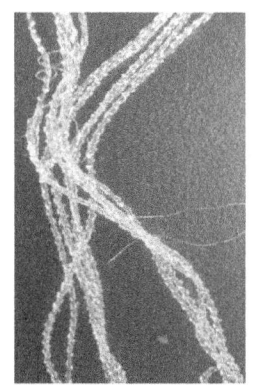

图 2 - 4 - 13　"熔体
破裂"现象

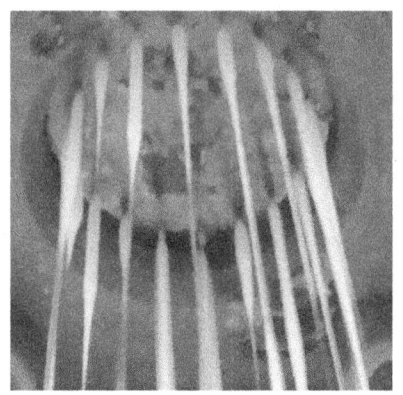

图 2 - 4 - 14　温度控制
不当熔体断裂

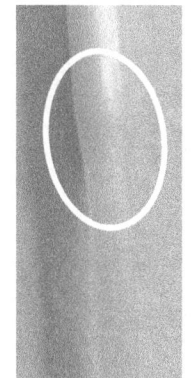

图 2 - 4 - 15　拉伸
过程的"细颈"现象

聚酯及其纤维生产企业，缩聚反应器及纺丝熔体管道、过滤器和计量泵等本应定期清洗，否则会由于不可避免的副反应生成凝胶、碳化物等杂质恶化生产，造成最终纤维产品质量不良。尤其是生产阳离子染料可染改性聚酯纤维时，副反应更加严重，组件更换周期短，当将纺丝组件及计量泵拆卸后会发现在设备上残留有许多杂质（图 2 - 4 - 16）。将杂质手工取下后，显示出如图 2 - 4 - 17 所示黑色或棕色块状物，它们在通常的聚酯溶剂（如苯酚—四氯乙烷、邻甲酚等）中不可溶解，在加热状态下也不见熔融，示差扫描量热仪（DSC）的分析结果显示出一条既无吸热峰，也无放热峰的直线，有些呈橡胶态，遇热软化而不熔融。其形成是由于聚酯长时间在高温下热氧化降解所致，此类物质在终缩聚反应釜的两端轴封处曾被发现；也有在缩聚反应过程中随EG被蒸出夹带的低聚物附着于缩聚釜抽气口管道周围；另在聚酯生产过程频繁调节产量导致缩聚釜液位波动时，也会使聚酯熔体时而黏附于釜壁结皮，长时间停留会使其处于可固相缩聚环境，结晶度及熔融温度提高；时而又会被卷入熔体，虽熔体经多次过滤，但是它们往往被过滤网切割成碎块并最终进入纤维导致断头，影响纺丝正常进行。将计量泵及上述黑色杂质在高温下煅烧后，有机高聚物以水及二氧化碳的形式挥发，留下浅棕色粉末状物（图2-4-18、图2-4-19）。此类杂质应当是影响可纺性的无机杂质异物，包括聚酯合成中添加的催化剂和TiO_2等助剂。

为尽量避免缩聚过程中产生的异物影响纺丝过程的正常进行，应当规定缩聚反应釜的定期清洗制度，以保证制造高品质的纤维。

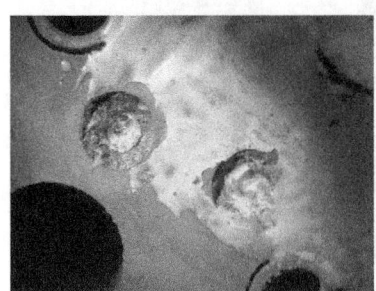

图2-4-16　纺丝计量泵及
组件外漏降解物

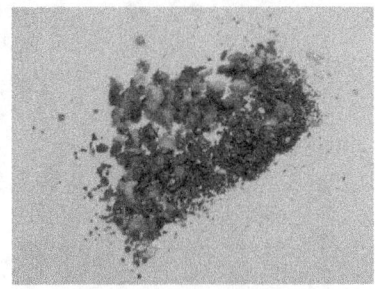

图2-4-17　去除图2-4-16
表面白色物后的降解物

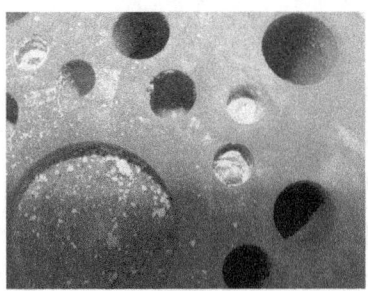

图2-4-18　计量泵座煅烧后
的残余未烧蚀物

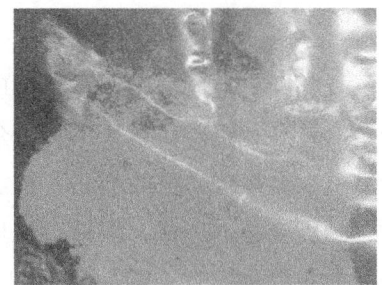

图2-4-19　过滤网截留物
煅烧后残余未烧蚀物

2.5 溶液纺丝法纤维

2.5.1 溶液纺丝法常规纤维

当成纤聚合物被加热至熔融之前便会发生分解时，便只能选用工艺较为繁复的溶液法纺丝（包括湿法、干法及干喷湿纺法）技术纺制纤维了。典型的利用溶液法纺丝成型的纤维有粘胶纤维、聚丙烯腈纤维、聚乙烯醇纤维、聚氯乙烯纤维、聚对苯二甲酰对苯二胺纤维、聚间苯二甲酰间苯二胺纤维等。

其中，湿法纺丝包括一步法和两步法两种生产工艺。一步法是在由单体制备聚合物的过程中所使用的溶剂既能够溶解单体，又能够溶解聚合物，将聚合所得到的聚合物溶液经过一定的处理过程直接得到纺丝溶液用于纺丝成纤。两步法是在由单体制备聚合物的过程中，所使用的溶剂只能够溶解单体，而不能够溶解聚合物，这样聚合后得到的聚合物会沉淀析出，将其加以提纯处理得到成纤聚合物。而后再设法将其溶解于另一种溶剂，制备成一定浓度和温度的纺丝溶液，而后将该纺丝溶液利用计量泵均匀且定量地从喷丝头小孔中挤出，并进入由成纤聚合物的不良溶剂（凝固剂）组成的凝固浴中，此时由于在纺丝溶液中及在凝固浴中溶剂与凝固剂间浓度差形成的推动力，会发生凝固浴中的凝固剂向纤维丝条内部的扩散和纺丝溶液中的溶剂向凝固浴中扩散的所谓"双扩散"过程，纺丝溶液中的聚合物溶解性能越来越差，逐渐凝固成纤维状，再经拉伸、洗涤、定型等过程制成具有实用性能的纤维材料。例如，湿法聚丙烯腈纤维的生产就是将溶解于硫氰酸钠（NaSCN）、二甲基亚砜（DMSO）等溶剂中的聚丙烯腈纺丝溶液从喷丝头小孔中均匀且定量地挤出后进入以聚丙烯腈的凝固剂——水（为主要组成物）与其溶剂构成的凝固浴中，由于纺丝液与凝固浴中不同组分间的浓度差形成的推动力，NaSCN（或 DMSO）自丝条向凝固浴中扩散，而凝固浴中的水向丝条中扩散，致使纺丝液中聚丙烯腈的浓度逐渐增大并最终凝固成初生纤维。而后再经拉伸、水洗、上油、热定型等工艺得到成品纤维。

熔体纺丝较为简单，只发生传热过程。而湿法纺丝成型会发生传热过程、传质过程及凝胶化的物理化学过程。而其中像粘胶纤维的成型过程中，还伴随着化学反应——即纤维素黄原酸酯还原为纤维素。因此，在湿法纺丝的复杂过程中会出现成型过程中的不稳定性和不均匀性，所得到的纤维横截面通常会呈现出腰圆形、哑铃形或完全无规的形状（图 2 - 5 - 1 ~ 图 2 - 5 - 4），典型的湿法纺丝纤维纵向表面如图 2 - 5 - 5 所示，多为非光滑状。若凝固成型条件较为剧烈，在纤维横截面还能看到皮、芯层的结构和芯层中的孔洞结构。如若通过控制纺丝原液的浓度、温度以及凝固浴浓度、温度，再在纺丝原液或凝固浴中添加一些延缓成型的助剂，使成型缓慢，则有可能得到圆形截面或近圆形截面的纤维。因此，从纤维的宏观截面形状即可判定纤维微观结构的均匀性，同时决定着纤维的力学性能的优劣。通常，圆形横断面的纤维会具有较良好的力学性能。所以，调节纤维成型过程的各项工艺参数就可以获得不同性能的纤维。用于生产碳纤维的 DAN 或粘胶纤维就应具有圆形截面，并采用良好的纺丝原液脱泡技术消除纤维中造成应力集中的物理缺陷。

　　干法纺丝是将成纤高聚物设法溶解于某种遇热可挥发的有机溶剂中制备成一定浓度和温度的纺丝溶液，而后将该纺丝溶液用计量泵从喷丝头小孔中均匀且定量地挤出，并进入高温的惰性气体环境中，纺丝原液中的溶剂自纺丝溶液内部向表层扩散，并向环境挥发，而后伴随着惰性气体的循环带出体系之外，纺丝溶液浓度随溶剂的挥发而不断提高，并逐渐凝固而成纤维状。随惰性气体的循环被带出的溶剂可再行回收利用。显然，干法纺丝的纤维成型过程包含着传热和传质的过程，但比湿法纺丝成型过程的稳定性较容易控制，纤维的横截面多为圆形（图 2 - 5 - 6），但是其纵向表面并不如熔纺法那样光滑。干纺法聚丙烯腈纤维的生产就是先将聚丙烯腈溶解于二甲基甲酰胺（DMF）等溶剂中制成纺丝液，而后将其用计量泵定量且均匀地送入纺丝组件，纺丝液自喷丝头小孔中挤出后进入纺丝甬道凝固成丝条状，甬道中自下而上地送入加热的氮气，丝条中的 DMF 遇热氮气后挥发而出，聚丙烯腈纺丝液的浓度不断地增大并逐渐地凝固成为纤维。而挥发出的 DMF 被循环的氮气带走送去回收。溶液法纺丝所使用的溶剂及凝固浴必须进行必要的处理后再循环利用，使得工艺流程设置及生产过程更加复杂，成本必然提高。因此，凡是能够采用熔体纺丝工艺生产的纤维材料，通常是不会选择溶液法纺丝工艺的。

　　溶液法纺丝的另一种技术被称为干（喷）湿（纺）法，它主要被应用于液晶类聚合物的纺丝工艺，故也有将其称为"液晶纺丝法"。将在后续的芳纶1414中叙述，此处暂不做赘述。

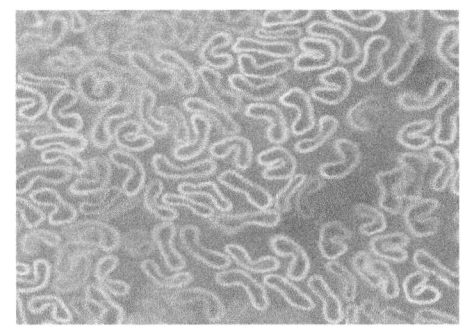

图 2 - 5 - 1 粘胶纤维横截面的一种

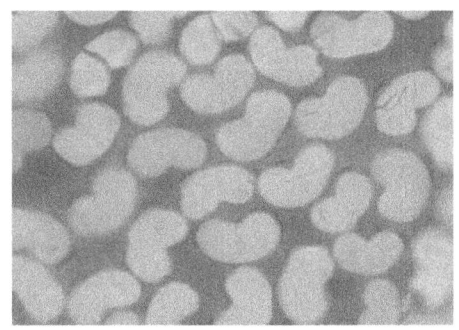

图 2 - 5 - 2 湿法纺丝 PAN 纤维横截面

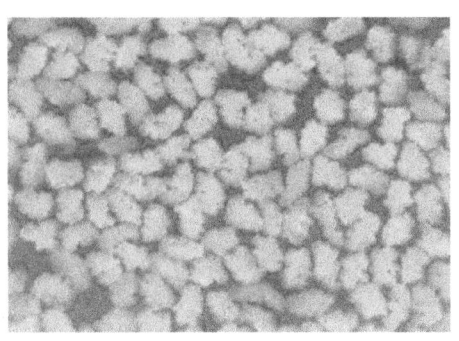

图 2 - 5 - 3 湿法纺丝 PVA 纤维横截面

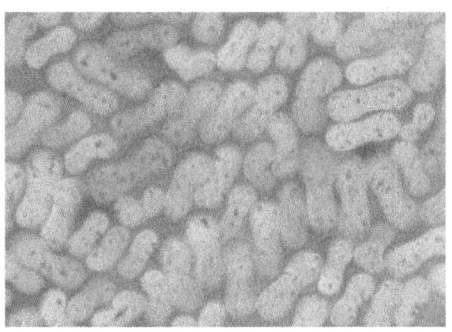

图 2 - 5 - 4 湿法纺丝 PVC 纤维横截面

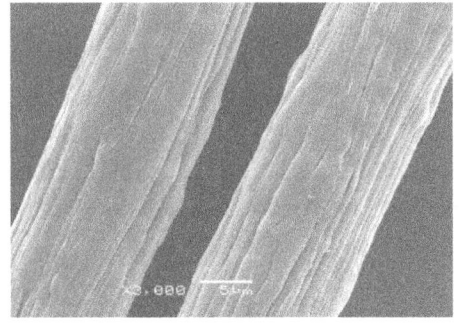

图 2 - 5 - 5 典型的湿法纺丝
纤维纵表面

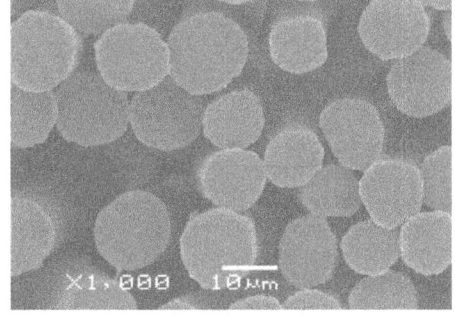

图 2 - 5 - 6 干法纺丝 PAN
纤维横截面

2.5.2　大豆蛋白或牛奶蛋白改性聚乙烯醇纤维及聚丙烯腈纤维

　　使用从大豆或牛奶中提取的蛋白质与聚丙烯腈或聚乙烯醇等成纤高聚物共混并溶解于相应溶剂中制成纺丝液，其中蛋白质的质量分数为30% ~60%。也可以将上述蛋白质与丙烯腈或醋酸乙烯等单体共聚，得到它们的共聚物。再制备成纺丝液，采用湿法纺丝制成纤维通称为蛋白质改性纤维（图2－5－7、图2－5－8）。与所有采用湿法纺丝成型的纤维一样，依据纺丝成型工艺条件的缓和与剧烈程度不同，纤维的横截面可以呈圆形、腰圆形或完全无规形（图2－5－9、图2－5－10），纤维的纵表面可以呈现光滑或粗糙状（图2－5－11、图2－5－12）。显然，成型条件越缓和，纤维横截面越易呈现圆形且侧表面光滑。成型条件的缓和与否主要取决于纺丝液的温度、凝固浴的温

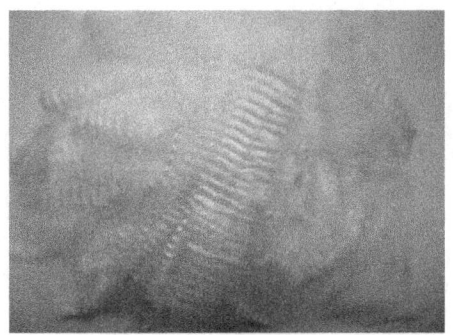

图2－5－7　牛奶蛋白改性
PAN 短纤维（见彩图）

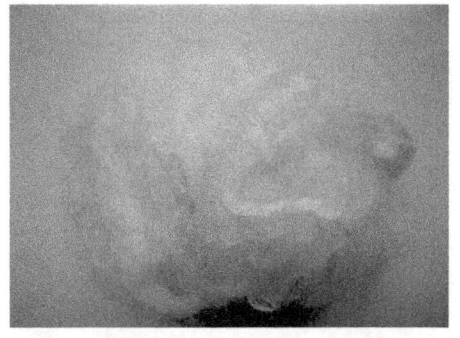

图2－5－8　大豆蛋白改性
PVA 短纤维（见彩图）

图2－5－9　大豆蛋白改性
PVA 纤维横截面

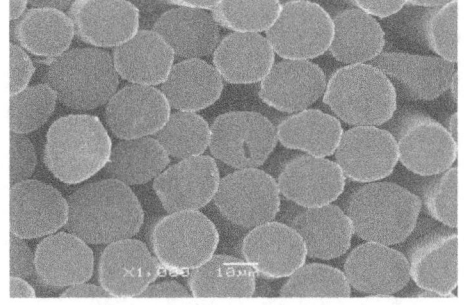

图2－5－10　羊毛蛋白改性
PAN 纤维横截面

度与浓度以及与之相关联的凝固浴循环量和凝固浴槽长度等。而依据干燥、定型工艺条件控制的差异，纤维内部还可能出现孔洞（图 2-5-13）。这种蛋白改性纤维改善了聚丙烯腈纤维或聚乙烯醇纤维的吸湿性、染色性，且改善了它们的柔软性；织造的织物如图 2-5-14 所示酷似真丝，手感滑爽、染色性能优异；而且还会将蛋白质的抗菌等功能赋予改性纤维。

图 2-5-11　大豆蛋白改性
PVA 纤维纵表面

图 2-5-12　羊毛蛋白改性
PAN 纤维纵表面

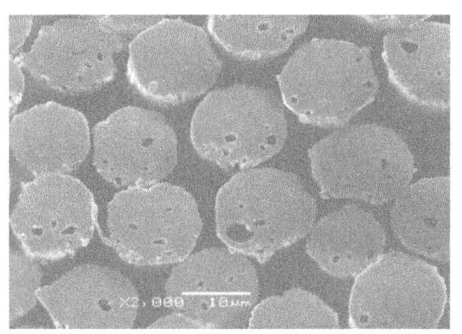

图 2-5-13　纤维断面内的
微孔结构

图 2-5-14　真丝般牛奶蛋白改
性 PAN 纤维印花织物（见彩图）

2.6　废弃资源循环再生纤维

随着石油资源与能源的逐渐被消耗殆尽，新型资源与能源的开发以及现有资源的节约与回收循环再利用越来越被人们重视。"可持续发展"的理念越来越被人们所认知和认同，这其中包括现有资源、能源的节约与回收再利用，新资源、能源的开发等诸多内容。其实我们的先辈早就提出了"开源与节流"的明断。仅纤维材料领域的资源再生利用就包含着非常丰富的内容。例如，纤维生产过程中不可避免地产生的废丝、废料块，旧的服用、家纺用及产业用纺织品，各种产业用包装袋材料等。再包括饮料、食用油包装瓶等，仅在我国每年就有数百万吨之多。纤维材料大都来源于数亿年才能得以再生的石油、煤炭等人类赖以生存的资源与能源，也就是说它们的节约与再生利用关系到人类的生存与可持续发展。当前世界，仅聚酯产量已逾 4000 万吨，包括纤维用、瓶用及其他工程塑料用。其中每年至少有 1/4 左右有可能回收再利用。目前，仅我国每年包括进口的可回收聚酯料就有近 700 万吨。

回收的聚酯可以用于制造图 2-6-1、图 2-6-2 所示发泡 PET 工程塑料，它具有高强度、质轻、隔音、隔热等性能，可在飞机、列车、汽车等交通工具以及建筑用保温材料等诸多领域发挥优异的功能，具有高附加价值。也可以直接纺制聚酯长丝和如图 2-6-3 所示短纤维用做服用面料、土工布、油毡基布等。此外，市场上早自 2002 年就已经有一种含有高浓度磺酸基团的阳离子染料可染聚酯母粒，并早已形成了年产数万吨的产量，将其与回收的聚酯（PET）瓶片等按一定比例熔融共混纺丝，可以直接得到常压型阳离子染料可染的聚酯纤维，具有较高的附加价值，市场上称为"波斯纶"。还有厂家将该母粒与聚对苯二甲酸丙二醇酯（PTT）共混纺丝，制得阳离子染料可染 PTT 纤维，在家纺领域得到广泛应用。

 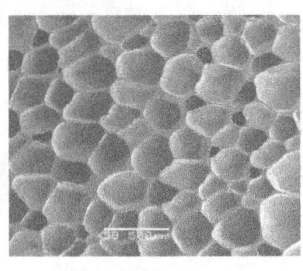 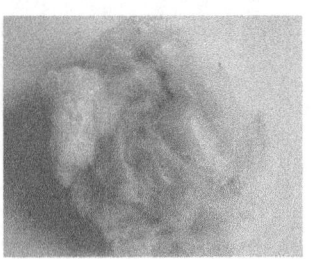

图 2-6-1　发泡 PET　　　　图 2-6-2　发泡 PET　　　　图 2-6-3　再生
　　工程塑料　　　　　　　工程塑料的泡孔　　　　　　聚酯纤维

　　废旧聚酯的回收方法通常有两种工艺技术，第一种是如上所述将含杂质较少的废旧聚酯瓶或塑料制品粉碎、洗净、干燥，而后直接送入螺杆挤出机纺丝，可直接制得聚酯长丝或短纤维，也可在纺丝过程中添加相应的母粒，纺制成阳离子染料可染聚酯纤维或有色纤维等。聚酯及聚酯纤维生产过程中产生的废料块及废丝，可以先加工成"泡泡料"，再经干燥后送去纺丝。聚乙烯、聚丙烯等纤维或塑料也可以采用类似方法加以回收再利用。第二种工艺是将聚酯瓶片、废丝、废料块或以聚酯纤维为主要成分的服装等先用甲醇或乙二醇醇解，制成纯度较高的对苯二甲酸二甲酯或对苯二甲酸乙二醇酯，再用以重新合成较高质量的聚对苯二甲酸乙二酯，便可重新制备纤维、塑料等产品了。除此之外，也可以将聚酯、聚乙烯、聚丙烯、聚氯乙烯等废旧物资降解制成汽油、煤油等。

　　有资料显示，20 个 500mL 的矿泉水瓶回收后可制作一件上衣，回收 1t 废旧聚酯瓶可生产 0.9t 的再生聚酯纤维，可少消耗 1.5t 石油，节省 $3m^3$ 的填埋空间，可减少 3.2t 二氧化碳的排放量。

　　当前，在医用、包装材料等领域使用了大量的聚丙烯非织造布。尤其是在医用领域中使用的工作服、洞巾、床上用品等，通常为防止二次交叉感染，很难重新回收洗净、消毒、再利用，只好采用焚烧或就地深埋等措施加以处理。这种方法不但浪费了宝贵的资源，焚烧过程中还会产生二氧化碳污染环境。倘若使用易于碱水解的改性聚酯为原料用于医用工作服等，则可以将其在应用后收集，再经热稀碱液水解、酸化，很容易地完成消毒、回收的目的，回收的单体还可重新再利用制成有用的纤维、塑料、涂料及黏合剂等制品。

　　服用纤维是化纤产品的最大用量，不同品种纤维的混纺或交织常是改善织物性能的重要手段。然而，却给纤维材料的回收和再利用带来了不小的麻烦，平添了耗资、耗时巨大的分离工程。有一种新理念，即倘若能够将现有化学纤维或天然纤维做到单品种使用，又同时使其改性满足用户要求，便更有利于资源的回收与再利用，不失为上佳选择。

2.7 功能性纤维

2.7.1 吸湿、排汗、速干舒适性织物用聚酯纤维

聚酯纤维（涤纶）具有许多优点，性价比高，在我国涤纶和其他化学纤维的快速发展不仅解决了十几亿人的穿衣问题，在家用纺织品和产业用纺织品领域也得到了长足的进步，也满足并带动着许多工业和国防领域的发展。但是它在许多功能方面也显现出不足之处，如染色性较差、吸湿性不良、易产生静电、易起毛起球、穿着舒适性差等。因此，制备一种具有快速高吸湿、导湿、速干的高舒适性涤纶织物具有现实意义，不仅可改善涤纶织物的穿着舒适性，也是促进涤纶在质量和数量上快速发展的必然。如图2-7-1、图2-7-2所示具有十字形或其他横截面的异形纤维织物成为了较有代表性的产品，它的设计思路是利用构成织物的纱线单纤维间所形成的毛细效应实现对汗液的传输，使汗液扩散面积加大，而后快速干燥。图2-7-3的中空侧孔纤维试图利用纤维侧表面的微孔的毛细效应将汗液导入纤维的中空部，而使人体感觉干爽，但是纤维的中空孔却成了"小水库"，纤维的保水率高，对干燥的效果并无利，而且纤维难于做到细化。且由于纤维侧面的微孔尺寸较大，降低了织物的强度。

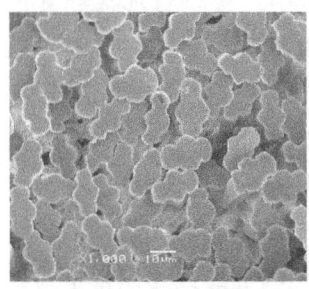

图2-7-1 十字形纤维横截面　　图2-7-2 十字形纤维纵表面　　图2-7-3 中空侧孔纤维

诸多关于织物舒适性的研究表明，织物的吸湿、排汗、速干整体过程中，第一步汗液对织物的润湿是实现吸湿、排汗、速干过程最为关键的控制步骤。然而，聚酯纤维本身的化学结构并不具有吸湿性基团，汗液难于快速地浸润织物，而没有浸润就不会发生下一步的利用纤维间毛细效应的汗液传输与扩散，因此，润湿成为解决织物穿着舒适性最重要的控制步骤。图2-7-4~图

2-7-6的纤维是采用含有磺酸盐和聚醚等吸湿性基团和纳米粉体的聚酯母粒与常规聚酯按一定比例共混纺丝制成的异形纤维，将吸湿性基团和纳米粉体引入纤维，再将织物经适度碱减量处理，同时获得了几种效果：纤维的亲水化，纤维截面的异形化，纤维表面的粗糙化，内部微孔化。这样使得该纤维的织物具有更加优异的吸湿、排汗、速干功能。当然如果直接将采用含有磺酸盐和聚醚等吸湿性基团和纳米粉体的聚酯纺制成纤维更佳，但是会增加成本。图2-7-7是使用了添加 $BaSO_4$ 等可溶性盐类的聚酯纺制的中空纤维，将其织物经碱减量处理后将可溶性盐溶除，形成与纤维中空孔贯通的微细孔洞，与图2-7-3不同的是侧面微孔更加细小且分布均匀，对纤维强度影响很小。倘若在芯层中添加功能性材料，则可用于织造具有缓释效果的相关功能性纺织品。图2-7-8是单纤维线密度0.06dtex（直径约2μm）的超细纤维织物。这些纤维的设计理念都是利用纤维间的毛细效应，实现汗液在构成织物纤维间的传输与扩散并蒸发入空气中。

图2-7-4　表面沟槽粗糙化

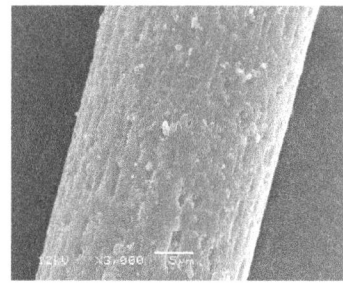
图2-7-5　表面凹凸微坑粗糙化

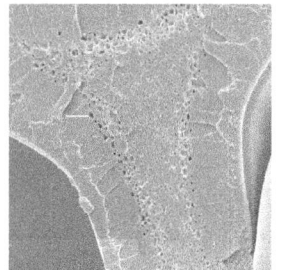
图2-7-6　内部微孔异形截面纤维

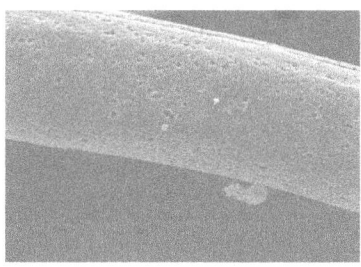
图2-7-7　中空侧表面微孔纤维

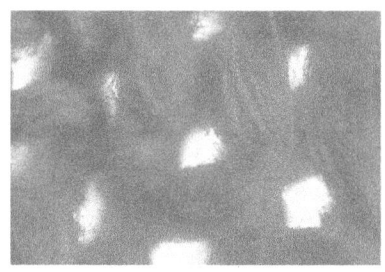
图2-7-8　0.06dtex超细纤维织物

据说，也有将吸湿性能较好的聚酰胺类与聚酯共混纺丝的事例，其设计思路可能是试图将具有较好吸湿性能的酰胺键引入聚酯大分子链。但是实施过程最好是将含酰胺键的单体与聚酯的单体共聚，且添加量不可过少，会增加成本。还有将脂肪族酯单体及间苯二甲酸–5–磺酸盐类单体与 PTA 及 EG 的共聚物纺制纤维的事例，但是据说在后续织物的碱减量过程中不易控制织物力学性能。

2.7.2 高收缩纤维

高收缩纤维实质上是一种具有潜在热收缩性能的功能性纤维。以熔体纺丝法的聚酯纤维为例，常规的聚酯纤维是将聚酯熔体先行纺丝制备成初生纤维，而后将其在玻璃化转变温度附近条件下拉伸，使大分子取向，而后再将其在结晶温度条件下热定型，热定型过程中大分子发生收缩并结晶，大分子链的运动受到约束，不易再发生相对滑移，提高了纤维的尺寸稳定性。

与常规纤维生产工艺不同，高收缩聚酯纤维是将初生纤维在其玻璃化温度下拉伸，但应当在低于其结晶温度下定型，使大分子处于一种取向而未结晶的不稳定结构状态，大分子内部具有很强的内应力。一旦该纤维遇到高于其原来定型温度的环境时，便会发生大分子的结晶与解取向，达到在该温度条件下的稳定结构状态，宏观上表现为尺寸的收缩。这就是高收缩纤维的制备机理和纤维发生热收缩的过程。因此也可以认为高收缩纤维是一种具有潜在热收缩性能的记忆性纤维。图 2–7–9 描述了高收缩纤维生产的基本原理。

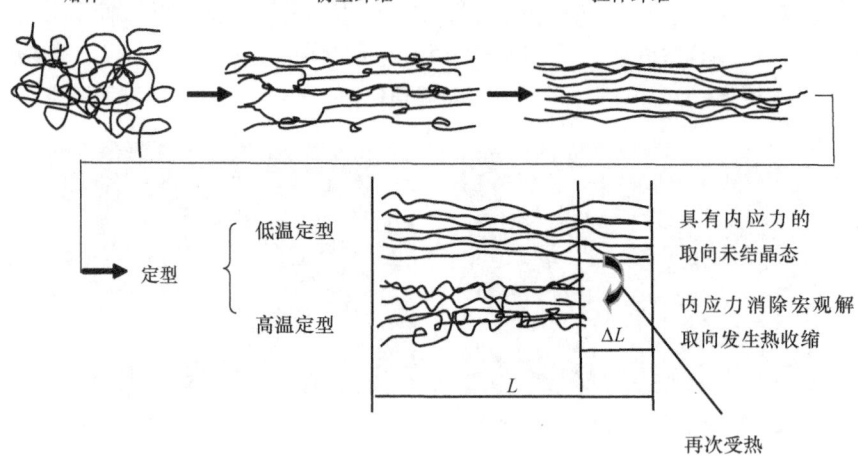

图 2–7–9　纤维高收缩功能形成基本原理示意图

　　倘若使用常规聚酯为原料，通过上述生产高收缩纤维的加工原理，是可以制得具有高收缩性能纤维的。然而，这种处于高度取向状态的PET纤维，由于结构规整的聚酯大分子很易发生取向诱导结晶效应，会在存放环境条件下逐渐发生结晶，且该纤维在放置过程中的残余热收缩率会伴随存放时间的延长而降低，亦即它不具有良好的热收缩率经时稳定性。因此，用于制备具有收缩率经时稳定性优良的高收缩纤维应当使用一种改性聚酯（HSPET）为原料，这种改性聚酯必须具有难于结晶的性能，以保证纤维具有在存放过程中的收缩率经时稳定性。这种改性的聚酯通常是在聚酯合成时，同时添加适量间苯二甲酸、环己烷二甲醇、新戊二醇等单体与之共聚，得到结构不规整的共聚酯，在图2–7–10的DSC谱图上显示出随着由C–2至C–5改性单体添加量的增加，冷结晶峰温度升高，同时结晶峰形也逐渐变得呈扁平状；熔融峰温度也逐渐降低且峰形变得扁平。经预结晶后高收缩聚酯由C–1至C–5的X射线衍射图（图2–7–11），同样显示出随着改性单体添加量的增加，衍射峰逐渐变得平坦，最终衍射峰消失了。这些研究结果均表现出随改性单体添加量的增加，HSPET结晶能力的下降。这样，由图2–7–12可见，改性的HSPET高收缩纤维在存放30天后，收缩率只降低了2%。

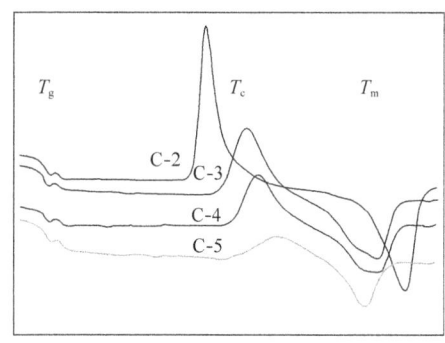

图2–7–10　高收缩聚酯的
　　　　　DSC曲线

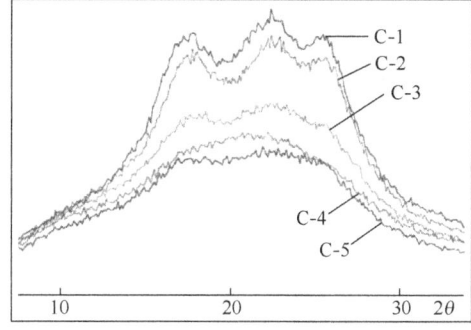

图2–7–11　高收缩聚酯的X
　　　　　射线衍射图

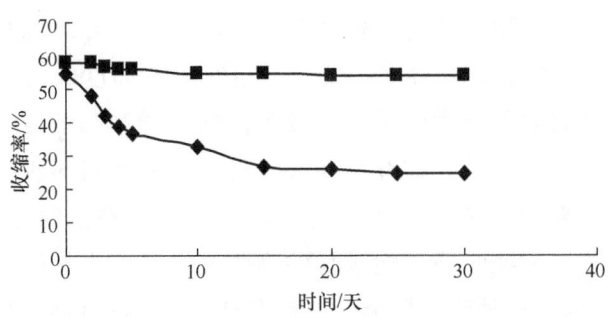

图 2 – 7 – 12　高收缩聚酯纤维的收缩率经时稳定性

■—HSPET 高收缩纤维　　◆—常规 PET 高收缩纤维

　　显然，具有较高收缩率且经时稳定性良好的高收缩纤维的制备应当采取化学与物理改性相结合的技术来实现。而高收缩纤维的收缩率可以通过如下途径来调控，即 HSPET 的化学结构，纺丝及拉伸、定型工艺的调整。聚酯纤维、聚丙烯纤维、聚丙烯腈纤维等，均可以依据同样的机理获得具有经时稳定性良好的高收缩性能的纤维。同样，也可以把改性聚酯制成具有高收缩性能的薄膜。

　　高收缩纤维在海岛型复合纤维应用中是必须的。通常的海岛型复合纤维的海/岛质量组成比为（20～30）：（80～70），倘若单独使用海岛型复合纤维织造织物，经碱减量处理溶除海组分后，织物将变成类似"纱布"样的稀松结构。因此，通常是预先将海岛型复合纤维与干热收缩率为 35%～45% 的高收缩聚酯纤维合股，用这样的纱线织造成织物后，经碱减量处理溶除海组分完成开纤后的超细纤维织物再行热处理时，其中的潜在性高收缩纤维发生收缩，使织物组织结构变得紧密，同时使织物中的超细纤维拱出布面，经磨毛处理后制成绒面结构的仿麂皮类织物。依据应用的需求，可以通过控制高收缩纤维的收缩率以及热处理的温度来控制超细纤维浮出布面的长度以及经磨毛处理后产生绒毛的效果。

　　腈纶膨体纱也是采用了两种热收缩率不同的纤维混纤而成。其中一部分腈纶毛条为已经过热定型的，另一部分未经过热定型；将两部分纤维经多次并条均匀混纤后进行热蒸处理，其中的高收缩纤维发生收缩，将已预先经过热定型的纤维变得蓬松，便得到适宜做毛线或其他织物用的蓬松性良好的膨体毛条。利用高收缩纤维与常规纤维交络、包覆、混纺、织造，再经后处理可使织物手感丰满，结构密实，乃至具有防水、透气功能。可用于织造绉类织物、凹凸构造的织物、提花类织物等，会带来易染效果；还可用作膨体纱、毛毯、人造毛皮等。利用 PET 高收缩纤维回潮率低的特性，还适合作电缆线、变压器导线的包覆材料等。

2.7.3　弹性纤维

所谓弹性纤维是将该纤维拉伸至其长度的数倍后，解除张力，该纤维可以恢复到原长的 90% 或更高的一类纤维。弹性纤维有多种，如聚氨酯弹性纤维——氨纶（莱卡、PU）、聚醚酯类（PBT—CO—PTMG）弹性纤维、共聚酰胺类（PA—CO—PTMG）弹性纤维、聚丙烯酸酯弹性纤维及硬弹性聚丙烯纤维等。还有一类依据纤维的物理结构和超分子结构设计的弹性纤维，如PET—PTT、HSPET—PTT 及其他组合的并列复合纤维。此类纤维是利用两种热收缩性能不同的聚合物构成的并列复合纤维。也有利用同为 PET 的 POY 与FDY 纤维合股构成的复合纱线（也有称为 ITY），利用它们之间的热收缩差异实现织物的蓬松性。还有一种利用控制纺丝过程纤维单侧激冷而形成两侧不同取向结构的纤维等。不同类型纤维的弹性形成机理有别，弹性效果也不同。

2.7.3.1　聚氨酯弹性纤维——氨纶（莱卡、PU）

聚氨酯纤维是现有弹性纤维中弹性最佳、生产量最大的纤维品种。它是以芳香族二异氰酸酯为硬段，以脂肪族聚醚或脂肪族聚酯为软段构成的嵌段聚氨酯纺制的纤维。先以 1：2（摩尔比）的脂肪族聚酯（或脂肪族聚醚）和芳香族二异氰酸酯合成具有异氰酸酯端基的预聚体，再将其用小分子的带有活泼氢的二元醇（或二元胺）双官能团化合物进行扩链反应，即可得到嵌段聚氨酯。通常聚氨酯弹性纤维中，聚氨酯链段的含量不应低于 80%。氨纶的生产方法可用干法、湿法及熔法纺丝等多种工艺。干法纺丝成型工艺较为多用，即将聚氨酯溶解于二甲基甲酰胺（DMF）或二甲基乙酰胺（DMA）制备成纺丝原液，而后用计量泵均匀、定量地挤入纺丝组件，原液从喷丝头的小孔吐出，进入充有热氮气的纺丝甬道，初生纤维内的溶剂在高温氮气环境下自丝条内层向外层迁移并扩散入环境中，呈气相的溶剂随氮气带出甬道送去回收并重新再利用。丝条内的聚氨酯溶液浓度随溶剂的逸出逐渐提高而凝固成纤维。控制缓和的溶剂逸出过程，可得到圆形横截面的纤维（图 2 – 7 –

13），但是通常的氨纶会发生几根单纤维相互粘连的状态（图2-7-14），但在纺织加工时稍加拉伸力便会散开成单纤状。干纺法氨纶纱（图2-7-15）的断裂强度为1.2~1.5cN/dtex，断裂伸长率可以达到600%或更高，将该纤维加外力伸长3倍，解除张力后的弹性回复率可达96%以上。聚氨酯纤维可以裸丝、包芯纱或包缠纱等形式使用，只需在经纱或/和纬纱中交织入5%以下的氨纶，即可获得具有优异的双面或四面弹织物。聚氨酯纤维的另一种生产方法是采用熔融法纺丝，比上述干法纺丝的生产要简单。是将聚氨酯的预聚体及少量增塑剂用螺杆挤出机熔融挤出，在挤出机机头出口处定量地加入扩链剂并均匀混合，聚氨酯会快速地发生扩链反应，随后经计量泵挤入纺丝组件，从喷丝头的小孔吐出，进入冷却的空气环境中凝固成纤维。此法生产的纤维（图2-7-16）断裂强度约在2.5cN/dtex，断裂伸长率可以达到300%，将该纤维加外力伸长1.5倍的弹性回复率在92%以上。

图2-7-13　干纺法氨纶横截面

图2-7-14　干纺法氨纶纵表面

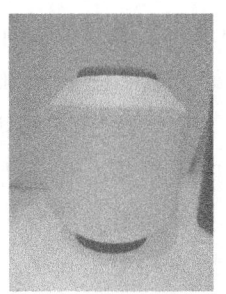

图2-7-15　干纺法氨纶纱
（见彩图）

图2-7-16　熔融法氨纶色丝
（见彩图）

聚氨酯纤维弹性的形成机理是硬段的聚氨酯形成网络结点，而在聚氨酯网络结点间连接着柔性链段脂肪族聚酯（或脂肪族聚醚）。上述的聚氨酯链段间形成的网络交联点，可能会有两种机理形成，一是由于聚氨酯间氢键的相互作用而形成的物理交联，另一种则是聚氨酯硬链段之间产生的化学交联。聚氨酯链段为纤维提供良好的力学性能，而脂肪族聚酯或脂肪族聚醚柔性链段为纤维提供着优异的伸长变形能力。

当前的纺织界常有一种"无弹不成衣"的说法，显示着服装业界对弹性纤维的青睐，几乎在服装面料中都要添加3% ~6%的弹性纤维，出现了"双面弹""四面弹"等具有弹性功能的面料。图2 –7 –17、图2 –7 –18是添加氨纶的弹性编织带及泳装。

 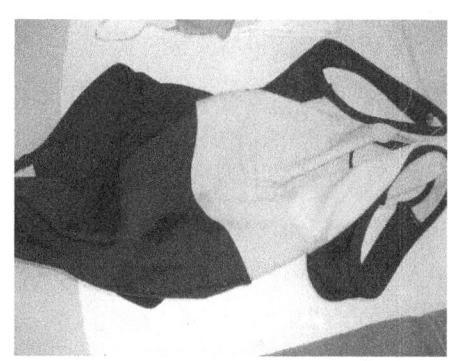

图2 –7 –17 氨纶弹性编织带   图2 –7 –18 氨纶加弹PA6纤维泳衣

2.7.3.2 聚酯类三维立体卷曲并列复合弹性纤维

三维立体卷曲并列复合纤维也是弹性纤维的品种之一，早已有研究却在近年才活跃于市场。其弹性不及氨纶，断裂伸长率约200%，弹性回复率（伸长25%时）在92%以上，可满足一般弹性服用织物需求。但它在耐日晒、耐氯漂、耐高温染色（可以与聚酯纤维等同浴染色）以及低成本等方面的优点是氨纶无法比拟的。因此，两者在应用领域可实现互补。该纤维的低模量使其用作袖口、领口和袜口时，对人体全无压迫感，适于在紧身裤、弹力牛仔裤和各类中高档运动服、风格别致的新型服装面料及医用绷带、护膝及脉管炎病人护腿等领域使用。

为使双组分并列复合纤维获得三维立体卷曲结构，需要满足以下几个条件：

（1）两组分的相容性是构成并列结构的必要条件。以 PET 与 PTT 双组分构成的并列复合纤维能够很好地相互黏合。而以 PET 与 PA6 两个相容性欠佳的组分纺制的并列复合纤维，发现熔体离开喷丝孔口后，一旦冷却固化并稍加拉伸便会自然剥离成两根单纤维。将该纤维用酸性染料染色后显现出如图2-7-19所示的完全分隔开的两种不同颜色的纤维，即 PA6 组分被上染，PET 组分未被上染。

（2）构成并列复合纤维的两组分必须具有足够的热收缩差异。这首先是要求选择的两个高聚物组分具有适宜的玻璃化转变温度，冷结晶温度等热性能。在纤维制造过程中使其中的一个组分（如 PET）具有"高取向、低结晶（或不结晶）结构"，亦即处于一种潜在的高收缩结构状态；而另一组分（如 PTT）在加工过程中必须形成取向并结晶的结构状态，不具有潜在的热收缩性能。由这样两组分构成的并列型复合纤维再次受热时，PET 组分发生较大收缩，PTT 收缩很小，两者的热收缩差异使得形成卷曲效果。如果采用纺丝、拉伸而后再定型两步法工艺时，另有一个重要的关键是在加工过程中，处于具有"高取向、低结晶（或不结晶）"的潜在高收缩结构的组分应当具有在放置过程中的结构稳定性，才可以保证初生纤维收缩性能的经时稳定性，以及最终并列复合纤维卷曲结构和弹性的稳定性。因此原料组合的选择是非常重要的。倘若采用纺丝、拉伸、定型一步法工艺直接获得并列复合纤维成品是最佳的生产工艺，无须考虑上述的麻烦。

（3）具有"哑铃型"（图2-7-20）截面结构的双组分并列复合纤维可表现出最佳弹性，遇热后可形成如图2-7-21所示的良好卷曲形态。并列复合纤维横截面形态结构的形成与两组分的体积组成比及两组分在纺丝工艺条件下的熔体黏度比相关。当两组分的体积组成比为 50/50 时，可以得到图2-7-22所示卷曲半径最小，单位长度卷曲数最多的纤维，此时纤维的弹性伸长率和弹性回复率最佳。

图2-7-19　不相容聚合物
并列纤维（见彩图）

图2-7-20　哑铃型并列
复合纤维横截面

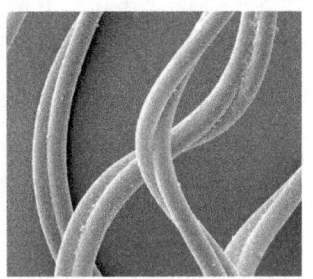

图2-7-21　哑铃型并列
复合纤维纵表面

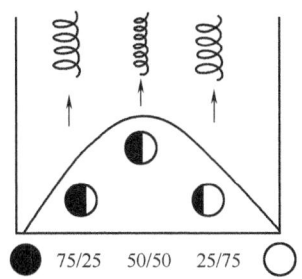

图 2 - 7 - 22　两组分体积组成比与卷曲性能关系示意图

当 A、B 两组分在纺丝工艺条件下的熔体黏度差异分别为如图 2 - 7 - 23 所示的条件时，则会形成不同的形态结构及不同的纤维性能。当两组分在纺丝工艺条件下的熔体黏度近似相等（$\eta_A = \eta_B$）时，纤维截面形状最为理想；若两组分的熔体黏度差异相差较大时，则会出现"稀"包"稠"的现象，即熔体黏度高者更倾向于成球状，被熔体黏度相对较低者所包围。此时，纤维并列结构的不对称性不良，难于得到卷曲效果良好及具有优良弹性的纤维。而纺丝工艺条件下的熔体黏度差异可以通过多种途径加以调整，即凡是影响聚合物熔体黏度的因素均可作为调整的措施：原料的相对分子质量；两组分熔体黏度对于纺丝熔体温度的依赖性；纺丝时的熔体剪切速率，包括孔径，熔体吐出速率等；聚合物原料的热性能等。当然，只是体积比为 50/50 尚不足以使并列复合纤维的形态构成"哑铃型"，还需要使得两组分各自均具有较高的表面张力，以达到两组分各自形成球状的趋势。

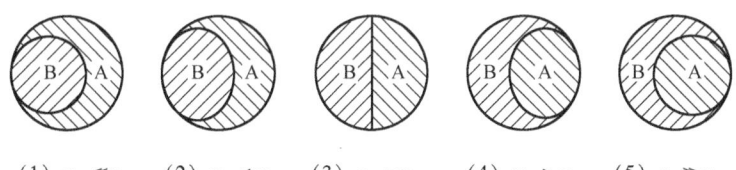

（1）$\eta_A \ll \eta_B$　（2）$\eta_A < \eta_B$　（3）$\eta_A = \eta_B$　（4）$\eta_A > \eta_B$　（5）$\eta_A \gg \eta_B$

图 2 - 7 - 23　A 和 B 组分熔体黏度比的变化对并列复合纤维横截面的影响

（4）织造成织物后必须有适宜的热处理条件才能获得如图 2 - 7 - 24 所示最佳的三维立体卷曲弹性效果。仅有上述形态结构的形成，纤维尚不能显示出良好弹性。欲使上述纤维在织物上显现出良好的弹性，需要设计较为疏松的织物组织结构，还需要有适宜的织物热处理工艺，才能保证纤维充分地从潜在的弹性结构转化为宏观的三维立体卷曲结构，从而赋予织物弹性。所述热处理工艺包括热处理温度、张力（紧张或松弛）状态以及热处理环境（湿热或干热）等。市售的此类纤维主要是类似美国杜邦 Dupont 公司商品名为T－400 的 PET—PTT 并列复合长丝产品，也有使用色母粒直接纺制如图 2－7－25 所示的有色并列复合纤维。这种色母粒着色纤维可以解决如图 2－7－26 所示 PET—PTT并列复合纤维在常压下染色时，只能使 PTT 组分上染，而 PET 不能上染的问题。市场上还有此类短纤维出售，用作羽绒服装的羽绒替代品以及枕芯、毛绒玩具的填充物。作者研发的以 HSPET—PTT 构成的并列复合纤维在分散染料常压沸染时，如图 2－7－27 所示，两组分均可上染更有利于在弹力羊毛、羊绒及丝绸织物领域应用。控制拉伸与定型工艺条件并与织物热定型工艺相配合，可以得到平整的弹性织物，若调整并列复合纤维生产过程的拉伸与定型工艺条件也可以得到如彩图 2－7－28 所示特殊的无规绉类弹性织物。

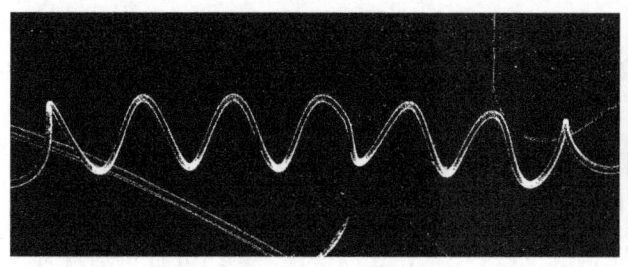 

图 2－7－24　并列复合纤维的三维立体卷曲状态　　图 2－7－25　母粒着色并列
复合纤维（见彩图）

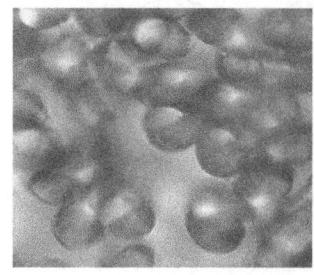 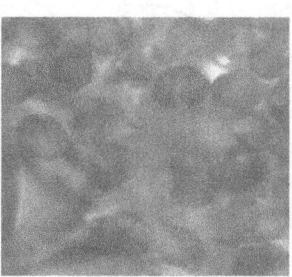 

图 2－7－26　PET—PTT　　图 2－7－27　HSPET—PTT　　图 2－7－28　并列复合纤维
并列复合纤维（见彩图）　　并列复合纤维（见彩图）　　的绉类织物（见彩图）

2.7.3.3 POY/FDY（ITY）复合纱线

众所周知，PET 纤维的 POY 具有高取向而未结晶结构，而 FDY 则具有取向且结晶的结构。如将一束 POY 与一束 FDY 合股加捻成一束纱线，当将它加热时，POY 会呈直线状收缩，而不收缩的 FDY 呈弯曲状包覆于 POY 的周围，形成一根蓬松的纱线。市场上称其为 ITY。此类蓬松性纤维的成型机理与上述并列复合弹性纤维相同，只是两束热收缩性能不同的纤维不是互相粘连的，只是将两束纤维合股，并通过网络或加捻相互缠结而成一束纤维。

ITY 可以采用两种工艺制造（图 2 - 7 - 29），早先是两步法，即预先制成 POY 及 FDY，而后合股加捻为一束丝；近来是在同一机台的两个纺丝部位分别加工 POY 及 FDY，并即时合股加网络缠结成一束丝，称为一步法。该纤维遇热时，便会成如图 2 - 7 - 30 蓬松状纱线。倘若将此类纤维做成的织物，经热处理后可赋予织物一种新颖的风格，而且其中的 POY 可常压深染，FDY 却只能染浅色，得到一种异色效应织物（图 2 - 7 - 31）。

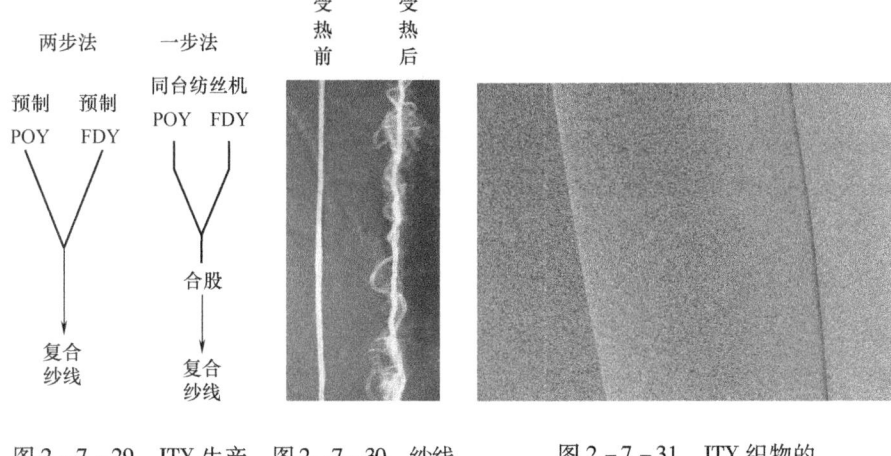

图 2 - 7 - 29　ITY 生产　　图 2 - 7 - 30　纱线　　　图 2 - 7 - 31　ITY 织物的
　　工艺流程示意图　　　受热前后的形态　　　　异色效应（见彩图）

2.7.4　皮芯型复合纤维

皮芯型复合纤维是由两种不同材质或具有不同功能的高聚物分别构成复合纤维的皮层和芯层，以求实现所需要的性能。较早出现于市场的是以具有较低熔融温度（136℃）的 PE 为皮层，以熔融温度较高（166℃）的 PP 为芯层的复合纤维（市场商品名为 ES 纤维）。ES 纤维主要用作热黏合纤维，即将其与 PP 短纤维以一定比例均匀混合、梳理、成网、热轧（热轧温度选择在 PP 与 PE 两者熔融温度范围之间）制成非织造布。为提高非织造布的刚性，也出现了以低熔点 COPET 为皮层，PET 为芯层的皮芯型复合纤维。还有使用 PET 为芯层，以 PA6 为皮层构成的皮芯型复合纤维，利用 PA6 的柔软性能，同时又可降低生产成本；也有以 PET 瓶片回收料为芯层，既可进一步降低成本，又实现资源的回收利用。也可利用 PET 的刚性作为皮芯复合纤维的芯层，而利用 PA6 的优良浸胶性能作为皮层，构成皮芯复合型轮胎帘子线。用于轮胎帘子线时，为了保证帘子线的高强、高模性能，必须很好地解决 PA6 与 PET 两种组分间的良好相容性，使两者形成如图 2-7-32 所示的一体结构，而不能如图 2-7-33 所示的皮芯间存在间隙状。皮芯层间间隙的存在会导致纤维力学性能的下降，这可在纤维的拉伸曲线上发现。皮芯复合纤维的另一种应用领域是，用其中的一种具有功能性的材料来对另一组分进行改性，赋予纤维功能性。例如一种含有高组成比例吸湿基团聚乙二醇（PEG）的热塑性聚酯弹性体（TPEE），具有非常优异的吸湿性能（回潮率可达 6.2%）、抗静电性能（体积比电阻 $10^6 \Omega \cdot cm$），柔性很大的醚键又使它具有 $-35℃$ 以下的玻璃化转变温度，故极易用分散染料在低温下深染。图 2-7-34 是用阳离子染料染色的以 TPEE 为芯层，阳离子染料可染聚酯（ECDP）为皮层的复合纤维光学显微镜图像，显示出皮层上染，芯层未上染。而用分散染料染色的以聚丙烯为皮层，TPEE 为芯层的如图 2-7-35 所示的复合纤维则显示了皮层未上染，芯层上染的效果。TPEE 为此类复合纤维带来了吸湿性、可染性和抗静电性能的改善。如果将上述皮芯复合纤维做成如图 2-7-36 所示的偏心型复合纤维，使其中一部分皮层很薄，而后通过碱减量技术将芯层的 TPEE 溶除，便可以得到如图 2-7-37 所示的 C 形断面结构纤维，供织制具有吸湿排汗等功能的织物。

纺制皮芯复合纤维时，要使用如图 2-7-38 所示的特殊纺丝组件。从皮层及芯层组分的入口处输入不同成分的熔体或溶液，皮、芯层组分由喷丝孔口挤出后获得皮芯复合纤维。如果芯层换以空气或氮气时，则纺制的纤维即是中空纤维。

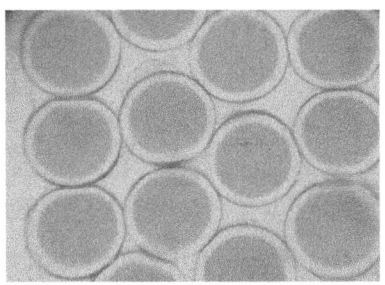

图 2 - 7 - 32　皮芯组分相容性
良好的复合纤维（见彩图）

图 2 - 7 - 33　皮芯组分相容性
不良的复合纤维

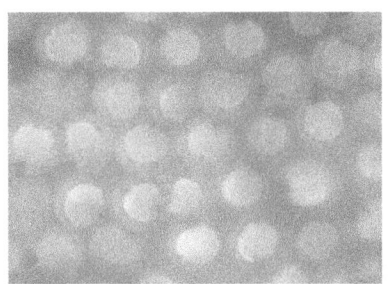

图 2 - 7 - 34　ECDP/TPEE
皮芯复合纤维（见彩图）

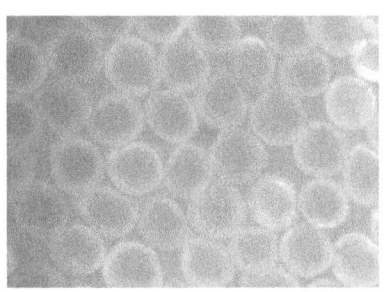

图 2 - 7 - 35　PP/TPEE 皮芯
复合纤维（见彩图）

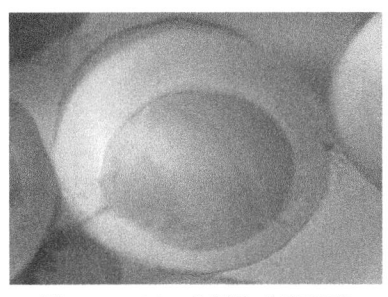

图 2 - 7 - 36　芯层为共聚醚酯
的偏芯型复合纤维

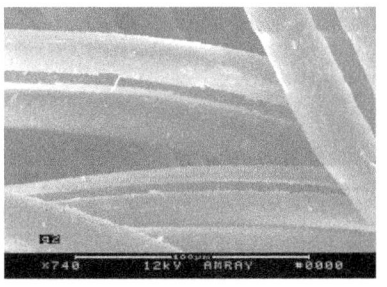

图 2 - 7 - 37　溶除芯层后的
C 形开口纤维

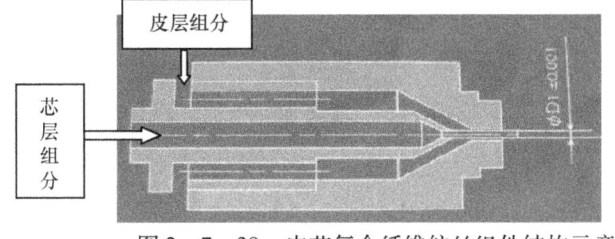

图 2 - 7 - 38　皮芯复合纤维纺丝组件结构示意图

— 133 —

2.7.5 吸湿、可染及抗静电聚丙烯纤维

聚丙烯为纯碳氢键结构，无可与染料结合的染座，结晶性能极佳，故不可染色，通常是将颜料或染料与载体均匀混合成高浓度色母粒，再将母粒与聚丙烯切片按一定比例共混纺丝使纤维着色。此外，还有将含有染色基团的单体与聚丙烯接枝共聚或将聚丙烯与可染聚合物共混改性的纺丝技术，可实现聚丙烯纤维可染。上节叙述的是将 TPEE 与其他可熔纺成纤高聚物制成皮芯复合纤维，利用 TPEE 的吸湿、可染、抗静电功能来对常规成纤高聚物进行改性。利用共混技术将 TPEE 与聚丙烯共混也可实现对聚丙烯的多种功能改性。图2-7-39~图2-7-41是聚丙烯与 TPEE 共混纺制的可用分散染料常压染色的纤维，扫描电镜照片图2-7-42显示 TPEE 是以分散相分布于聚丙烯之中（试样预先用热碱液处理溶除其中 TPEE），在聚丙烯与 TPEE 两相之间存在着明显界面，染料可以通过界面间隙进入纤维内部使 TPEE 上染。而图2-7-43是以聚丙烯为皮层，可染色 TPEE 为芯层的分散染料常压染色皮芯型复合纤维，由于芯层上染，而皮层未上染，显示出一种"朦胧色"的效果。倘若再在上述皮芯型复合纤维的皮层中适量地共混入 TPEE，则可得到如图2-7-44所示的皮芯均可上染的聚丙烯纤维。TPEE 与聚丙烯的复合或共混改性，同时赋予了纤维吸湿性、染色性和抗静电性能。

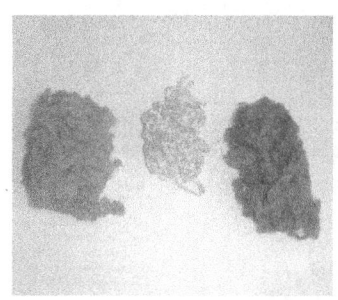 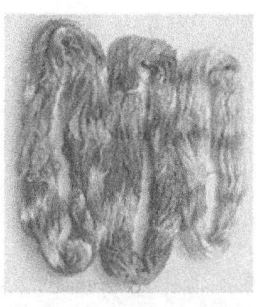 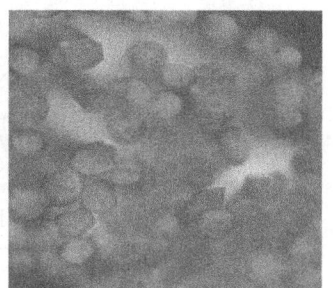

图2-7-39　分散染料常压　　　图2-7-40　色彩斑斓的　　　图2-7-41　PP—TPEE
染色 PP 纤维（见彩图）　　　段染 PP 纤维（见彩图）　　　共混纤维（见彩图）

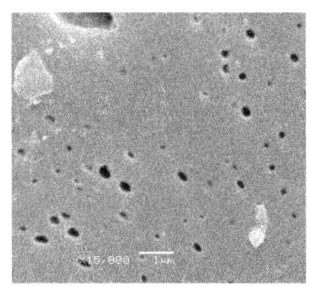
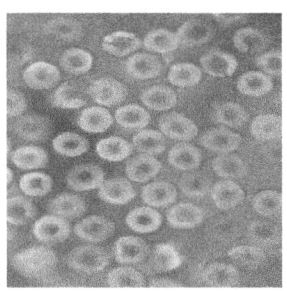
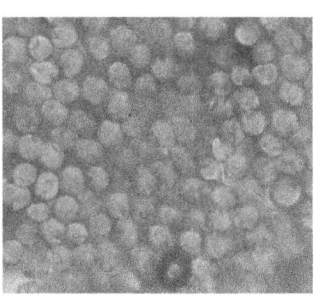

图 2 - 7 - 42　PP—TPEE
共混纤维断面（见彩图）

图 2 - 7 - 43　PP—TPEE
皮芯复合纤维（见彩图）

图 2 - 7 - 44　（PP/TPEE）—
TPEE 皮芯复合纤维（见彩图）

2.7.6　阻燃纤维

在某些特殊的场合，如救火队员、炼钢工人、电焊工、化工厂工人、炼油厂工人以及油田钻井工人等穿着的工装以及部队战士的作战服都需要阻燃功能，同时还需要既阻燃又无熔滴的要求，以避免二次烫伤。而在许多民用场合，如宾馆、会堂、舞台的装饰以至于飞机、火车和汽车等交通工具的坐椅套、窗帘、床上用具等内装饰以及儿童服装等同样应当具备阻燃功能。

阻燃性能通常是采用极限氧指数（LOI）来表征的。空气中的氧气质量比为 21%，因此当试样材料在氧气含量大于 21% 的环境中不发生燃烧时，即认为具有阻燃效果。将试样材料刚刚可以开始燃烧时，氮氧混合气体中的氧气含量数值称为极限氧指数。可见，LOI 数值越高，表明材料的阻燃性能越佳，一般认为纤维材料的 LOI 值高于 27% 时才可称为阻燃纤维。有些纤维材料其自身即具有阻燃功能，如图 2 - 7 - 45、图 2 - 7 - 46 所示的芳纶 1313、芳纶 1414 一类芳香族聚酰胺纤维及聚对亚苯基苯并双噁唑（PBO）纤维等。

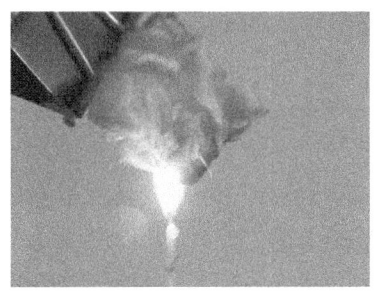
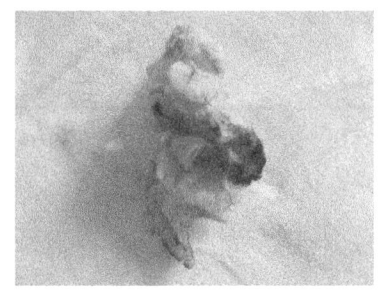

图 2 - 7 - 45　点火中不燃的
芳纶 1313（见彩图）

图 2 - 7 - 46　离火后的
芳纶 1313（见彩图）

如图2-7-47所示可燃的普通粘胶纤维，燃烧后形成了如图2-7-48所示的烟灰状物。可有多种方法将粘胶纤维赋予阻燃功能，一种是将阻燃剂与粘胶溶液共混，例如将焦磷酸酯类磷系有机阻燃剂，或将硅系无机高分子阻燃剂前驱体预先制备成溶胶，与粘胶纺丝原液纺前共混，使其在纤维素大分子中以互穿网络形式存在，如图2-7-49所示的粘胶纤维遇火后便不会燃烧，形成如图2-7-50所示的致密碳化层，保护了纤维与氧气的隔绝，而后自熄。

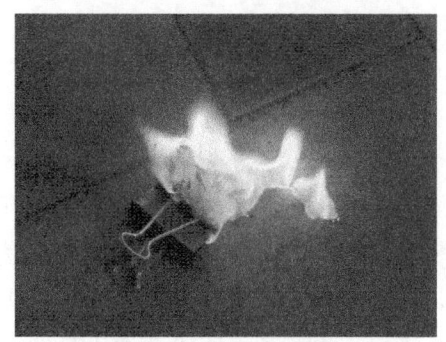

图2-7-47 燃烧中的普通
粘胶纤维（见彩图）

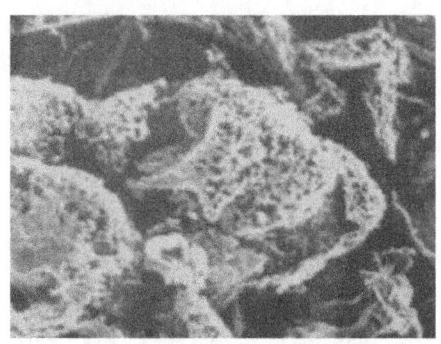

图2-7-48 普通粘胶纤维
燃烧后的烟灰

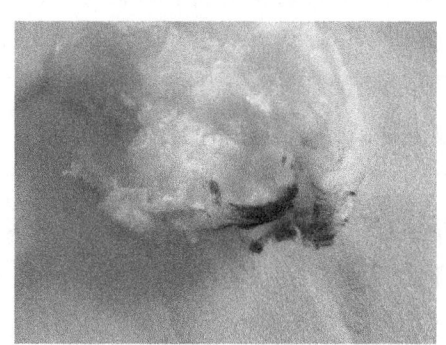

图2-7-49 离火后自熄的阻燃
粘胶纤维（见彩图）

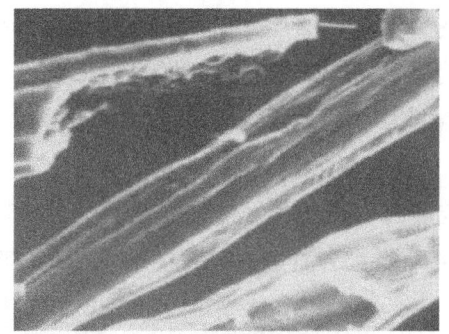

图2-7-50 阻燃粘胶纤维遇火
生成的致密碳化层

由于纤维素纤维本身不熔融，故阻燃粘胶纤维还同时兼具无熔滴的功效。也有将可燃的化学纤维与阻燃粘胶纤维共混使用，以提高该类化学纤维的阻燃性能。另一种纤维的阻燃处理途径是在成纤聚合物合成过程中将阻燃剂单体共聚于成纤高聚物大分子内，例如将含磷或氮的阻燃剂单体共聚于聚酯大分子链，纺制成的改性聚酯纤维即可具有如图2-7-51所示的阻燃效果，纤维遇火不燃烧，但仍会熔融而出现熔滴。对于阻燃聚酯纤维或阻燃聚酰胺纤维的熔滴问题（图2-7-51、图2-7-52），仍然是目前科学工作者正在努力解决的课题。也有将氯乙烯与丙烯腈等共聚，纺制的腈氯纶同样具有阻燃功能。也有使用阻燃剂在织物染整加工过程中对织物进行阻燃整理的技术，成本低，但是它的耐久性能较差，不耐洗涤，适用于织物不需要经常洗涤的场合，例如地毯、舞台幕布、饭店用窗帘等。目前一些先进国家已经有了对儿童服装、公共场所纺织品必须使用阻燃纤维的正式法规，随着人们认识水平的不断提高，在我国阻燃纤维及其织物也将会越来越受到社会的关注。

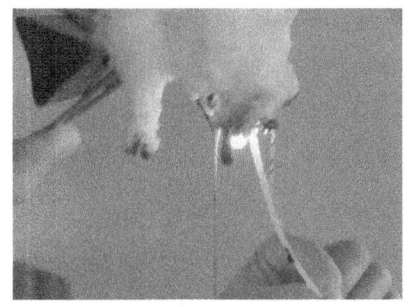 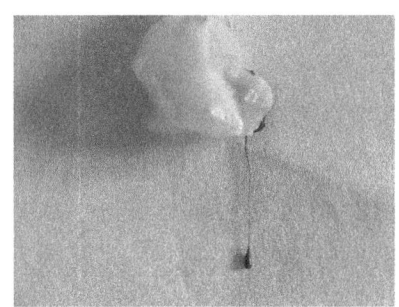

图2-7-51　点火中阻燃 涤纶的熔滴（见彩图）　　　　图2-7-52　离火后阻燃 涤纶的熔滴（见彩图）

2.7.7　纳米粉体及添加纳米粉体改性纤维

可以各种方式将不同纳米或微米级尺寸的无机或有机粉体添加于纤维材料，赋予纤维各种功能。例如，将$2\mu m$级折光指数很大的二氧化钛粉体（图2-7-53）以不同添加量加入纤维，制成微消光（0.05%）、半消光（0.3%）、全消光（2.5%）等不同消光功能级别的纤维，使纤维光泽更加柔和，添加量较多时（大于3%）还能赋予纤维抗紫外线功能。在纤维中添加磁铁粉（图2-7-54）可以制成如图2-7-55所示的磁性纤维，可将该类纤维与树脂制成磁性复合材料，据说磁性纤维具有可发射远红外线功能，还具有屏蔽X射线的功能；添加二氧化锆粉体等也可稍有发射远红外线的功能。但是这些坚硬粉体的添加也会给纤维成型加工和后续纺织加工带来不良影响，易于损坏加工设备罗拉表面。

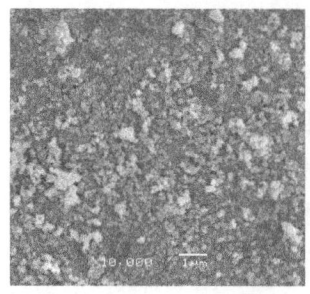

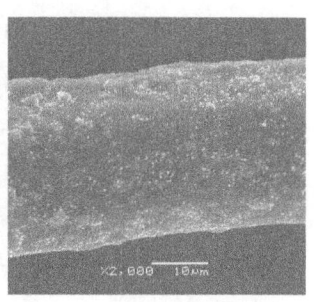

图2-7-53 二氧化钛粉体　　图2-7-54 磁铁粉　　图2-7-55 添加磁粉的聚酯纤维

图2-7-56是将特殊功能的纳米粉体添加于聚酯纤维用于人造血管材料，赋予其抗凝血功能。还有将羽绒、羽毛、羊毛下脚料或汉麻秆等有机材料研磨成微细粉末（图2-7-57、图2-7-58）添加于聚氨酯溶液中，用于合成革表面涂层，赋予其吸湿、透气功能；又提高聚氨酯薄膜的弹性，图2-7-59是添加了不同粉体的聚氨酯薄膜，从图中膜的褶皱角大小即可判断添加有机纳米粉体后对膜的弹性的改善效果。

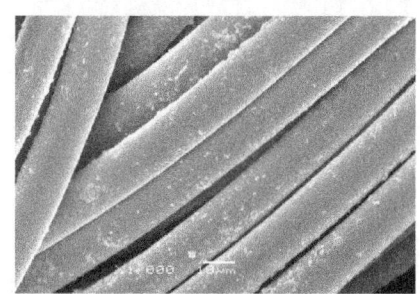

图2-7-56 抗凝血纤维　　　　　图2-7-57 羊毛粉

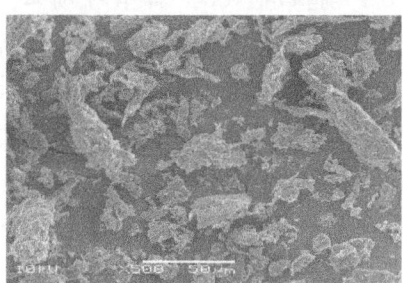

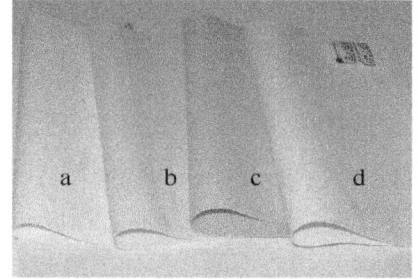

图2-7-58 木屑粉　　　　　2-7-59 添加纳米粉体的聚氨酯膜

未添加粉体的PU膜　b—添加羊毛粉PU膜

c—添加羽绒粉PU膜　d—添加木粉PU膜

"珍珠纤维"是将研磨后的微细珍珠粉末，经表面活性剂处理分散于不同体系的分散液中，将分散液以规定比例均匀分散于粘胶纤维或聚乙烯醇纤维的纺丝液中制得的纤维，市场上称之为"珍珠纤维"（图2 – 7 – 60 ~ 图2 – 7 – 62），该纤维非常滑爽。还可以将 TiO₂ 等粉体添加于 PBS 等聚合物制成具有相应功能的膜（图2 – 7 – 63）。

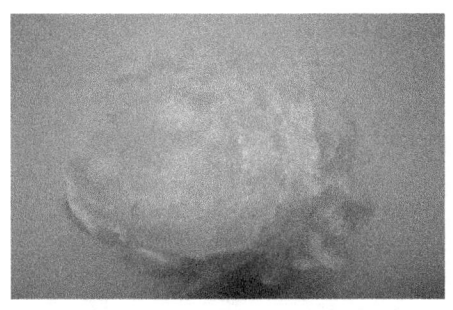

图2 – 7 – 60　添加珍珠粉的
粘胶短纤维

图2 – 7 – 61　添加珍珠粉的
粘胶短纤维纵表面

图2 – 7 – 62　添加珍珠粉的
粘胶短纤维横截面

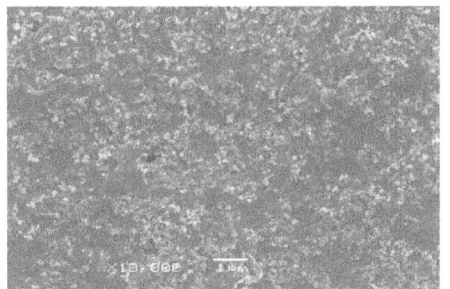

图2 – 7 – 63　添加 TiO₂
粉体的 PBS 膜

2.7.8　异形纤维

通常的熔体纺丝纤维多为圆形横截面（图2 – 7 – 64），与此不同的，具有其他横截面形状的纤维统称为异形纤维。纤维的不同形状会赋予纤维特殊的功能，例如，利用模仿天然蚕丝设计的三角形纤维织造的织物可实现照射光线的全反射效果，可用于织造毛毯、地毯、商标丝或装饰类织物。通常异形纤维的刚性要比同等截面积圆形截面纤维的刚性要大，具有更好的蓬松性能和挺括性。图2 – 7 – 65 ~ 图2 – 7 – 69 分别为十字形、Y 形、五叶形、三角形及波浪形纤维。图2 – 7 – 70 为三色三角形纤维，这些异形纤维具有较大的比表面积和纤维间更为细小的毛细管，借助纤维间或纤维内的毛细效应，可将人体在大运动量时排出的汗液迅速扩散，并快速干燥，提高了服装穿着的舒适性。而同一块喷丝板纺制的三色纤维会给织物带来新的鲜艳色彩。倘若采用特殊形状，同时添加其他特殊物质的多色纤维或可用作防伪标识材料。图 2 - 7 - 71 ~ 图 2 - 7 - 75 则是三角形中空、多孔中空、十字中空以及高达45%的高中空度纤维。中空纤维中间的孔洞可以储存大量空气，具有热传导性差、纤维质轻等特点，可用于棉被、棉衣类保暖品及救生衣等的填充物。

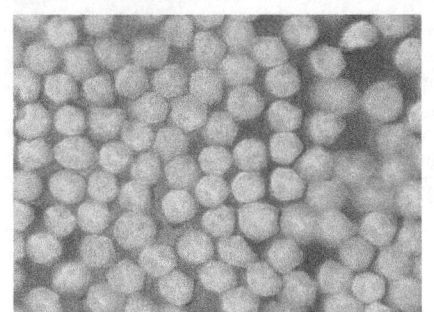

图 2 - 7 - 64　圆形截面纤维

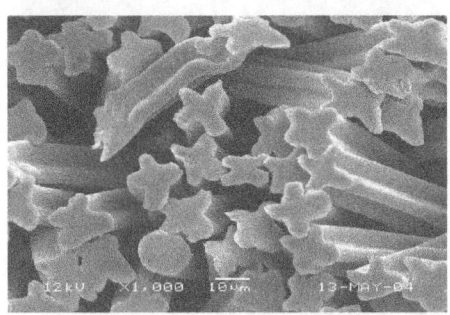

图 2 - 7 - 65　十字形截面纤维

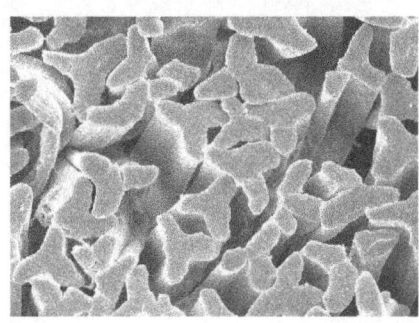

图 2 - 7 - 66　Y 形（三叶形）截面纤维

图 2 - 7 - 67　五叶形截面纤维

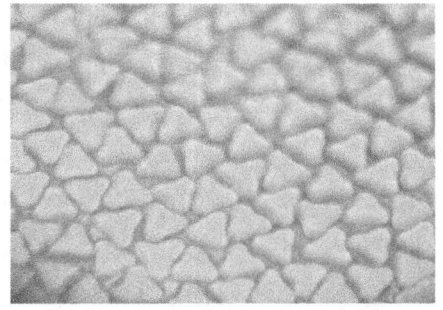

图 2 - 7 - 68　三角形截面纤维（见彩图）

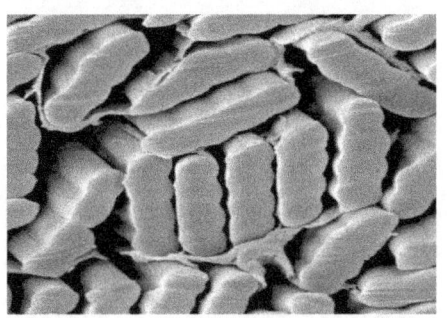

图 2 - 7 - 69　波浪形截面纤维（W 形）

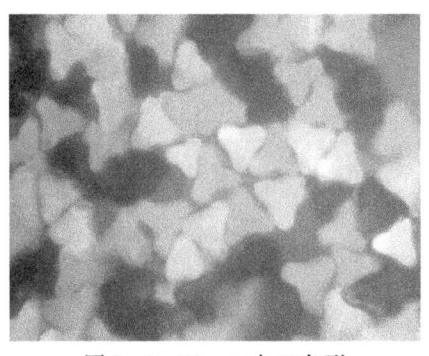

图 2 - 7 - 70　三色三角形
截面纤维（见彩图）

图 2 - 7 - 71　中空三角形
截面纤维（见彩图）

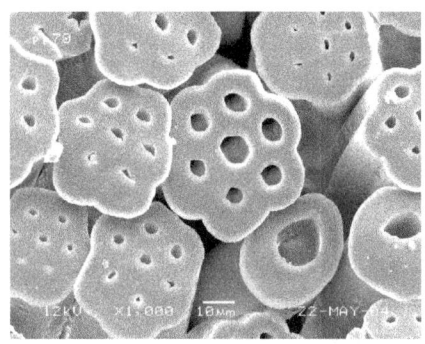

图 2 - 7 - 72　多孔中空纤维

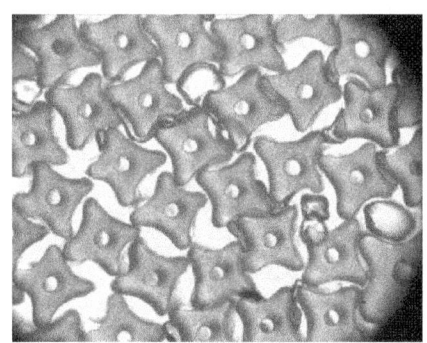

图 2 - 7 - 73　十字中空
纤维（见彩图）

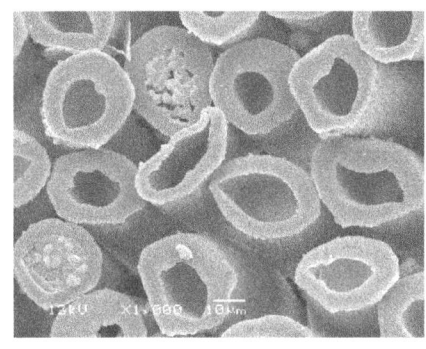

图 2 - 7 - 74　高中空度
（45%）纤维

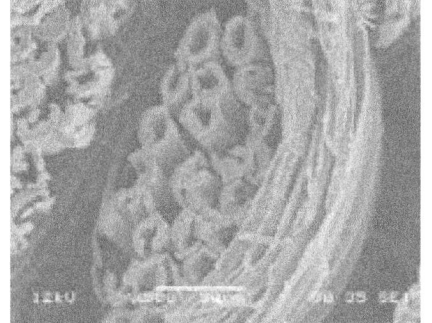

图 2 - 7 - 75　高中空度
纤维织物

纤维形状的变化需要采用相应孔形（图 2 - 7 - 76 ~ 图 2 - 7 - 78）的喷丝板纺制，由于纺丝熔体或溶液流经异形喷丝孔时，会产生较大的摩擦阻力，从而给纤维的成形加工带来很多麻烦，而且为要保证获得所需要形状的纤维必须要有较为强化的冷却吹风条件（熔体纺丝）或丝条凝固条件（溶液纺丝）。

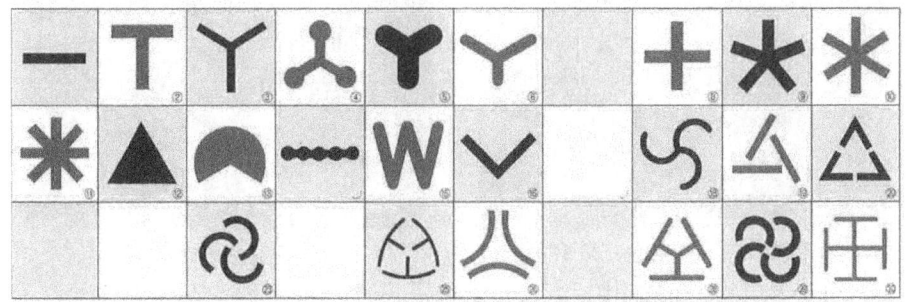

图 2-7-76　纺制异形纤维用喷丝板的孔形

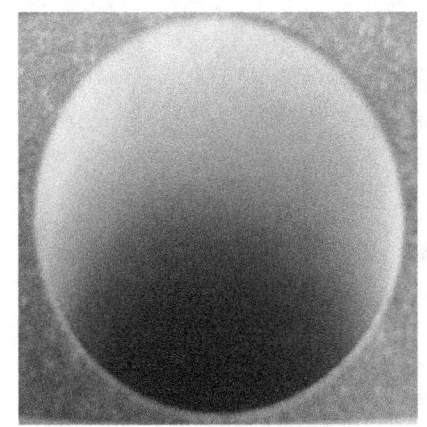

图 2-7-77　普通圆形
纤维喷丝孔

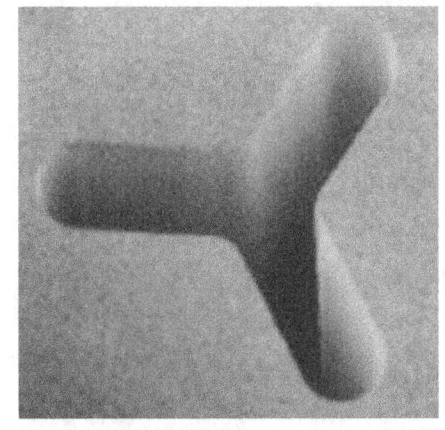

图 2-7-78　Y 形截面
纤维喷丝孔

其中，中空纤维的制造方法大体有如下几种：

（1）向喷丝板中空部位送入惰性气体（适用于熔体纺丝）或惰性液体（适用于溶液湿法纺丝）。

（2）采用熔体纺丝工艺时，使用"C""双C"或"三C"形喷丝孔纺丝，利用纤维卷绕过程的下行速度形成真空的吸引力将空气自然地从缺口处引入初始熔体丝条的狭缝，而后熔体丝条缺口闭合将空气嵌入纤维内部并发生丝条的凝固。

（3）以可溶除性聚合物为芯层组分，不可溶除性聚合物为皮层组分纺制成皮芯形复合纤维，而后再将芯层组分溶除（图 2 - 7 - 74、图 2 - 7 - 75），获得高中空度的纤维。此方法解决了如前两种方法的初生纤维在拉伸过程中被挤压成扁平的问题，可以获得中空度高达 45% ~50% 的中空纤维，但因成本较高，只适用于特殊用途。若在中空纤维制造过程中向聚合物中添加入成孔剂并使其均匀地分散，再从制好的纤维中将成孔剂设法抽除，便可制成管式微孔膜。同理，还可做成平板微孔膜。管式微孔膜和平板微孔膜在医疗卫生、污水处理以及锂电池隔膜等领域都有重要的应用价值。

2.7.9 人工肾血液透析器用中空纤维

医用高分子材料研究已有 50 多年的历史，自 1960 年 Scribner 等建立了动静脉瘘得以用血液净化法治疗慢性肾衰竭以来，血液净化技术得到了飞速的发展，包括血液透析（1960 年始）、血液滤过（1967 年始）、血液透析滤过（在血液透析的基础上，采用高通透性的滤膜，提高超滤率。其目的是在透析清除小分子毒素的同时，增强对中分子毒素的清除作用）等多种方法。此外，还有血浆置换（通过血浆置换以清除致病物质）、血液灌注（1964 年）、免疫吸附（自 1979 年始，它通过选择性吸附或特异吸附，清除体内的致病因子、净化血液）等。现有的体液净化器有：人工肾血液透析器、血液滤过器（模拟正常人肾脏的肾小球滤过原理，以对流或过滤清除血液中的水分子和尿毒症物质）、腹水超滤浓缩回输器（利用膜两侧存在的压力差，使腹水中的低分子物质和水通过超滤膜从腹水中分离出来，而增浓的蛋白和酶则通过静脉返回患者体内，使患者既清除腹水，又补入人体所必需的自身蛋白和酶）、血液浓缩器（采用离心分离技术，把术后多余稀释的血液分离成有形成分——血球为主和血浆、水，然后把血球输回给患者，而血浆及水被丢弃）、人工肝透析器（人工肝是一种血液净化系统，它是在肝功能衰竭时通过人工措施代替部分肝脏功能，让过于劳累的肝脏得以"休息"，使濒死的肝细胞恢复正常或再生）等。

图 2 - 7 - 79 是聚醚砜（PES）中空纤维膜腹水浓缩器，图 2 - 7 - 80 是人工肾的工作原理示意图。血液自人体流出后自透析器一端进入中空纤维内腔，经透析处理再从透析器另一端流出并返回人体。透析液从透析器侧管进入，在中空纤维间流过，从另一侧管流出，血液中新陈代谢的废物，过剩的电解

质和过剩的水透过膜进入透析液，一起排出体外。中通量、高通量的人工肾，除了能去除血液中的尿酸、肌肝等毒素外，还能去除血液中的中分子毒素，如 B12、菊酚等。

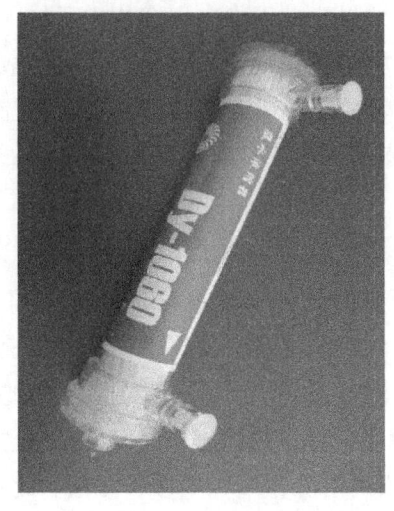

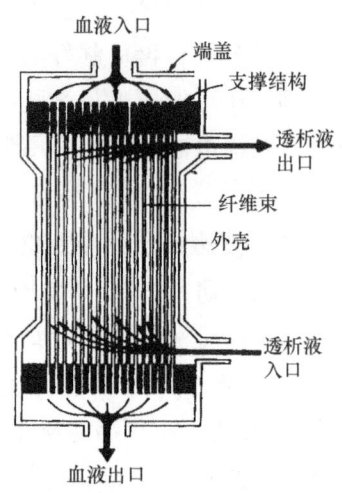

图 2 - 7 - 79　腹水浓缩器（见彩图）　　　图 2 - 7 - 80　人工肾的工作原理示意图

中空微孔纤维（图 2 - 7 - 81）制造工艺的主要控制要点是：

（1）主体高聚物材料的选用。对生物医用高分子材料除要有医疗功能外，还必须强调安全，即对人体健康无害。特别是与血液直接接触或体内使用的医用高分子材料必须满足如下的基本要求：聚合物纯度高，不含有任何对身心有害的物质；化学稳定性优良；无毒性，不引起肿瘤、过敏反应或异物反应，不破坏邻近组织；有稳定和良好的物理力学性能；与人体或血液长期接触的材料，要有优良的血液相容性（抗凝血和抗溶血）和组织相容性；能经受必要的消毒处理而不变性；易于加工成所需的复杂形状，而且质优价廉。曾先后使用过的聚合物材料有：纤维素类、聚丙烯腈、聚砜、聚乙烯醇及聚醚砜等。

（2）共混聚合物的选择。膜的选择分离性和通透性除与膜材料和被处理溶液的性能有关外，还与膜上微孔的孔径、贯通性和孔隙率等因素密切相关。传统的制膜法常在铸膜液或熔体中加入成孔剂，成膜后再把膜中的成孔剂除去，其在膜中所占有的位置即成为孔洞，控制成孔剂的使用量及其分布，能控制膜的孔隙率和孔径尺寸。共混聚合物在质和量上的变化，会影响膜的形态结构产生很大的变化（图 2-7-82~图 2-7-87）。

（3）改变铸膜液的热力学条件，能在很大程度上影响高聚物在铸膜液中的缠结状态，从而影响膜的形态结构和性能以及膜的用途。

（4）双向拉伸。中空纤维膜的制备研究很少有对初生纤维拉伸的报道，因为拉伸虽能提高纵向强度，却降低了横向强度；且拉伸将使膜中微孔变得狭长，甚至闭合，失去或减小对流体的通透性。曾有学者提出对中空纤维进行"双向拉伸"的新概念，即在轴向拉伸的同时进行径向拉伸，并已实施。通过双向拉伸能保护微孔的圆整程度和通透性，并使膜的机械强度有所提高。

（5）保孔。中空纤维膜成型后，经一系列后处理，然后进行干燥。干燥后膜的性能，特别是通透性降低，膜的孔结构也发生变化。因此，经后处理的膜常在充入水或有机液体的湿态下保存或运输，可以提高孔的稳定性，并保持膜的通透性。

采用非相容高聚物熔体共混纺丝方法，也可以实现纤维结构的相分离，经溶剂萃取抽除分散相物质后即可得到中空微孔（图 2-7-88）结构纤维或平板膜。例如，以 PP 与易水解聚酯（EHDPET）为共混组成物，制成以 PP 为连续相，EHDPET 为分散相的中空共混纤维（或平板膜）。经碱水解溶除 EHDPET 后可以得到带有侧孔的 PP 中空微孔结构纤维或平板微孔膜。通过改变 PP 与 EHDPET 两者的体积组成比、两者的熔体黏度比、添加的相容剂种类与比例以及纺丝（或制膜）过程熔体两组分的混合效果可以有效地调控分散相的尺寸和分布均匀性，从而控制中空微孔纤维（或平板微孔膜）的孔径及其分布，实现微孔的贯穿性。

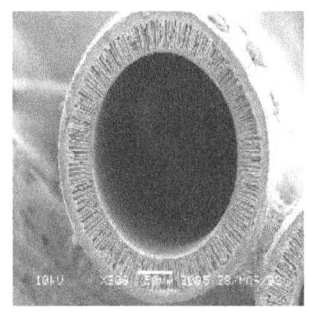
图 2-7-81　中空微孔纤维

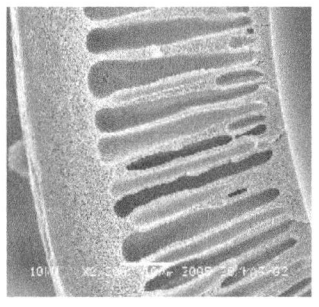
图 2-7-82　指状支撑层

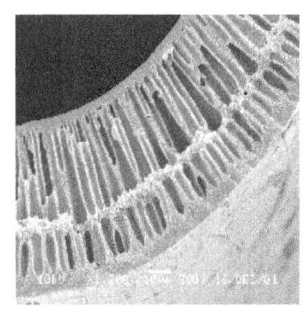
图 2-7-83　针状支撑层

图2-7-84　斜指状支撑层

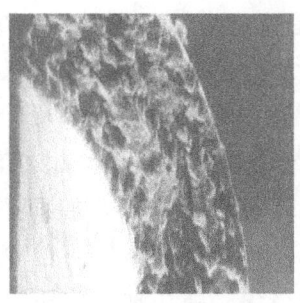

图2-7-85　海绵状
支撑层

图2-7-86　海绵状
支撑层放大图

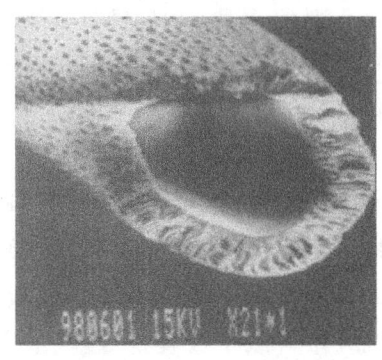

图2-7-87　表面层的微孔

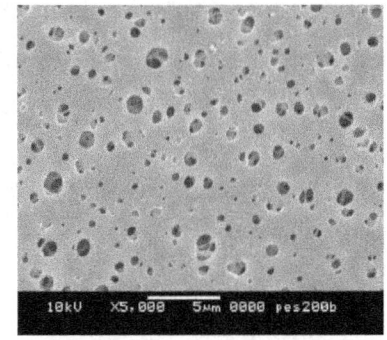

图2-7-88　相分离法微孔膜

2.7.10　光导纤维

　　光通信是人类最早应用的通信方式之一。从烽火传递信号，到信号灯、旗语等通信方式都属于光通信的范畴。但由于受到视距、大气衰减、地形阻挡等诸多因素的限制，光通信的发展缓慢。1870年英国物理学家丁达尔做了一场"光的全反射原理"（图2-7-89）演讲。他在装满水的木桶侧下部钻个小孔，用灯光从桶的上方把水照亮，居然看到发光的水从木桶的小孔里流了出来，随着水流弯曲，光线也跟着弯曲，光居然被弯弯曲曲的水所俘获，令观众大吃一惊。人们还曾发现光能顺着弯曲的玻璃棒传输，难道光线不再直进了吗？丁达尔对这些现象研究指出，这是全发射的作用。即将光射向水中，当入射角大于某一临界角度时，折射光线消失，全部反射回水中。从表面上看，光好像在水流中弯曲前进，实际上在弯曲的水流里，光仍沿直线传播。恰如图2-7-90全发射光纤传输示意图所示，只不过光在内表面上发生了多次全反射，实现了向前方的传播。

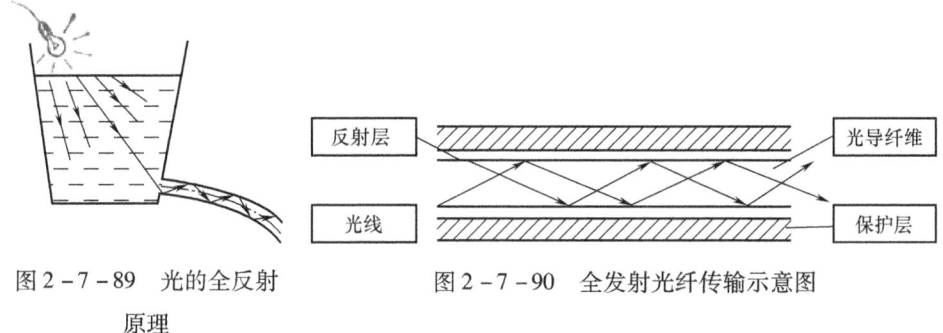

图2-7-89　光的全反射原理　　　　图2-7-90　全发射光纤传输示意图

把光能闭合在纤维中而产生导光作用的纤维称为光导纤维（图2-7-91）。光导纤维是一种皮芯型复合纤维，芯层部分是直径数十微米的高折射率纤维（如无机玻璃或有机玻璃）；皮层部分由低折射率的材料构成，要求其热膨胀系数与芯层纤维材料相接近（例如高强度、高模量的芳香族聚酯）。在皮芯复合纤维的外围又用高强、高模纤维（如芳纶1414）保护，防止光导纤维受外力损伤。光由光导纤维的一端射入芯层，在芯层

图2-7-91　光导纤维（见彩图）

与皮层交界处不断地经多次全反射，沿Z字形向前传输，最后光线从另一端射出。光导纤维的芯层材料有两类，一类是无机光导纤维，如石英玻璃光纤、多组分非氧化物玻璃光纤及卤化物晶体光纤；另一类是高聚物光纤，如聚甲基丙烯酸甲酯纤维、重氢化聚甲基丙烯酸甲酯纤维、聚苯乙烯纤维及聚碳酸酯纤维等。其中石英玻璃光纤的加工性能较差，成本高，但是它的透光度好、光损耗小、耐热性强、化学性能稳定，可实现百公里以上的长距离通信。高聚物光纤易于纤维化加工，轻而柔软，价廉，更适合于室内、医疗手术的冷光源、光纤大屏幕等近距离光信号的传输。

现在较好的光导纤维，其光传输损失每公里只有0.2dB；也就是说传播一千米后只损失4.5%。光导纤维的特点是频带宽、损耗低、重量轻、抗干扰能

力强、保真度高、工作性能可靠、成本也在不断地下降，适用于长距离的信息传递。但是光缆不易分支，因为传输的是光信号，所以一般用于点到点的链接。

随着科学技术的发展，发现激光是光通信的最理想光源。它是以受激辐射的光放大为基础的发光现象，同时与以自发辐射为基础的普通光源相比，具有许多鲜明的特点：单色性好、方向性好、亮度高及相干性好。近年，激光光导技术或将会得到较快发展。

2.7.11　高分子电池隔膜

电池由正负电极、电解液及电池隔膜组成。电池隔膜是电池的重要组成部分，它是指在电池正、负极之间的一层隔膜材料，其主要功能是保持使电子绝缘，而离子导通，即阻止在电池中正负电极间的电子直接接触，而离子可以自由通过隔膜。有各种各样的电池，如酸性电池、碱性电池、锂电池、热电池及燃料电池等，不同的电池所用的隔膜是不同的。电池隔膜的材料有天然高分子材料——纤维素、合成高分子材料及无机材料。隔膜的形态有有机高分子平板薄膜、编织物、纸状物、非织造布等，可见，大多数电池隔膜都离不开纤维材料。由于石油资源的紧缺及环境保护的要求，高科技便携式电器正在向小型化、轻量化发展。在家用电器、笔记本电脑、手机、电动汽车、通信器材、火车、航空航天及军事领域对电池性能和用量提出了越来越高的要求。燃料电池和锂离子电池倍受关注。对于电池隔膜的基本要求是：

（1）厚度。消耗型电池隔膜的标准厚度为 $25\mu m$，动力电池隔膜厚度为 $30\sim40\mu m$，隔膜的厚度意味着更好的安全性。

（2）透气率。即将规定体积的气体，在规定压力下，通过规定面积的隔膜所需时间，它表征着薄膜的开孔面积，当然与孔隙率及孔的尺寸及其均匀性相关；它与电池的内阻成正比，即时间越长，则表示内阻越大，电池中的内阻会影响离子的传导。

（3）浸润度。表征隔膜材料与电解液的亲和性，将电解液滴在隔膜表面，用液滴消失时间表征浸润度。浸润度与隔膜材料的亲水性、隔膜表面及内部微观结构密切相关。例如在使用聚丙烯纤维隔膜时，通常要将聚丙烯纤维进行磺化或接枝聚丙烯酸类亲水性基团来提高其浸润性能。提高隔膜的浸润性能有利于降低电池的内阻，隔膜应能被电解液完全浸润。

（4）化学稳定性。隔膜在电化学反应中应属惰性，常用的聚烯烃类隔膜可满足要求。

（5）孔径。为了阻止电极颗粒穿透隔膜在正、负电极间直接接触，必须控制隔膜的孔径尺寸。电极颗粒一般在 $10\mu m$ 的量级，而所使用的导电添加剂则在 10nm 的量级，亚微米孔径的隔膜能满足阻止电极颗粒的直接通过。

（6）穿刺强度。将一个无锐边缘的，直径 1mm 的针以 $3 \sim 5m/min$ 的速度刺向环状固定隔膜，不使隔膜穿透时所施加于针上的最大力称穿刺强度。

（7）热稳定性。电池在充放电过程中会释放热量，尤其在短路或过充电的时候，会有大量热量放出。因此，当温度升高的时候，隔膜应当保持原有的完整性和一定的力学性能，发挥隔离正、负极，防止短路的作用。

（8）热关闭温度。该性能与上述热稳定性相关，特别对于锂电池用隔膜属应当附加的一个安全保护功能。闭孔温度是微孔闭合时的温度，当电池内部发生放热反应产生自热、过充或者电池外部短路时，这些情况都会产生大量的热量。当温度接近隔膜熔点时，微孔闭合形成热关闭，从而阻断离子的继续传输而形成断路，起到保护电池的作用。破膜温度是指电池内部自热，外部短路使电池内部温度升高，超过闭合温度后微孔闭塞阻断电流通过，温度进一步上升，造成隔膜破裂、电池短路；发生破裂时的温度即为破膜温度。高品质的隔膜应有较低的闭孔温度和较高的破膜温度。

（9）孔隙率。孔隙率是指隔膜上的开孔面积与隔膜面积的比值。孔隙率的大小影响内阻值，通常要求孔隙率为 40% 左右。

高分子电池隔膜材料如图 2-7-92～图 2-7-111 所示有多种组成，例如，可有如下结构构成的电池隔膜：PE（聚乙烯）或 PP（聚丙烯）低特纤维非织造布；单层 PE 或 PP 微孔膜；以多层 PP/PE/PP 低特纤维构成的"三明治"膜；以熔点较低的 PE（135℃）为皮层，熔点较高的 PP（167℃）为芯层的 PE/PP 皮芯复合纤维膜；PE/PP 皮芯复合纤维与低特 PP 纤维构成的复合非织造布膜。为了提高耐热性能等级，也有使用聚对苯二甲酸乙二酯（PET）、聚己内酰胺（PA6）、聚己二酰己二胺（PA66）、纤维素（Cellulose）以及聚酰亚胺（PI）等聚合物纤维构成的膜；聚间苯二甲酰间苯二胺（芳纶1313）纳米纤维（直径 100nm）非织造布电池隔膜，具有非常好的耐热性和尺寸稳定性，正在开发锂离子二次电池隔膜，有望提高电动汽车和静态储能电池的安全性、容量及能量密度。其高孔隙率可促进电解质顺利移动，电池输出功率高，充电快；大的比表面积使电解质保持率高，能保持电池在低温下的性能。

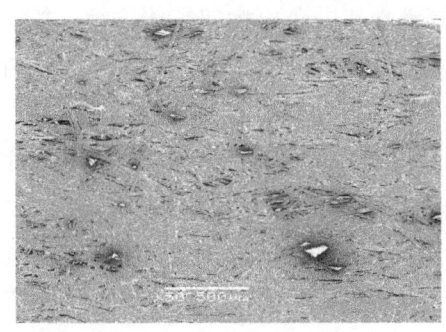

图 2 - 7 - 92　PET 短纤维热轧黏结
电池隔膜（×50）

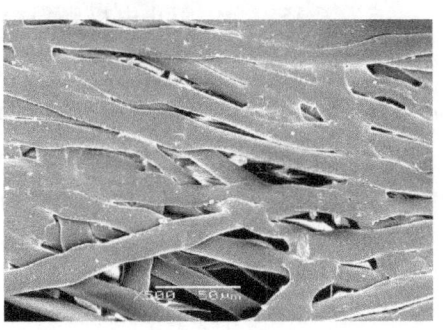

图 2 - 7 - 93　PET 短纤维热轧黏结
电池隔膜（×500）

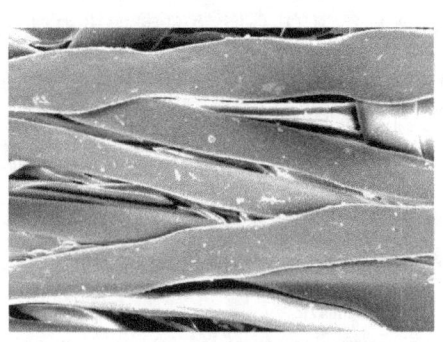

图 2 - 7 - 94　PET 短纤维热轧黏结
电池隔膜

图 2 - 7 - 95　PET 短纤维热轧黏结
电池隔膜（×200）

图 2 - 7 - 96　PET 纺粘非织造布
热轧黏结电池隔膜（×100）

图 2 - 7 - 97　PET 纺粘非织造布
热轧黏结电池隔膜（×1000）

图 2 - 7 - 98　纤维素湿法成型
电池隔膜 （×200）

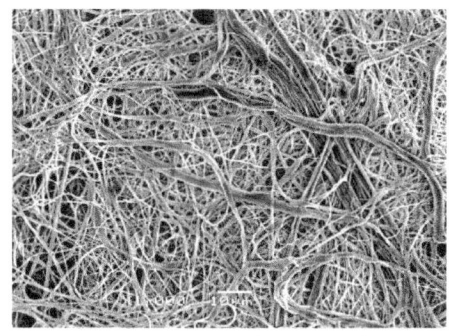

图 2 - 7 - 99　纤维素湿法成型
电池隔膜 （×1000）

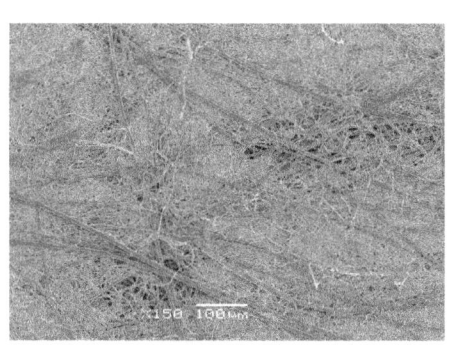

图 2 - 7 - 100　PET 与纤维素
共混纤维湿法电池隔膜 （×150）

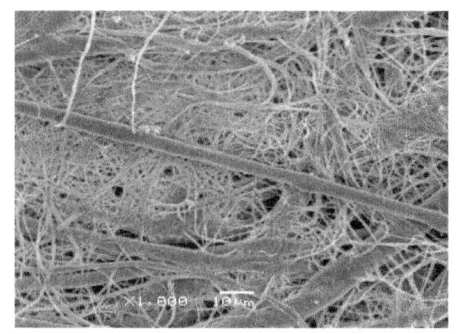

图 2 - 7 - 101　PET 与纤维素共
混纤维湿法电池隔膜 （×1000）

图 2 - 7 - 102　PE/PP 皮芯复合纤维
热轧黏合电池隔膜 （×100）

图 2 - 7 - 103　PE/PP 皮芯复合纤维
热轧黏合电池隔膜 （×500）

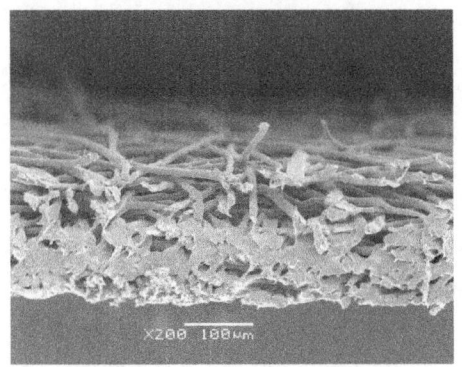

图 2 - 7 - 104　PE/PP 皮芯复合纤维
热轧黏合电池隔膜（×200）

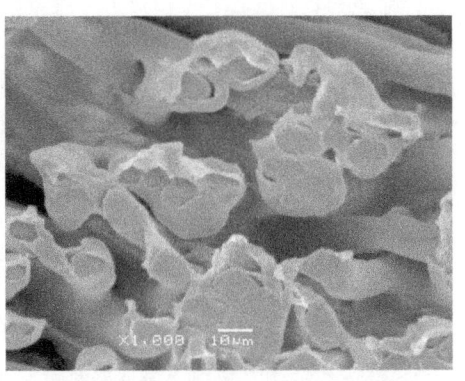

图 2 - 7 - 105　PE/PP 皮芯复合纤维
热轧黏合电池隔膜（×1000）

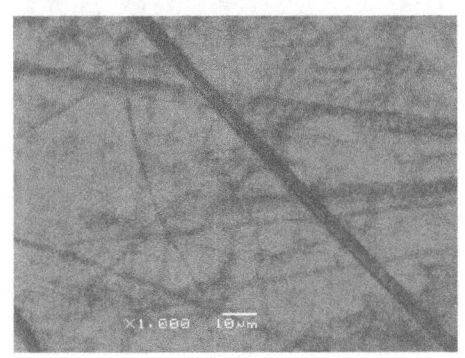

图 2 - 7 - 106　PE/纤维素微孔锂
电池隔膜（×1000）

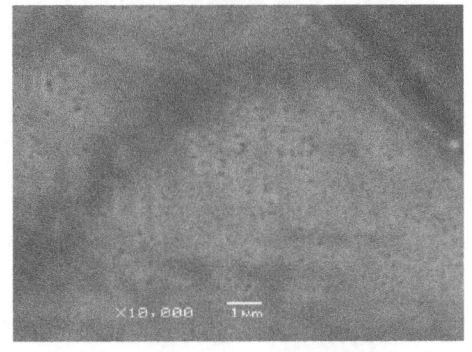

图 2 - 7 - 107　PE/纤维素微孔锂
电池隔膜（×10000）

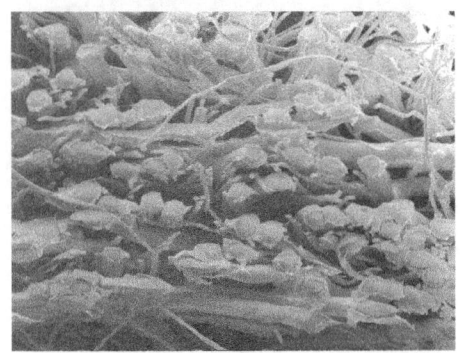

图 2 - 7 - 108　PE/PP 皮芯复合纤维与
超细纤维复合电池隔膜断面（×500）

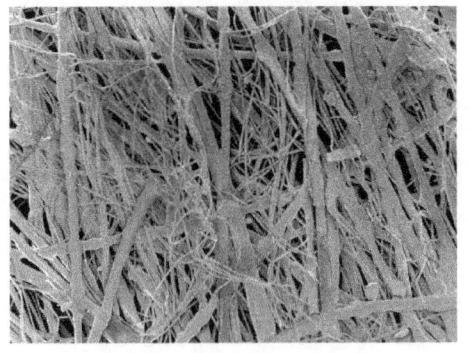

图 2 - 7 - 109　PE/PP 皮芯复合纤维与
超细纤维复合电池隔膜表面（×200）

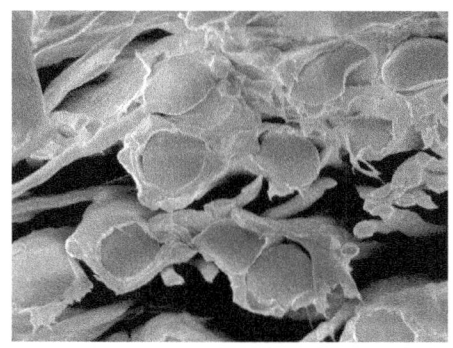

图 2 - 7 - 110　PE/PP 皮芯复合纤维与
超细纤维复合电池隔膜横截面

图 2 - 7 - 111　PE/PP 皮芯复合纤维与
超细纤维复合电池隔膜纵表面

　　微孔聚烯烃隔膜的制备方法分为干法和湿法两类。干法如将添加有 β - 晶成核剂的 PP 树脂用螺杆挤出机熔融、挤出通过膜口吹膜，再经过结晶化处理后得到高度取向的多层结构，在高温下再行单向或双向拉伸，使晶面剥离，形成多孔结构，并增加孔径。湿法又称相分离法，如将液态烃或一些小分子物质与聚烯烃树脂混合加热熔融，形成均匀的混合物，然后降温进行相分离，压制后得膜片，再将膜片加热至玻璃化温度附近，进行双向拉伸使分子链取向，而后保温一定时间，用易挥发溶剂洗去成孔剂液态烃，可制备出相互贯通的微孔膜材料。也可将无机或有机成孔剂与膜用材料共混熔融挤出成膜，再经拉伸、取向、定型，抽出成孔剂制得微孔膜。

　　以超细纤维或低特纤维为原料制备电池隔膜的方法是，将诸如 PP、PE、PP/PE 皮芯复合纤维、PET 或纤维素纤维等或它们的共混纤维为原料梳理成网，再经热压等缠结方法制成非织造布隔膜。也可以上述各种纤维或它们的混合物切断成超短纤维（长度 3 ~ 5mm），采用类似造纸的湿法抄浆制成非织造布隔膜。为了更好地控制隔膜上的孔径、孔分布及孔隙率，所使用的纤维原料正朝着超细化方向发展。例如，以 PP 超细纤维为主要材料，掺杂部分 PE/PP 皮芯型复合纤维做热黏合成分，经湿法成型后再热轧做成薄膜，经磺化处理便可制成亲水性能良好的电池隔膜了。图 2 - 7 - 112 的 DSC 谱图中 128℃的熔融峰应为 PE，158℃和 174℃的熔融峰应是两种不同规格的 PP。

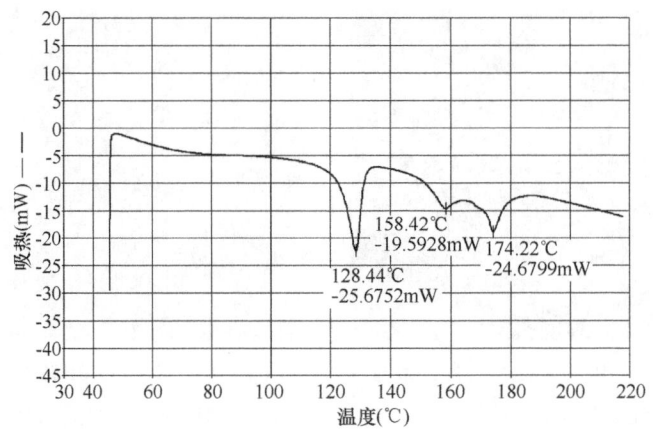

图 2 - 7 - 112   PE／PP 皮芯复合纤维与超细纤维复合电池隔膜的 DSC 谱图

2. 7. 12   微滤膜

微滤膜多用于工业及民用水处理。微滤膜的结构及所用材料多种多样，此处仅举其中一例。该微滤膜在宏观结构（图 2 - 7 - 113）上，包括中间层的纤维编织物及外层包裹的皮层。图 2 - 7 - 114 ~ 图 2 - 7 - 117 是编织物及构成编织物的纤维纵向表面和横截面。纤维断面为圆形，表面光滑，直径约 12μm。

微滤膜皮层的横截面及皮层的内外表面结构很是精细，图 2 - 7 - 118 为微滤膜皮层横截面，其最外层（厚约 12μm）结构紧密，内层较为疏松。皮层的内表面有许多直径 1 ~ 2μm 较大的微孔（图 2 - 7 - 119、图 2 - 7 - 120）。皮层的外表面（图 2 - 7 - 121、图 2 - 7 - 122）则有许多数百纳米到 2μm 大小不等的更加微细的孔。

图 2 - 7 - 113   微滤膜的宏观断面结构

图 2 - 7 - 114   中间层的纤维编织物

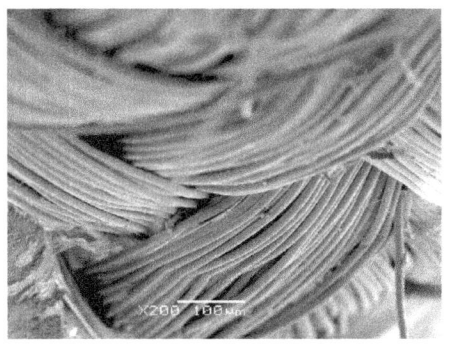

图 2 - 7 - 115　编织物结构

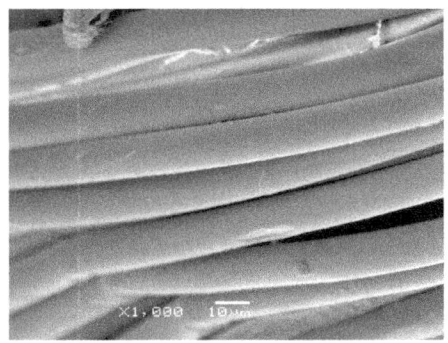

图 2 - 7 - 116　编织物纤维纵表面

图 2 - 7 - 117　编织物纤维横截面
（直径约 12μm）

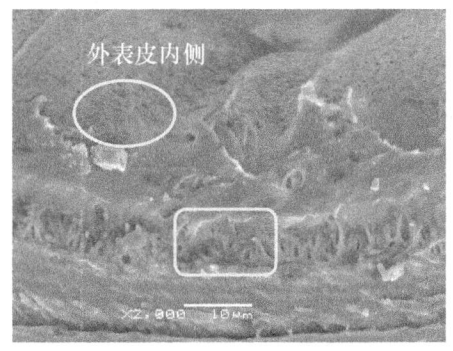

图 2 - 7 - 118　微滤膜皮层横截面

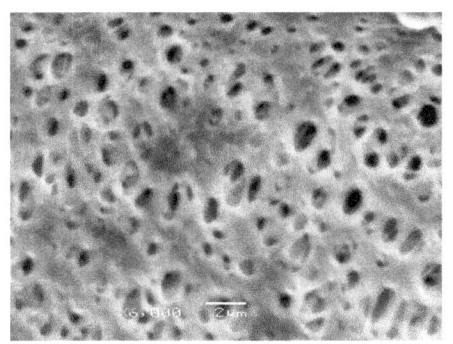

图 2 - 7 - 119　为图 2 - 7 - 118 微滤膜
椭圆形部分微孔放大

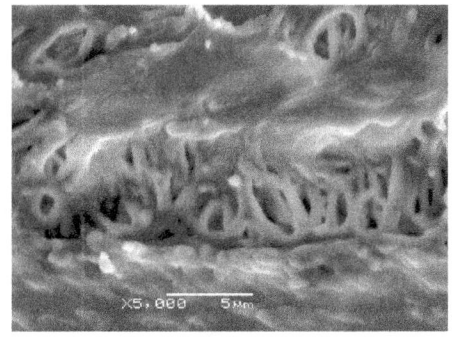

图 2 - 7 - 120　为图 2 - 7 - 118 表皮
矩形部分局部放大

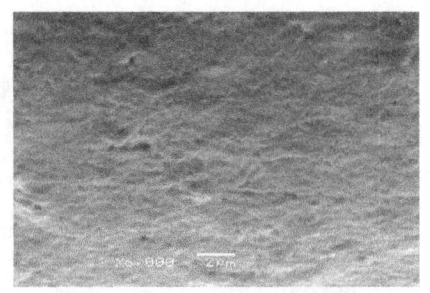

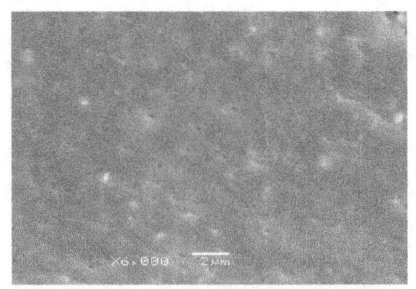

图 2 - 7 - 121　微滤膜表皮的
外表面

图 2 - 7 - 122　皮层外表面的
微孔结构

2.7.13　聚氨酯—聚四氟乙烯双层膜

聚四氟乙烯（PTFE）膜与聚氨酯（PU）膜及其两者复合膜具有防水、透气等功能。图 2 - 7 - 123 的 PTFE 微孔膜是以聚四氟乙烯为原料经膨化拉伸形成的多微孔膜，膜表面布满原纤状微孔，截面是一种网络结构，在孔的三维结构上由网状联通、孔间镶套、孔道弯曲等非常复杂的结构组成。其特殊的结构使 PTFE 膜具有良好的透湿性，汗蒸汽可以很快透出织物，人体不会有发闷的感觉。膜的微孔直径变化范围在 $0.1 \sim 0.5 \mu m$，是水滴直径的 $1/5000 \sim 1/2000$，是水蒸气分子的 700 倍。因此，它具有可以透过人体产生的水汽，但不会使得雨水透过，可用作具有防水透气功能的服装面料。而复合在其上的聚氨酯膜（图 2 - 7 - 124、图 2 - 7 - 125）又具有很好的柔软性和弹性，表面凹凸不平且有微孔，倍感穿着的舒适性。因此这种 TPEE—PU 的复合膜常被应用于滑雪服、登山服、警用服、消防服、化学防护服、医用防护服等功能服装，还适合于微尘过滤、水过滤、电池隔膜、机械密封等产业领域应用。

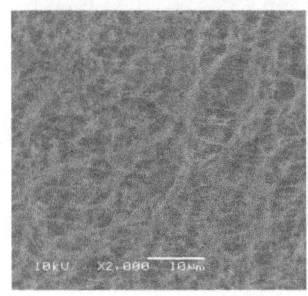

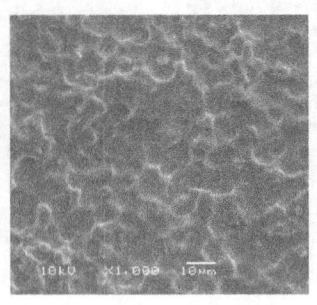

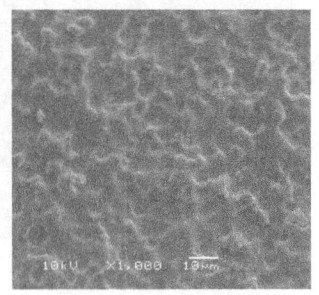

图 2 - 7 - 123　聚四氟乙烯膜
外层

图 2 - 7 - 124　聚氨酯膜
内层

图 2 - 7 - 125　聚氨酯膜
外层

2.8 高性能纤维

2.8.1 聚对苯二甲酰对苯二胺纤维

聚对苯二甲酰对苯二胺（PPTA）纤维的我国商品名为芳纶1414。在国外不同生产厂家各有其商品名称，如 Kevlar，PPTA fiber 等。由于聚对苯二甲酰对苯二胺大分子间极强的氢键作用，未经熔融即会发生分解，需要采用溶液法制备纤维。通常是将对苯二甲酰氯与对苯二胺两种单体在 N – 甲基吡咯烷酮等溶剂及氯化锂或氯化钙等助溶剂中完成聚合，伴随着聚对苯二甲酰对苯二胺聚合度的提高，溶解能力下降，会从溶剂中析出得到高分子量聚对苯二甲酰对苯二胺。经过滤去除溶剂后，再将干燥的聚对苯二甲酰对苯二胺与作为溶剂的高于99%浓度的浓硫酸按比例均匀混合，送入并列型双螺杆挤出机使其逐步溶解制成浓度为16%～20%的纺丝液。所合成的具有高分子量的PP-TA 的该浓度溶液在一定温度范围内具有液晶性（即既有可流动性，又有各向异性）。为获得高强度、高模量的纤维，该纺丝液需采用干喷湿纺法（参见1.6.2.3节）纺丝，即将纺丝溶液经计量泵精确定量且均匀地从喷丝头小孔中挤出，先经过一段 2～3cm 的空气层，使该纺丝液在保持液晶态下，流经动阻力较小的空气层得到高倍拉伸，液晶大分子充分取向并进入低温的稀硫酸凝固浴。在纺丝液与凝固浴之间浓度差的推动力作用下，丝条中的硫酸向凝固浴中扩散，凝固浴中的水分则向丝条内扩散，丝条中聚对苯二甲酰对苯二胺浓度逐渐提高的同时，丝条温度也在下降，并凝固成"冻结液晶态"的纤维。再经水洗、干燥等工艺过程制得芳纶1414。若将此纤维再行张力下高温热处理，可使纤维大分子取向角减小，更进一步地提高纤维的强度和模量。芳纶1414 是 19 世纪60 年代以来上市最早的超级纤维，至今仍在高强度、高模量纤维中处于领先水平。该纤维的特点是具有综合的优良性能：高强度（20～27cN/dtex），其比强度是优质钢材的 5～6 倍，玻璃纤维的 3 倍，高强尼龙工业丝的 2 倍；低断裂伸长率为 3%～4%；高模量为 380～780cN/dtex，是优质钢材或玻璃纤维的 2～3 倍、高强尼龙工业丝的 10 倍；高耐热性和耐低温性，连续使用温度范围为 –196～204℃，在 560℃高温下不会发生分解；优异阻燃性（LOI 值为29%）。但是，芳纶1414 在强紫外光线下易老化。依据用途有各种不同线密度的长丝（图2－8－1）、短纤维（图2－8－2）和短切纤维（图2－8－3），还可以其长丝为原料，经表面原纤化处理做成浆粕状物（图2－8－4）。芳纶1414的横截面为近圆形（图2－8－5），纤维纵向表面光滑（图2－8－6）。为了充分发挥芳纶1414高强高模的性能，可将其纤维以伸直的状态平行排列并与树脂结合制成无纬布（图2－8－7），产品具有优良的防弹性能。经某些酸处理或其复合材料受载荷作用，纤维易发生劈裂、微纤化（图2－8－8）。

图2－8－1 芳纶1414
长丝（见彩图）

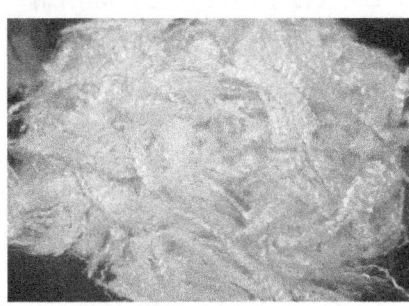

图2－8－2 芳纶1414
短纤维（见彩图）

图2－8－3 芳纶1414
短切纤维（见彩图）

图2－8－4 芳纶1414
浆粕（见彩图）

图2－8－5 纤维横截面

图2－8－6 纤维纵表面

图2-8-7　无纬布的树脂与　　　　图2-8-8　芳纶1414的
　　　　纤维层结构　　　　　　　　　　　微纤化

图2-8-9为染色的芳纶1414短纤维纺制的纱线。芳纶1414适用于做光缆包覆材料，飞机轮胎帘子布（图2-8-10），绳索（图2-8-11），填料密封用盘根（图2-8-12），建筑用混凝土增强材料，土木工程修补材料和补强材料，发动机输油管增强材料（图2-8-13、图2-8-14），车用离合器片（图2-8-15），飞机机翼、尾翼及船体部件结构增强材，滑雪用具、网球拍、赛车服、高尔夫球杆等多种体育运动用品、安全防护服、防刺服（图2-8-16）及防切割手套（图2-8-17）、耐热毛毡、电子线路板，芳纶1414浆粕更适用于汽车制动摩擦片及密封材料、复合材料及芳纶纸等。

芳纶1414制作的无纬布（图2-8-18）用于制作各类高级软质、轻薄型防弹衣（图2-8-19）、防爆服、防弹抗冲击头盔（图2-8-20）、防弹盾牌、公共安全装备、运输安全包装、交通工具和航空器的防护装置、防爆装置、军事防护装甲、运动安全头盔等。

值得骄傲的是，近年来我国芳纶1414的研发与生产取得了显著的成就，打破了国外的垄断，在航天事业发展中已经成功地应用于神舟九号与天宫一号对接密封材料（图2-8-21）。

图2-8-9　芳纶1414有色纱线（见彩图）　　图2-8-10　芳纶1414轮胎帘子布

图 2 - 8 - 11　芳纶 1414 缆绳

图 2 - 8 - 12　芳纶 1414 填料
密封用盘根（见彩图）

图 2 - 8 - 13　发动机输油管
增强材料

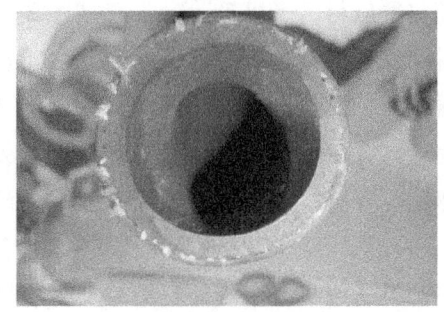

图 2 - 8 - 14　发动机输油管横
断面内的增强纤维

图 2 - 8 - 15　芳纶 1414 车用
离合器片（见彩图）

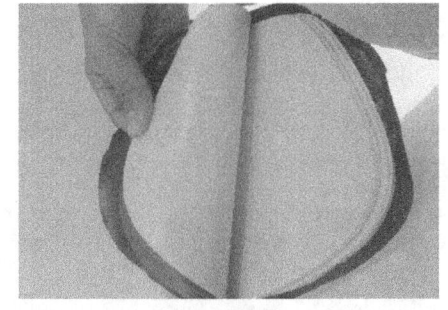

图 2 - 8 - 16　芳纶 1414 防刺服
结构

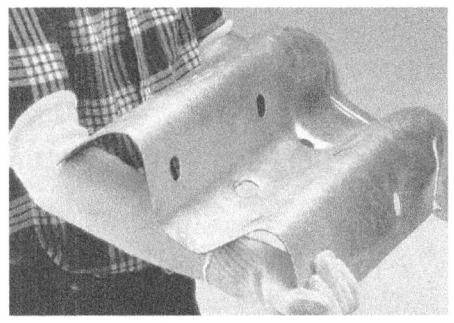

图 2 - 8 - 17　芳纶 1414 防切割
手套（见彩图）

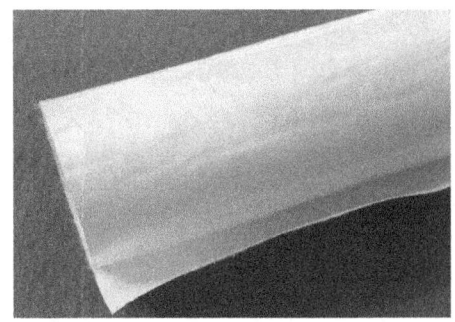

图 2 - 8 - 18　芳纶 1414
无纬布（见彩图）

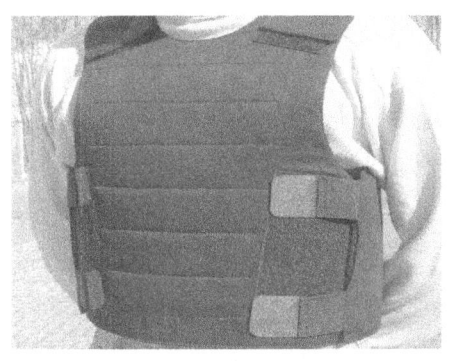

图 2 - 8 - 19　芳纶 1414 防弹服

图 2 - 8 - 20　芳纶 1414 防弹头盔

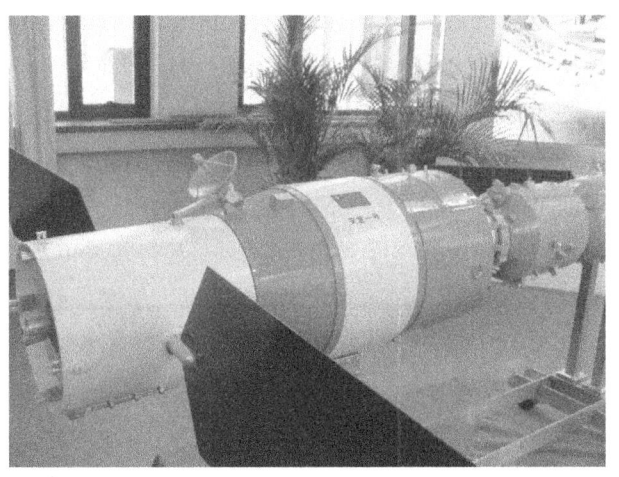

图 2 - 8 - 21　神舟九号与天宫一号对接模型（见彩图）

2.8.2　聚间苯二甲酰间苯二胺纤维

我国聚间苯二甲酰间苯二胺纤维的商品名为芳纶1313。聚间苯二甲酰间苯二胺纤维于20世纪60年代由Dupont公司研制成功并产业化。在国外不同生产厂家各有其商品名称，如Nomex、Conex、Fenelon及PMIA fiber等。

聚间苯二甲酰间苯二胺可以采用多种方法合成并配制成纺丝液。例如：

（1）界面缩聚法；将间苯二甲酰氯的环己酮溶液与间苯二胺的含酸水溶液在强烈搅拌下相互混合快速地完成缩聚反应，生成的聚间苯二甲酰间苯二胺不溶于上述溶剂而沉淀析出，经分离、水洗、干燥得聚间苯二甲酰间苯二胺。再重新将其溶解于二甲基甲酰胺或二甲基乙酰胺并添加适量助溶剂 $LiCl_2$ 或 $CaCl_2$ 即可调配成所需浓度的纺丝液。

（2）溶液缩聚法；将间苯二胺的二甲基乙酰胺溶液冷却至0℃左右，在不断搅拌下逐渐加入间苯二甲酰氯进行缩聚反应，再逐渐升温至50～70℃，至反应结束。而后加入适量 CaO 以中和生成的盐酸，中和反应产物 $CaCl_2$ 可直接作为助溶剂。得到的聚间苯二甲酰间苯二胺的二甲基乙酰胺溶液即可直接调配成所需浓度的纺丝液。

（3）两段界面缩聚法或两步溶液缩聚法；由于聚间苯二甲酰间苯二胺未经熔融即会发生分解，需要采用溶液法——湿法、干法或干湿法纺丝制成纤维。将纺丝液经计量泵定量且均匀地从喷丝孔吐出，纺丝液细流在热水凝固浴中进行喷丝头拉伸，并水洗去除溶剂和盐类，再经320℃热辊拉伸即得成品纤维芳纶1313。图2-8-22、图2-8-23分别为不同颜色的芳纶1313短纤维及其纺制的纱线；图2-8-24、图2-8-25分别为美国Nomex和国产芳纶1313纤维的横截面形态；图2-8-26为芳纶1313纤维的纵表面。

间位结构决定着该纤维的强度和模量会低于聚对苯二甲酰对苯二胺纤维，但其特点是优异的耐高温性、绝缘性、耐酸碱等化学腐蚀性、阻燃性能。它的玻璃化转变温度为270℃，分解温度为400～430℃，极限氧指数为29%～32%。在200℃下连续使用1000h不发生分解，强度保持率仍达88%；在火中不燃烧，且不熔融。多用作阻燃服及阻燃材料（图2-8-27、图2-8-28），高温防护工作服（图2-8-29），适用于钢铁厂、水泥厂、沥青搅拌站等高温气体过滤材料（图2-8-30），还可用于高温传送带、高级音响喇叭纸盆及汽车高温胶管增强材料。芳纶 1313 导电纤维（图 2 - 8 - 31）不仅具有高强力、可纺性好，又具有良好的导电性，标准环境下的体积比电阻为 $10^4\Omega\cdot$ cm，极适合用于抗静电阻燃防护服。

图 2 - 8 - 22　芳纶 1313 短纤维

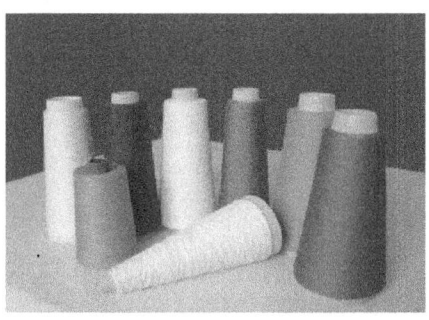

图 2 - 8 - 23　芳纶 1313 纱线

图 2 - 8 - 24　美国 Nomex
横截面形态

图 2 - 8 - 25　国产芳纶 1313
横截面形态

图 2 - 8 - 26　芳纶 1313
纤维纵表面

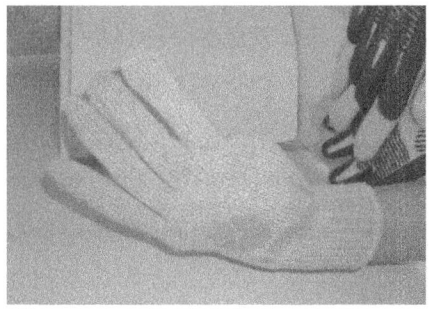

图 2 - 8 - 27　阻燃防护
手套（见彩图）

图 2 - 8 - 28　防火拉链

图 2 - 8 - 29　芳纶 1313
防护服（见彩图）

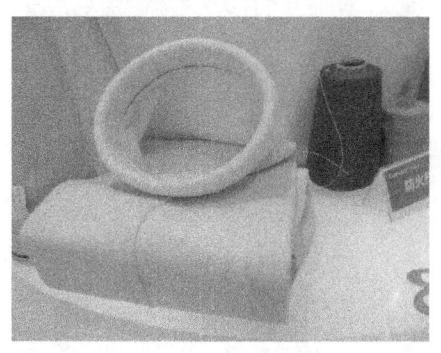

图 2 - 8 - 30　耐高温滤袋
（见彩图）

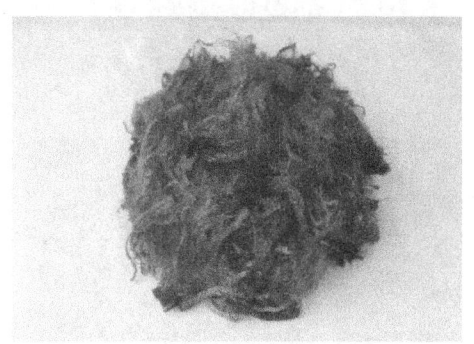

图 2 - 8 - 31　导电芳纶 1313 短纤维
（见彩图）

　　如芳纶 1414 一样，芳纶 1313 也可以由沉析纤维做成工业用特种纸
（图 2 - 8 - 32），芳纶 1313 纸的横断面扫描电镜照片见图 2 - 8 - 33。芳纶
1313 沉析纤维通常有两种制备方法，一是将纺制的长丝切断成短纤维，而后
进行原纤化打浆叩解得到；另一种方法是利用物理沉析法制备的，即在缩聚
时得到的聚合物溶液不去纺丝，而是添加入沉淀剂，在机械搅拌下直接得到
短纤维，表面呈毛绒状，微纤丛生，毛羽丰富，纤维末端呈针状，比表面积
大，易与水等形成氢键，在水中分散性好，有利于湿法抄纸。为了保证芳纶
纸的更高强度，可以将沉析纤维与切短纤维按比例混合抄纸。图 2 - 8 - 34、
图 2 - 8 - 35 分别为国产芳纶 1313 沉析纤维和芳纶纸的形态。图 2 - 8 - 36、图
2 - 8 - 37 分别为杜邦公司 Nomex 沉析纤维和 Nomex 纸的形态。芳纶 1313 纸具

有高强度、低形变、耐高温、耐腐蚀、阻燃和电绝缘等综合优良性能。依据应用领域分为绝缘纸和结构材料两类，绝缘纸适用于电线包覆材料、复印机清洁器、输送带、电机和变压器的绝缘材料（图2-8-38、图2-8-39）、手机和笔记本电脑用电池隔膜（图2-8-40）以及太阳能电池（图2-8-41）等。

图2-8-32　芳纶1313纸

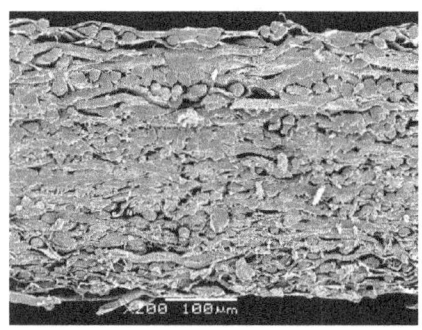

图2-8-33　芳纶1313纸横断面

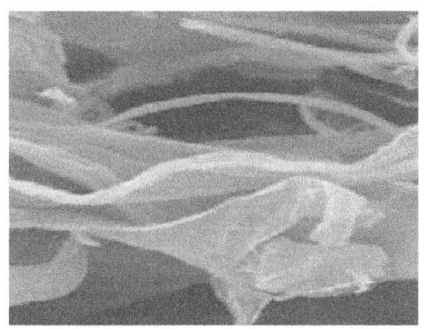

图2-8-34　国产芳纶1313沉析纤维

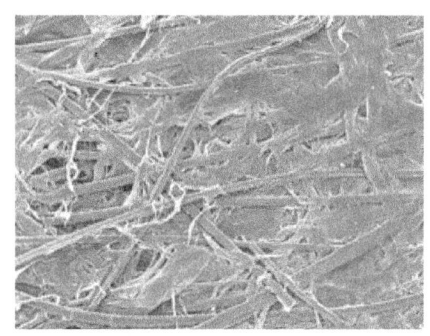

图2-8-35　国产芳纶1313纸

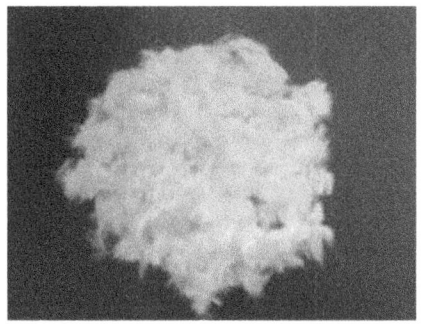

图2-8-36　芳纶1313
沉析纤维

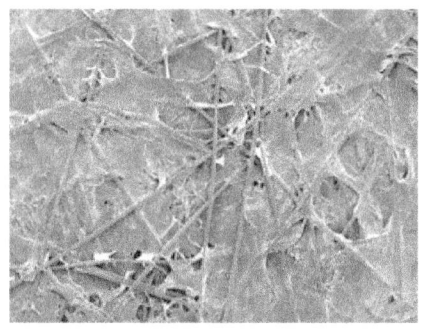

图2-8-37　美国Nomex纸

图 2 - 8 - 38　电机的　　　图 2 - 8 - 39　变压器的　　图 2 - 8 - 40　手机和笔记本
　　　绝缘纸　　　　　　　　　绝缘纸　　　　　　电脑用电池隔膜

图 2 - 8 - 41　太阳能电池

　　蜂窝状结构型材（图 2 - 8 - 42）质轻、耐冲击、强度高、变形小、耐老化，可用于飞机（图 2 - 8 - 43）和高速列车（图 2 - 8 - 44）的部分结构材料等。此外，芳纶 1313 还可用作难燃耐高温输送带（图 2 - 8 - 45）、游艇地板和风力发电机叶片（图 2 - 8 - 46）等大刚性、次受力部件及雷达罩的纤维补强材料。

图 2 - 8 - 42　难燃隔热的蜂窝状型材（见彩图）

图 2 - 8 - 43　蜂窝型型材应用于飞机

图 2 - 8 - 44　蜂窝型型材应用于动车

图 2 - 8 - 45　难燃耐高温输送带（见彩图）

图 2 - 8 - 46　风力发电机叶片

2.8.3　聚酰亚胺纤维

聚酰亚胺纤维（polyimide fiber），又称芳酰亚胺纤维（arimid fiber），指分子链中含有芳酰亚胺结构的纤维，成纤聚酰亚胺又有醚类和酮类之分。聚酰亚胺的纺丝工艺是以湿纺或干—湿纺为主，根据纺丝浆液是聚酰亚胺还是聚酰胺酸，纺丝方法又有一步法纺丝和二步法纺丝之分。由均苯四甲酸酐与 4，4′-二氨基对苯醚溶液缩聚成聚酰胺酸后经湿纺成纤，再经高温环化而得的醚类均聚酰亚胺纤维，强度 4 ~ 5cN/dtex，伸长率 5% ~ 7%，模量 10 ~ 12GPa，在 300℃ 经 100h 后强度保持率为 50% ~ 70%，极限氧指数 LOI 值为 44%，耐射线好。由二苯基甲酮 - 3，3′，4，4′-四甲酸酐与甲苯二异氰酸酯及 4，4′-二亚苯基甲烷二异氰酸酯进行溶液共缩聚后再经湿纺而得的酮类共聚酰亚胺纤维，具有近似中空的异形断面，强度 3.8cN/dtex，伸长率 32%，模量 35cN/dtex，密度 1.41g/cm^3，沸水和 250℃ 干热收缩率各小于 0.5% 和 1%。也有将聚酰胺酸浓溶液为纺丝液，以乙醇或乙二醇的水溶液为凝固浴，采用干—湿法纺制聚酰胺酸纤维；纤维经干燥去除溶剂后，先后在100℃、200℃和300℃下拉伸热处理纤维各1小时左右，得到的聚酰亚胺纤维（图2-8-47）的强度可达0.19GPa，初始模量3.6GPa。除具有高强高模性能外，还具有耐高、低温特性，阻燃性，无熔滴，离火自熄以及极佳的隔温性能，全芳香族聚酰亚胺的初始分解温度高于500℃，又在低温-269℃的液氨中不脆；耐辐射功能强，优异的绝缘性，体积比电阻可达$10^{17}\Omega \cdot cm$。聚酰亚胺纤维可纺性良好，还可以制成非织造布、特种纸，主要用途是高温粉尘滤材（图2-8-48）、电绝缘材料、电池隔膜、耐高温阻燃防护服（图2-8-49）、降落伞、蜂窝结构材料及热封保温材料、复合材料增强纤维及抗辐射材料。

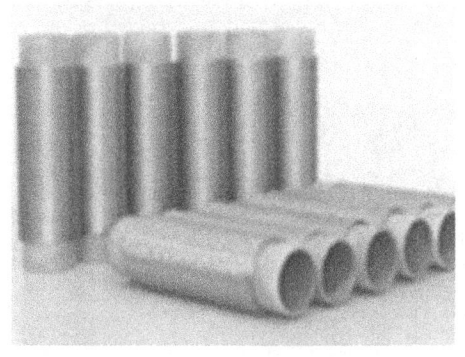

图2-8-47　聚酰亚胺纤维

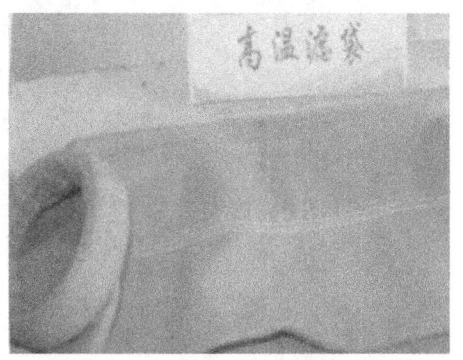

图2-8-48　聚酰亚胺耐高温粉尘滤袋

图2-8-49　聚酰亚胺纤维防护服

2.8.4 碳纤维

碳纤维是一种具有高强度、高模量、高耐热性能的超级纤维材料，化学组成中90%以上由碳元素构成。用于制造高性能碳纤维的原丝主要是聚丙烯腈纤维（图2-8-50）和粘胶纤维。欲制造力学性能优良的碳纤维，要保证纺丝原液良好的脱泡过程去除气泡以及缓慢的纤维成型过程，以获得结构非常均匀的圆形断面原丝，图2-8-51为聚丙烯腈基原丝的横截面形态。碳纤维的制造工艺过程是先将原丝在250℃预氧化，得预氧化丝（图2-8-52、图2-8-53），再将预氧化丝在1650~1850℃进行碳化处理，即得到碳纤维（图2-8-54、图2-8-55）。

依据纤维的力学性能划分，碳纤维有通用型和高强型、高强中模型、高强高模型等多系列。依牌号的不同，碳纤维的密度在1.75~1.98g/cm³（不足钢的1/4），拉伸强度2500~8000MPa，拉伸模量230~3300GPa。按照一束纤维中名义单纤维根数的不同分为小丝束（小于48000根，即48K）和大丝束（大于48K），目前已出现1000K的大丝束碳纤维，性价比不断提高，有利于降低成本和推广应用。碳纤维增强树脂复合材料（CFRP）抗拉强度可达3500MPa以上，是钢的7~9倍，抗拉弹性模量为23000~43000MPa，亦远高于钢。因此CFRP的比强度（材料的强度与其密度之比）可达到2000MPa/（g/cm³）以上，而A3钢的比强度仅为59MPa/（g/cm³）左右，其比模量也比钢高。由碳纤维与其他树脂构成的复合材料的比模量为钢和铝合金的5倍，比强度高3倍；具有优异的耐热性，在2000℃以上的高温惰性气氛环境中，碳纤维是唯一强度损失率极低的材料；它还具有低密度、优异化学稳定性、高电热传导性、低热膨胀性、优异耐摩擦性、防止X射线透射性、电磁波遮蔽性以及良好的生体亲和性等。

图2-8-50　聚丙烯腈基原丝

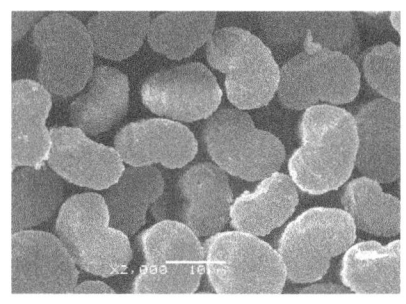

图2-8-51　聚丙烯腈基原丝横截面

图 2 - 8 - 52　预氧化丝纵表面

图 2 - 8 - 53　预氧化丝横截面

图 2 - 8 - 54　碳化后纤维横断面

图 2 - 8 - 55　碳纤维丝筒

碳纤维复合材料因其独特、卓越的理化性能，广泛应用在火箭、导弹和高速飞行器（图 2 - 8 - 56）等航空航天业，以及化工机械、交通工具（图 2 - 8 - 57 ~ 图 2 - 8 - 59）、建筑材料、风力发电机扇叶（图 2 - 8 - 60）、体育器械、纺织及医学领域等的纤维复合增强材料。据报道，航天飞行器自身重量每减少 1kg，就可使运载火箭减轻 500kg。1980 年起，碳纤维树脂复合材料已用于空客 A310、A300、A320 飞机和波音 777 飞机的尾翼；2008 年又被用于波音 787 的机翼。A380 客机结构材料中所用碳纤维复合材料占有的比重已达 23%。碳纤维复合材料的使用有效地克服了自重与安全的矛盾，还能大幅度降低飞机能耗，A380 飞机每位乘客的百公里油耗不到 3L。

火箭升空穿过大气层时，覆盖于顶端的整流罩可以使航天器减少气动力、气动热和声震的影响，不被损伤。运载火箭飞出大气层后，整流罩将沿箭体纵向分离成两半并被抛开，完成它的使命。火箭的整流罩就是由高强度、轻质、耐高温，且无线电透波性强的碳纤维材料编织而成，位于航天器的顶端，在保持火箭气动外形的同时，给有效载荷——航天器披上坚固的铠甲。图 2 - 8 - 61 是实际应用时的碳纤维编织布。图 2 - 8 - 62 是用碳纤维加工导弹发动机的外壳。

大型风电（尤其海上风电）叶片的关键部位必须用碳纤维复合材料。每组叶片约需 1000kg。质轻、高强高模量的碳纤维复合材料还可用于高压输电线的缆芯，可降低因输电线的下垂产生涡流所导致的电流损耗，又可降低塔架的密度和强度要求，每千米的输电线约需 70kg 碳纤维复合材料。

据报道，我国江苏航科公司已经突破了拉伸强度达 5.49GPa 的 T800 碳纤维产业化过程中包括原丝生产的多项关键技术和专用设备制造的瓶颈，建设了国内首条 T800 生产线并实现了稳定批量生产，突破了国际垄断。

图 2 - 8 - 63 显示出碳纤维材料具有一种非常独特的微观结构。

图 2 - 8 - 56　碳纤维复合材料
增强航天器

图 2 - 8 - 57　碳纤维复合材料
增强自行车骨架

图 2 - 8 - 58　碳纤维增强
复合材料汽车

图 2 - 8 - 59　碳纤维建筑
加固材料

图 2 - 8 - 60　碳纤维增强复合材料
风力发电机叶片

图 2 - 8 - 61　碳纤维编织布

图 2 - 8 - 62　用碳纤维加工导弹
发动机外壳

图 2 - 8 - 63　碳纤维材料的
微观结构

2.8.5　超高分子量聚乙烯（UHMWPE）纤维

超高分子量聚乙烯纤维（图 2 - 8 - 64）是以相对分子质量为数百万的超高分子量聚乙烯为原料，使用十氢萘、矿物油或煤油等为溶剂制备成浓度高达 20% ~ 40% 的凝胶，而后采用凝胶纺丝法纺制的纤维（图 2 - 8 - 65、图 2 - 8 - 66）。该纤维质轻（密度 0.93g/cm³）、柔软，具有高强度（抗张强度 3GPa）、高模量（抗张模量 100GPa）、耐紫外线、耐冲击磨损、耐酸碱腐蚀等优良性能。但由于其熔融温度（~140℃）低，使用温度在 - 150 ~ 70℃之间，不宜在高温下使用。其价格远低于芳纶 1414，广泛用于防弹服，防切割、防刺用头盔、背心、手套等，还用于大型轮船、民用船舶及军用舰艇的缆绳（图 2 - 8 - 67），它用作缆绳有许多优异的性能——高强度、高模量、密度比水轻（可漂浮于水上），回潮率为 0，耐腐蚀，耐紫外线照射，耐冲击磨损等。目前我国已经具备了年产近过万吨规模的能力与产量。

图2-8-64　超高分子量
聚乙烯纤维（见彩图）

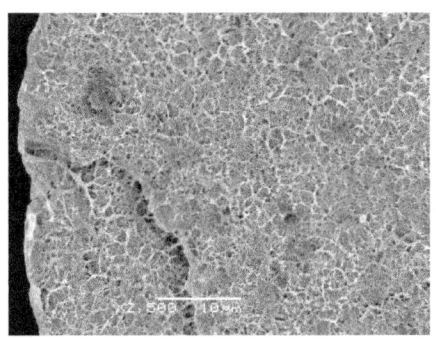

图2-8-65　凝胶纺纤维
横截面

图2-8-66　超高分子量聚乙烯
纤维纵表面

图2-8-67　超高分子量
聚乙烯缆绳

2.8.6　聚苯硫醚（PPS）纤维

　　采用聚苯硫醚切片（图2-8-68）经熔体纺丝制得的聚苯硫醚纤维（图2-8-69、图2-8-70）具有很好的化学稳定性和阻燃性，但是耐光性差。近年研究中在纺丝时添加适量 Si-Ti 纳米粉体可改善可纺性并提高 PPS 纤维的耐光性能。聚苯硫醚熔融温度为 285℃，可在 190℃ 长期使用，在 160℃ 湿热条件下长期使用后强度保持率 90%；在 200℃ 以下对大多数酸、碱及有机溶剂具有优异的耐化学稳定性；LOI 值为 34%，具有极高的难燃性和离火自熄性；有良好的电绝缘性。特别适用于高炉废气、发电厂废气和水泥窑废气等粉尘过滤材料（图2-8-71）；也可用于化学品、石化产品的过滤材料。图2-8-72 和图2-8-73 分别为浸渍聚四氟乙烯（PTFE）的 PPS 非织造布表面和横截面。

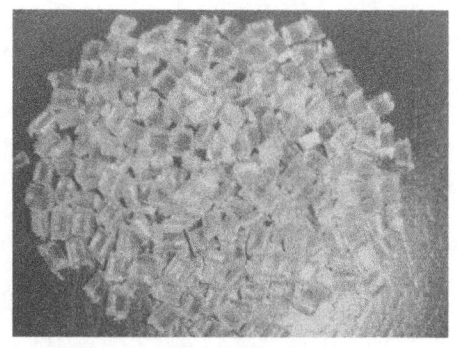

图 2 - 8 - 68　PPS 聚合物切片

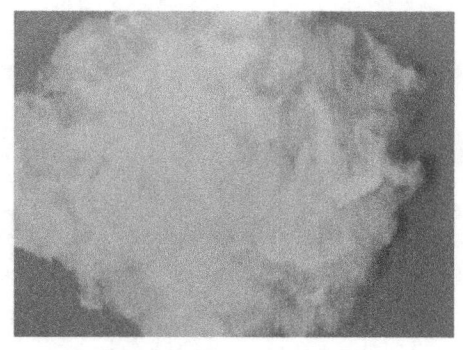

图 2 - 8 - 69　PPS 短纤维

图 2 - 8 - 70　PPS 长丝
（见彩图）

图 2 - 8 - 71　PPS 耐高温粉尘
过滤布袋（见彩图）

图 2 - 8 - 72　浸渍 PTFE 的 PPS
非织造布表面

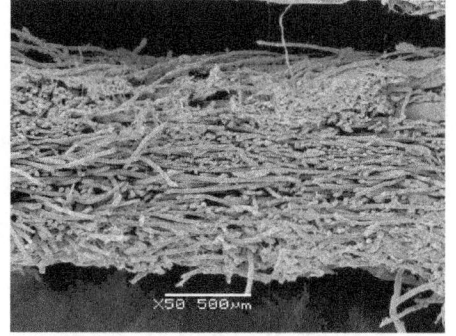

图 2 - 8 - 73　浸渍 PTFE 的 PPS
非织造布横截面

2.9 无机纤维

2.9.1 玄武岩纤维

玄武岩纤维 BF（basalt fiber）是将玄武岩（火山岩，主要成分为硅酸盐）石料（图2-9-1）在1450~1500℃下熔融后，通过铂铑合金拉丝漏板高速拉制而成的连续长纤维（图2-9-2）。纯天然玄武岩纤维一般为褐色，有些似金色。

玄武岩纤维抗拉伸强度高达3800~4000MPa，弹性模量79~93GPa，断裂伸长率为3.1%，有些脆，服用性能较差，密度为2.6~2.8g/cm³。软化点760℃，使用温度范围-260℃~700℃。玄武岩纤维依用途可加工成无捻粗纱、加捻合股纱、短切纱（图2-9-3）、膨体纱等品种，可制造织物、毛毡（图2-9-4）或作为复合材料的纤维增强材料。与碳纤维、芳纶、超高分子量聚乙烯纤维等相比，除共同具有高强度、高模量的特点外，玄武岩纤维还具有耐高温、永久阻燃性、抗氧化、抗辐射、耐碱性、绝热、隔音、高抗压缩强度、剪切强度和透波吸波性，适应多种复杂环境下使用。且性价比高，是一种纯天然的无机非金属纤维材料，可以满足国防建设、交通运输、建筑、石油化工、环保、电子、航空、航天等领域结构材料的需求。1000℃可短期使用，760℃环境下可长期使用，可用作消防防护服、隔热服、电焊工作服、军用装甲车辆乘员阻燃服等，它与硅酸盐有天然的相容性，极适合于作沥青、混凝土的最佳增强材料，如高等级机场跑道及高层建筑用。

图2-9-1 玄武岩（火山岩）矿石　　　图2-9-2 玄武岩长丝（见彩图）

图 2 - 9 - 3　玄武岩短切纤维放大图

图 2 - 9 - 4　玄武岩短纤毛毡

2.9.2　玻璃纤维

　　玻璃纤维（glass fiber 或 fiberglass）是一种性能优异的无机非金属纤维材料，种类繁多，优点是绝缘性好、隔热、隔音、耐热、不燃、抗腐，机械强度高；缺点是性脆，耐磨性较差。它是以玻璃球或废旧玻璃为原料经高温熔融，拉丝而得的纤维，单丝直径为几个微米至 20 余微米。长纤维经络纱、织布等工艺可制造成多种织物（图 2 - 9 - 5），短纤维可做非织造布材料。玻璃纤维通常用作复合材料的补强材料、工业过滤材料、电绝缘材料和绝热保温材料。

　　玻璃纤维的主要成分为二氧化硅、氧化铝、氧化钙、氧化硼、氧化镁、氧化钠等。玻璃纤维按形态和长度，可分为长纤维和玻璃棉短纤维（图 2 - 9 - 6）。根据玻璃中碱含量的多少，又分为无碱玻璃纤维（氧化钠 0 ~ 2%，属铝硼硅酸盐玻璃）、中碱玻璃纤维（氧化钠 8% ~ 12%，属含硼或不含硼的钠钙硅酸盐玻璃）和高碱玻璃纤维（氧化钠在 13% 以上，属钠钙硅酸盐玻璃）；按力学性能又有高强度及高模量纤维等之分。生产玻璃纤维的主要原料是：石英砂、氧化铝和叶蜡石、石灰石、白云石、硼酸、纯碱、芒硝、萤石等。生产方法大致可分为两类：一类是将熔融玻璃直接纺制成纤维；另一类是将熔融玻璃先制成直径 20mm 的玻璃球或棒，再以多种方式加热重新熔融后拉制成直径为 3 ~ 80μm 的细纤维。将熔融的玻璃通过铂合金喷丝板小孔吐出，再以机械拉伸方法可制得长纤维，通过辊筒或气流喷射可制成非连续短纤维；借离心力或高速气流制成的细、短、絮状纤维，称为玻璃棉。玻璃纤维经加工，可制成多种形态的制品，如纱线、无捻粗纱、短切原丝、玻璃纤维布、玻璃纤维带、玻璃纤维毡（图2-9-7）、玻璃纤维篷布（图2-9-8）以及管材等。玻璃纤维按组成、性质和用途，分为不同的级别，例如E级常规玻璃纤维、S级特殊玻璃纤维、C级耐化学性玻璃纤维、A级碱性玻璃纤维、E-CR级无硼无碱玻璃纤维、D级低介电玻璃纤维等。玻璃纤维已成为建筑、交通、电子、电气、化工、冶金及环境保护领域用耐高温过滤材料，作为玻璃纤维增强塑料在国防、运动器材、航空航天等领域也是重要的原材料。

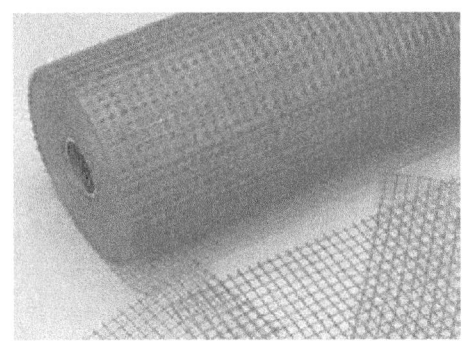

图2-9-5 玻璃纤维方格布

图2-9-6 玻璃棉短纤维

图2-9-7 玻璃纤维毡

图2-9-8 玻璃纤维篷布
（见彩图）

2.9.3 石棉纤维

石棉纤维（图2-9-9）是蛇纹岩及角闪石系的天然无机矿物纤维，也是唯一的天然矿物纤维。其基本成分是水合硅酸镁（$3MgO \cdot 3SiO_2 \cdot 2H_2O$）。

石棉纤维的特点是耐热、不燃、耐水、耐酸、耐化学腐蚀。石棉纤维的类型有30余种,但工业上使用最多的有三种,即温石棉、青石棉、铁石棉。石棉有致癌性,在石棉粉尘严重的环境中有感染癌型间皮瘤和肺癌的可能性,操作时须特别注意防护。它是一种被广泛应用于建材防火板及化工反应器等设备的填料密封用盘根材料(图2-9-10)及保温材料。近年来,人们对环保意识的增强,已经利用其他化学纤维——如高强高模维纶等逐步作为它的部分替代品。

图2-9-9 石棉短纤维

图2-9-10 石棉绳

2.9.4 不锈钢金属纤维

不锈钢金属纤维是一种金属导电纤维,它的体积比电阻小于$10^{-2}\Omega \cdot cm$,又具有屏蔽电磁波的功能以及良好的导热、防辐射、耐高温、耐腐蚀等性能,图2-9-11是其光滑的纵表面形态图。其生产方法有单丝拉伸法、集束拉伸法、切削法、熔融挤出法、喷射骤冷法及生长法等。不锈钢纤维可以单独使用,也可与其他纤维混纺(图2-9-12)或交织使用。应用于纺织面料上的有不锈钢金属长丝和不锈钢金属短纤两种。长丝一般是与其他合成纤维纱线合股并捻后,在织造过程中以经纱、纬纱或经纬纱并用等形式每间隔一定距离嵌入面料中,而不锈钢短纤维则是与其他天然或化学纤维按一定比例先行混纤,再纺制成纱线后供织造面料,图2-9-13、图2-9-14是其横截面与纵表面形态图。不锈钢纤维常用于耐高温、防静电、防辐射、屏蔽等功能面料,在航天、航空、汽车、化工、医药等领域有广泛应用,例如防雷达屏蔽材料、坦克及大炮等重武器伪装布、高压带电工作服、防静电工作服、防静电过滤布等。

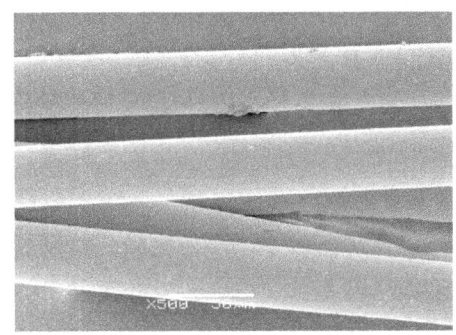

图 2 - 9 - 11 不锈钢金属线光滑
的纵表面

图 2 - 9 - 12 不锈钢长丝及
不锈钢与棉混纺纱（见彩图）

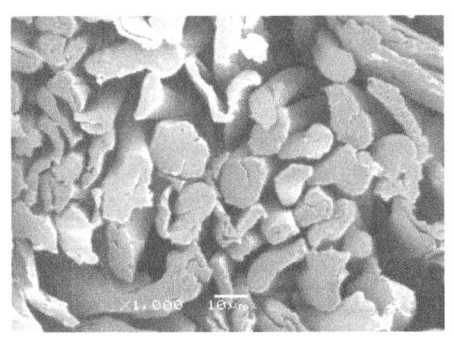

图 2 - 9 - 13 不锈钢纤维棉混纺纱
横截面

图 2 - 9 - 14 不锈钢纤维棉混纺纱
纵表面

2.10 非织造布

2.10.1 各种不同缠结方法非织造布

　　非织造布又称无纺布、不织布。非织造布所用的纤维原材料可以是各种
单一的天然纤维，也可以是各种单一的化学纤维（包括常规化学纤维及高强、
耐高温、吸湿、吸油、生物相容等功能性纤维），还可以是由上述几种纤维组
合而成的纤维混合体。而纤维形态可以是短纤维或长丝。非织造布的加工过
程主要是将已有的纤维成网及加固，即将纤维材料无规地排列成网，而后以
各种方式固结成片状物。使用短纤维原料时，需要将纤维经开松、梳理而后
成网；而采用长丝为原料时，通常是将聚合物经纺丝—拉伸（主要是纺粘法

和熔喷法）后直接成网；而后按照需求将纤网以各种不同方式固结。此类成网的方法属于干法成型，占有非织造布总量的98%。纤网的固结有多种形式，如机械法——包括图2－10－1的水刺、图2－10－2的针刺、毡缩、缝编；化学黏合法——将黏合剂以浸渍、喷洒、印花等方法分布于纤维网上再压合黏结；图2－10－3～图2－10－6的热黏合法——在某种主体纤维的成网过程中均匀混入少量低熔点纤维，例如在聚丙烯短纤维中均匀地掺杂入少量以熔点（167℃）较高的PP为芯层，以熔点（136℃）较低的PE为皮层的商品名ES的短纤维，也有在PET纤维中均匀低掺杂入以熔点（260℃）较高的PET为芯层，低熔点（100～180℃各种改性PET为皮层的短纤维），而后再经热风加热或热辊热轧使纤网固结。

图2－10－1　水刺非织造布的针孔

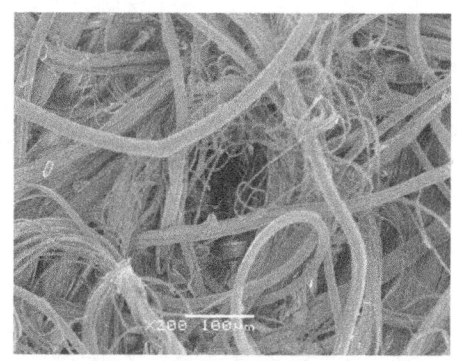

图2－10－2　针刺非织造布的针孔

图2－10－3　短纤成网热熔
非织造布

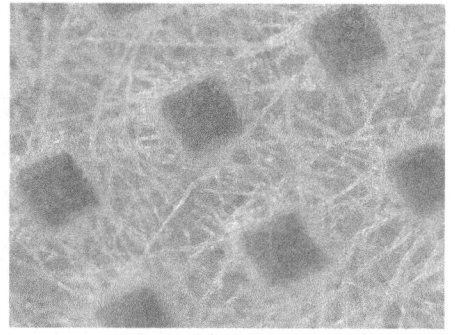

图2－10－4　短纤成网热轧
非织造布

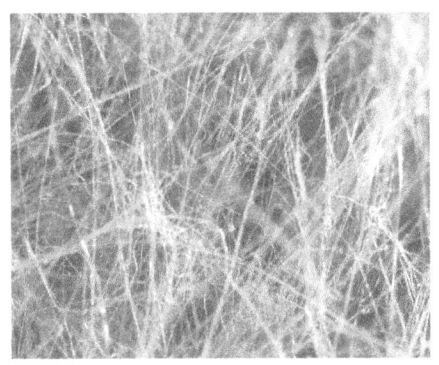

图 2 - 10 - 5 熔喷非织造布

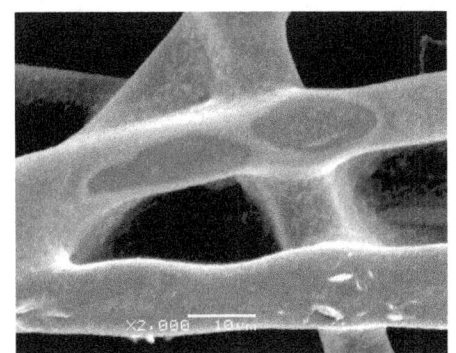

图 2 - 10 - 6 ES 纤维热轧
非织造布黏结点

除上述干法成型外，还有少量湿法成型非织造布（图 2 - 10 - 7 ~ 图2 - 10 - 9）。湿法成网工艺原理是以水为介质，造纸技术为基础，将纤维铺制成纤网。先将长度 20mm 以下的超短纤维（可以是一种或几种不同种类的纤维）与分散介质——水及分散剂、黏合剂以及湿增强剂加入专用水槽，利用高速搅拌将纤维分散于水中，悬浮于水中的短纤维浆液在专门的成型器中脱水而制成无规沉积排列的纤维网，经物理或化学方法固结后再经烘燥热轧制得非织造布。湿法成型抄浆方式分为斜网式、平网式及圆网式，斜网均匀性较好，几乎各向同性。图 2 - 10 - 10 是静电纺丝法的非织造布。

非织造布在服装、服饰、装饰、医疗、土工建筑、农业、军事国防及多种产业领域具有非常广泛的应用。图中主要列出的是多种不同成网方法及缠结方式的非织造布。

图 2 - 10 - 7 湿法成型 PET
过滤膜支撑层表面

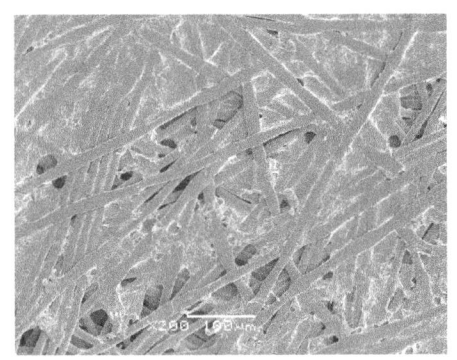

图 2 - 10 - 8 湿法成型 PET
过滤膜支撑层表面

图 2 - 10 - 9　湿法成型 PET
过滤膜支撑层断面

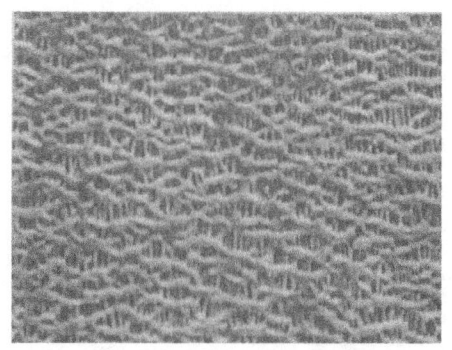

图 2 - 10 - 10　静电纺非织造布

2. 10. 2　中空橘瓣复合—纺粘—水刺非织造布

以 PET 与 PA6 或其他高聚物为原料，采用纺粘法复合纺丝技术制造中空橘瓣型复合纤维（图 2 - 10 - 11），再用水刺法将复合纤维机械剥离开纤成"楔形"超细纤维（图 2 - 10 - 12），并同时固结成如图 2 - 10 - 13、图 2 - 10 - 14所示的超细纤维非织造布。该法生产流程短，纤网由长丝构成，不易起毛起球，水刺法还具有柔软风格。适于做擦拭布、内墙壁纸（图 2 - 10 - 15）、革制品增强材料、纯净水过滤材料以及防护用口罩（图 2 - 10 - 16），据说国产 FinetexPM2. 5 防护口罩空气颗粒物的阻隔率可以达到99%。

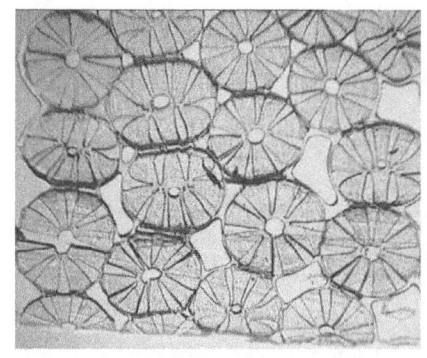

图 2 - 10 - 11　中空橘瓣型
复合纤维

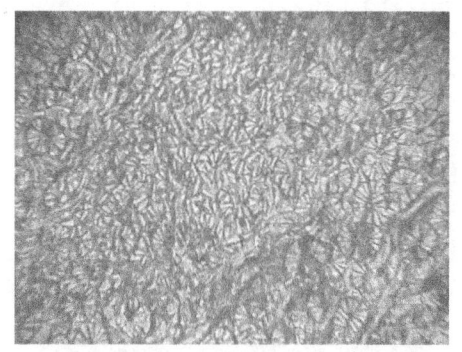

图 2 - 10 - 12　中空橘瓣复合纤维
开纤后超细纤维

图 2 – 10 – 13　水刺超细纤维
非织造布表面

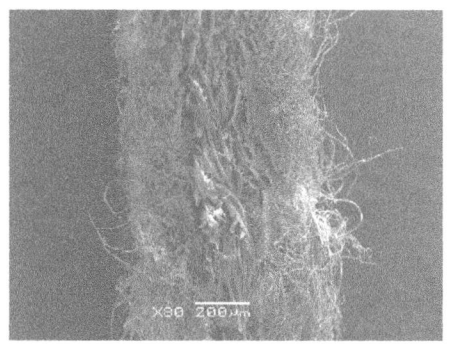

图 2 – 10 – 14　水刺超细纤维
非织造布横截面

图 2 – 10 – 15　水刺超细纤维
非织造布壁纸

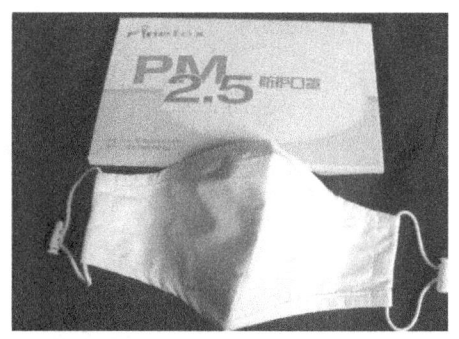

图 2 – 10 – 16　PM2.5 防护用
口罩

2.10.3　静电植绒及地毯

　　静电植绒是利用电荷同性相斥异性相吸的物理特性，使 3～5mm 的超短纤维绒毛带负电荷，把需要植绒的物体放在零电位或接地条件下，绒毛受到异电位被植物体的吸引，呈垂直状加速飞升到需要植绒的物体表面上，利用被植物体上涂有的胶黏剂，使绒毛垂直地粘在被植物体上，由图 2 – 10 – 17 可见静电植绒的黏合剂层，图 2 – 10 – 18 是静电植绒的布面。静电植绒的绒面感、刺绣感等独特装饰效果以及工艺简单、成本低、适应性强的特点被广泛应用于美术装潢、展板、橱窗、商标等。图 2 – 10 – 19 是 PP 纤维织造的地毯。

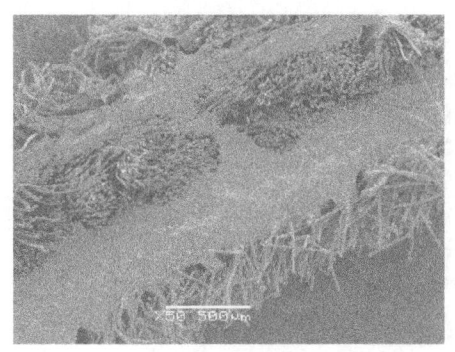

图2-10-17　静电植
绒布侧面

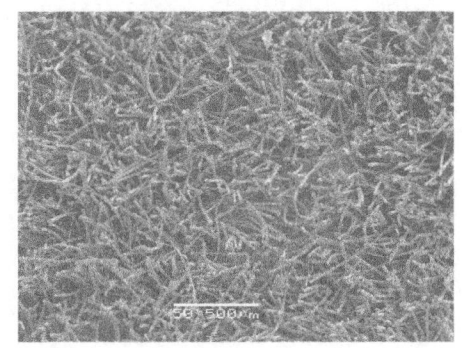

图2-10-18　静电植
绒布表面

图2-10-19　PP地毯

2.10.4　非织造布生产工艺流程

2.10.4.1　纺粘法

图2-10-20是纺粘法非织造布生产工艺流程示意图。将干燥后的切片送入螺杆挤出机熔融，经计量泵均匀稳定地将熔体送入纺丝箱体调整温度，而后丝条从喷丝孔挤出，再通过喷管的高速气流拉伸，得到具有良好力学性能的连续长纤维，经铺网装置均匀地散落于收集器，而后利用水刺等方法将纤维网固结，卷取成非织造布纤网。图2-10-21是狭缝式纺粘法喷丝的模头，图2-10-22是管式牵伸纺粘法的喷管和摆丝机构。

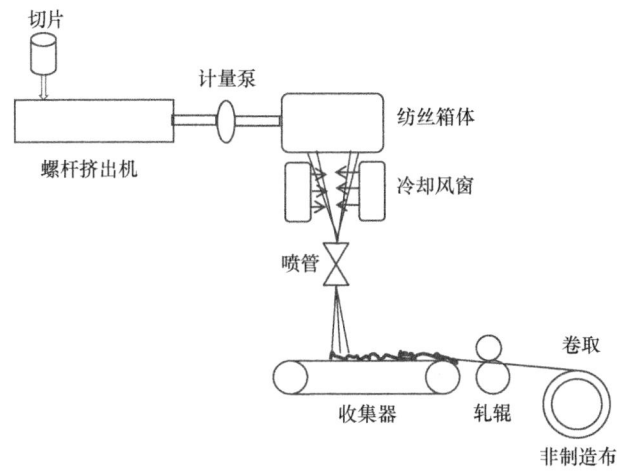

图 2 - 10 - 20　纺粘法非织造布生产工艺流程示意图

图 2 - 10 - 21　狭缝式纺粘法
纺丝模头

图 2 - 10 - 22　管式牵伸纺粘法
喷管及摆丝机构

2.10.4.2　熔喷法

　　图 2 - 10 - 23 是熔喷法非织造布生产工艺流程示意图。将干燥后的切片送入螺杆挤出机熔融，经计量泵均匀稳定地将熔体送入纺丝箱体调整温度，而后丝条从喷丝孔挤出，在侧向吹入的热风的带动下进行适度拉伸并固化，连续的纤维无规地堆砌于收集器，再用不同方式固结并卷取成非织造布纤网。图 2 - 10 - 24 是熔喷法正在喷丝的模头。

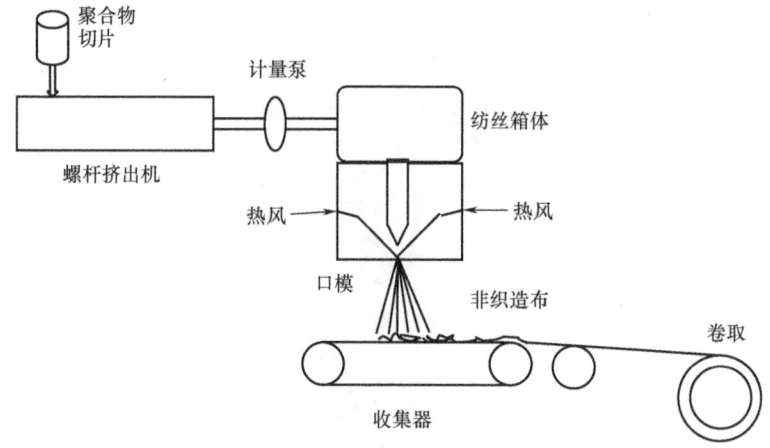

图 2 - 10 - 23　熔喷法非织造布生产工艺流程示意图

图 2 - 10 - 24　熔喷法纺丝模头

2.11　超细纤维

　　纤维的低特化是人类的追求，它赋予纤维集合体保暖性、舒适性及柔和的光泽感，又具有防水透气性，优良的过滤性及导水性等特性。纤维低特化技术最早始于外观模仿，例如早年的碱减量法聚酯纤维细化、模仿蚕丝的纤维截面异形化等。近年，通过非复合纺丝技术的熔体直接纺丝技术已经可以得到单纤维线密度为 0.15dpf 左右的超细纤维。但是更加纤细的超细纤维还是以复合纺丝技术和非相容高聚物共混纺丝技术的成功为发端的，超细纤维生产技术及部分超细纤维前驱体及剥离后的效果汇总于后。

2.11.1 熔体直纺法超细纤维

我国多家公司采用连续聚合直纺技术已实现了单纤维线密度 0.15 ~ 0.50dpf（直径 4 ~ 7μm，为头发丝直径的 1/10 ~ 1/6）的超细纤维（图 2 - 11 - 1 ~ 图 2 - 11 - 3）的产业化生产。用该超细纤维织造的织物"薄如蝉翼"（图 2 - 11 - 4）。

图 2 - 11 - 1　20 旦/144f（直径 4μm）超细纤维（见彩图）

图 2 - 11 - 2　超细纤维针织面料

图 2 - 11 - 3　直径 4μm 直纺聚酯超细纤维

图 2 - 11 - 4　"薄如蝉翼"的超细纤维面料（见彩图）

2.11.2 复合纺丝法超细纤维

真正意义上的超细纤维是以复合纺丝技术和非相容高聚物共混纺丝技术的成功为发端的。不同的复合纺丝或共混纺丝技术得到的纤维形状各异，性能有别，线密度也不一样，因此应用领域也不尽相同。超细纤维制造方法汇总于图 2 - 11 - 5，图 2 - 11 - 6 ~ 图 2 - 11 - 13 为几种不同形式复合纤维及其剥离后的超细纤维。

例如，海岛型复合纤维的制造就是由两根螺杆分别熔融海组分（如易水解聚酯 EHDPET）与岛组分（如 PET、PA6），分别由两个计量泵按照规定泵供量分别送入复合纺丝组件，经过多层组合的分配板，两组分熔体在纺丝组件内海组分将岛组分包裹其中，共同进入喷丝孔，出喷丝孔后再经吹风冷却凝固，形成如图 2 - 11 - 14 所示截面状的海岛型复合纤维，经碱水解后，溶除作为海组分的 EHDPET，得到单纤维线密度可以达到 0.05dtex 左右，纤维直径约 2μm 的 PA6 或 PET 超细纤维。图 2 - 11 - 15 为我国最早的自制海岛法 0.06dpf 超细纤维织物。

图 2 - 11 - 16 为 Toray（株）采用海岛型复合纺丝技术研发的直径 500nm 的异形聚酯长丝。三角形和正六边形规整性优良，据说可以降低织物的摩擦系数，利于提高擦拭效果。此类纤维适用于运动功能型服饰、医疗器材、高性能雨刷等领域。

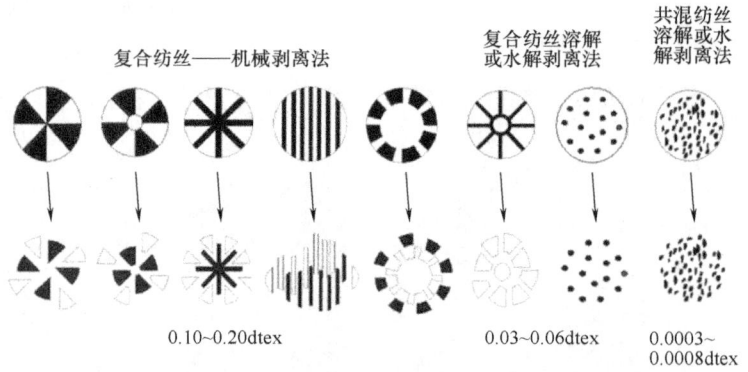

图 2 - 11 - 5　几种主要超细纤维制造方法

图 2 - 11 - 6　橘瓣型复合纤维

图 2 - 11 - 7　米字形复合纤维

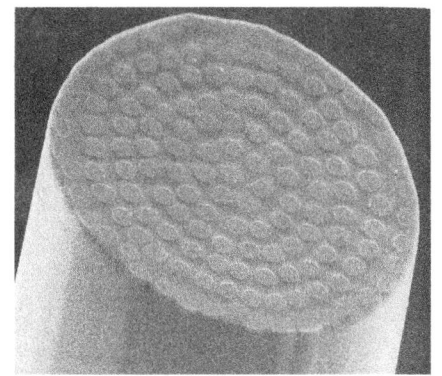

图 2 - 11 - 8　海—岛型
复合纤维

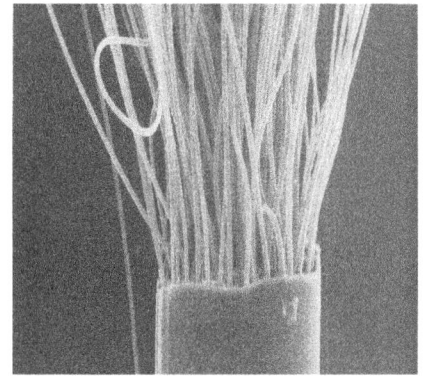

图 2 - 11 - 9　海—岛纤维
剥离后的超细纤维

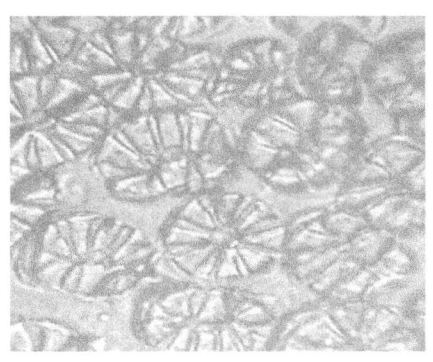

图 2 - 11 - 10　开纤前中空橘瓣

图 2 - 11 - 11　开纤后楔形

图 2 - 11 - 12　多层并列
复合纤维

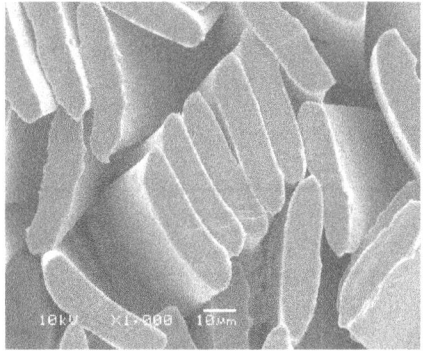

图 2 - 11 - 13　多层并列纤维
剥离后的一字形纤维

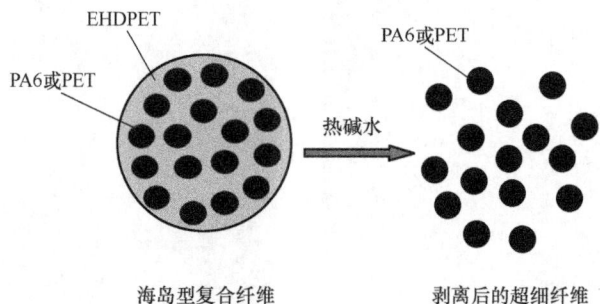

图 2 - 11 - 14　海岛型复合纤维的水解剥离过程示意图

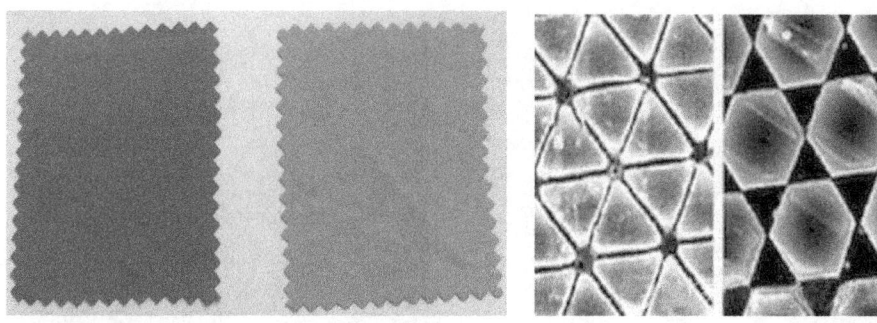

图 2 - 11 - 15　我国第一块海岛型复合纺 0.06 旦　　图 2 - 11 - 16　异形截面超细纤维
PA6 超细纤维织物（1995 年）（见彩图）

2.11.3　静电纺丝法超细纤维

　　静电纺丝（electrospinning）与常规方法的纺丝技术有别，如图 2 - 11 - 17 所示是基于高压静电场下导电流体产生高速喷射的原理发展而来的。聚合物溶液或熔体在几千至几万伏的高压静电场下克服表面张力而产生带电喷射流，纺丝溶液（或熔体）细流在喷射过程中溶剂挥发或熔体冷却固化，最终落在接收装置上形成纤维毡或其他形状的纤维集合体。

　　静电纺丝技术制得的纤维（图 2 - 11 - 18）直径可在数十纳米到数百纳米，且具有连续性结构，但当纺丝工艺条件控制不当时会形成珠子状丝（图 2 - 11 - 19）。影响最终纤维成型优劣和纤维细度的主要因素有：溶液浓度、溶液（或熔体）流变性能、高压静电场电压及接收距离等。当前，静电纺丝技术大多仍处于数据与经验的积累阶段，尝试着各种不同聚合物纺丝的可能性与工艺条件探索，也有采用同轴纺（即通常称谓的皮芯纤维），将芯层装入药物等功能性材料，是静电纺丝的发展方向之一。近年来，已经在开始研究多头纺技术以期提高效率，此外，如何提高静电纺丝纤维的力学性能仍需下更大的功夫。静电纺丝法纺制的纤维虽然较细，但它并不是超细纤维唯一的纺丝技术，例如利用海岛型复合纺丝技术或非相容高聚物共混纺丝技术不但可以制备直径 100 ~ 400nm 的纤维，而且早已实现了年产数万吨的产业化。

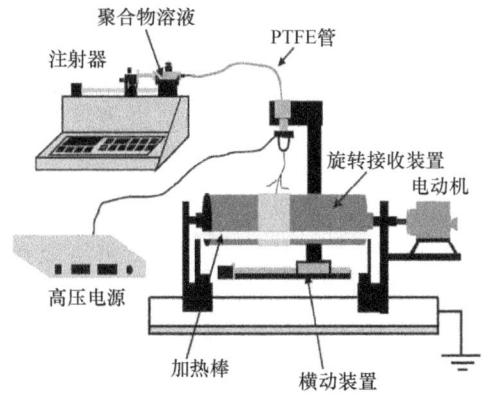

图 2 - 11 - 17　静电纺丝装置示意图

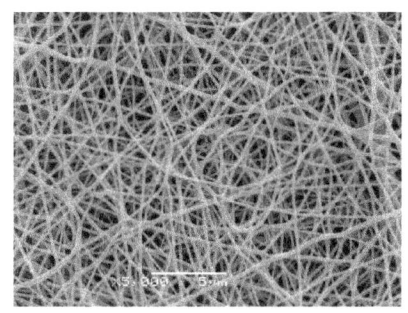

图 2 - 11 - 18　静电纺丝法
制得的纤维

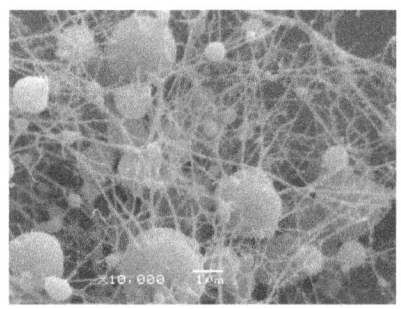

图 2 - 11 - 19　纺丝工艺不良形成
的珠子丝

2.11.4　闪蒸法纺制超细纤维

闪蒸纺丝是干法纺丝的一种特例。将聚合物溶解于可挥发的溶剂中制成纺丝溶液，利用干法纺丝技术成纤，当纺丝液自喷丝孔挤出时，利用压力迅速下降原理，当纺丝液处于溶剂沸点以上环境温度下，溶剂迅速蒸发，聚合物形成超细纤维并自行分丝，在接收装置上固化形成三维网络状超细纤维丝条。亦称瞬间纺丝。也适合于热塑性聚合物熔体丝条离开喷丝孔后骤冷形成超细纤维。此法可用于短纤维或长丝，特别是非织造布的生产。

2.12 各种纤维及纱线

熔体纺丝或溶液纺丝制得纤维的品种有短纤维、长丝及丝束。长丝是一束由数十根至数百根单纤维，长度可达数百万米连续不断的纤维构成的一束丝。它可以直接用于机织或针织加工。依照应用场合的差异又有单丝与复丝之分，单丝通常是指一束丝中仅由一根或很少数几根单纤维组成的纱线，若干根纤维组成的纱线还可再用分丝机分别卷绕成单根纤维；复丝则是指一束丝是由几十根至几百根单纤维组成的纱线，例如某个复丝的规格为150dtex/288f，即是表示复丝是由288根单纤维构成，总线密度为150dtex，其单纤维的线密度即为0.52dtex。而依据加工工艺和应用场合的不同，长丝又包括UDY、POY、FDY、FOY、DTY、ATY及BCF等诸多品种，其中有些是利用色母粒着色的有色纤维，也有将常规PA6等与含炭黑等导电组分纺制成不同形式的复合或共混纤维赋予纤维导电功能的纤维和导电合股纱线。也有将不同颜色的ATY纤维混纺成的花色纱线以及利用POY与FDY复合的略具弹性的ITY纱线。这些纱线还包括有网络与无网络的。不同纤维和纱线的品种举例如图2-12-1~图2-12-11所示。纤维的简单加工过程如下：

图2-12-1 FDY筒管　　　　　　　　图2-12-2 DTY筒管

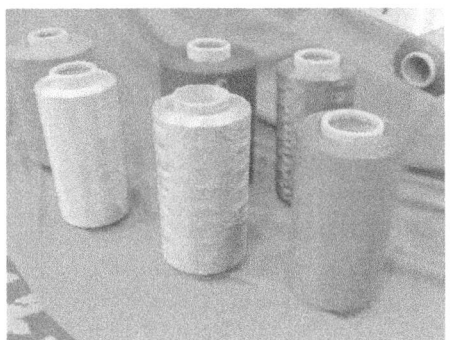

(a)（见彩图）   (b)

图 2 - 12 - 3　有色纤维

图 2 - 12 - 4　导电纤维　　　　　图 2 - 12 - 5　导电纤维与常规

（见彩图）　　　　　　　　　　　纤维丝合股纱线

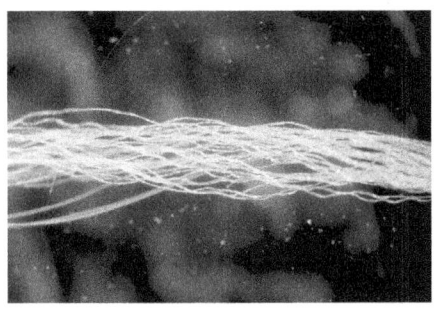

图 2 - 12 - 6　无捻、无网络　　　图 2 - 12 - 7　有网络

全拉伸纤维（FDY）　　　　　　　假捻纤维（DTY）

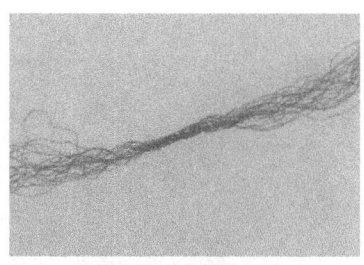

图 2 - 12 - 8　复丝的
网络节点

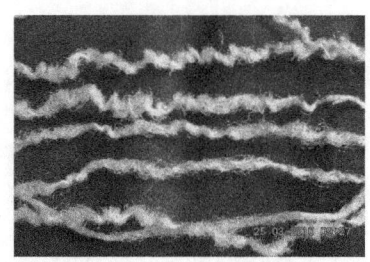

图 2 - 12 - 9　膨体变形
纱线（BCF）

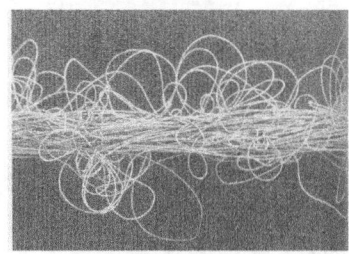

图 2 - 12 - 10　空气
变形纱（ATY）

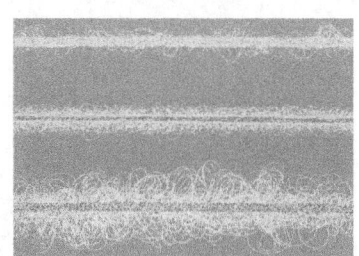

图 2 - 12 - 11　彩色空气
变形纱（ATY）

2.12.1　未拉伸丝

未拉伸丝（undraw yarn，UDY）是指聚合物仅经过纺丝成型而未进行拉伸的纤维，该纤维断裂强度低，断裂伸长率大，不具有使用价值。

2.12.2　全拉伸丝

全拉伸丝（fully draw yarn，FDY）是指聚合物经过纺丝成型及拉伸、定型后的纤维，该纤维已经具有好的取向和结晶结构，具有足够的断裂强度和适宜的断裂伸长率，具有使用价值。FDY 可以用两步法将 UDY 经拉伸、定型而获得；也可以利用一步法将纺丝后的初生纤维直接拉伸、定型而获得。

2.12.3　预取向丝

预取向丝（pre - oriented yarn，POY）是指聚酯、聚酰胺或聚丙烯等聚合物在较高的纺丝速度（例如聚酯纤维的加工通常是在 3200m/min 的纺丝速度，聚酰胺纤维则是在 4200m/min 的纺速）下借助纤维与空气间的摩擦阻力拉伸并获得部分取向结构，从而具有较好结构稳定性的纤维，但尚保留 1.5~2.0 倍的剩余拉伸，可以在通常环境条件下保存数月。该纤维在后续的使用过程中还需要拉伸、定型提高其结构稳定性，可以制成 FDY，但主要是加工成 DTY。

2.12.4 全取向丝

全取向丝（fully oriented yarn，FOY）是指聚酯、聚酰胺或聚丙烯等聚合物在比制备 POY 时更高的纺丝速度下借助纤维与空气间的摩擦阻力拉伸并获得高取向结构的纤维。该纤维同时具有一定的结晶结构，断裂强度高，断裂伸长适宜，可以直接用于纺织加工。但是其力学性能及染色性能等与 FDY 仍有别。FOY 比 FDY 断裂强度低、断裂伸长大，手感更柔软，染色性能更好。

2.12.5 拉伸变形丝

拉伸变形丝（draw textured yarn，DTY）通常是以 POY 为原丝，先行拉伸再行假捻变形制成的纤维，聚酯拉伸变形丝通常是低弹丝，聚酰胺拉伸变形丝是高弹丝。DTY 比 FDY 具有较好的弹性和柔软性。

2.12.6 膨化变形长丝

膨化变形长丝（bulked continuous filament yarn，BCF）是一种线密度较粗的变形长丝，主要的材料有聚丙烯、聚酰胺、聚对苯二甲酸丙二醇酯（PTT）等。将经过拉伸后的丝束利用高于纤维材料玻璃化转变温度的高压热空气喷射产生的负压吸入一个喷管，使纤维成卷曲状，并同时完成定型。BCF 多用于地毯、簇绒及装饰用织物。

2.12.7 复合纱线

复合纱线（POY—FDY，有称 ITY）当属长丝状膨体纱线的一种。这是由热收缩性能不同的两种纤维（如 POY—FDY）经网络或合股加捻构成的复合纱线。其中 POY 处于高度取向而基本未结晶结构，遇热时会发生解取向而收缩，依据加工工艺控制，其收缩率可以达到 50% 以上；而 FDY 则处于取向结晶态，在受热后热收缩率通常小于 8%。两种纤维间的热收缩率差异使复合纱线在受热过程中发生不同变化，POY 收缩后呈直线状，收缩率低的 FDY 则呈卷曲状包覆于 POY 的外层，纱线呈蓬松状，前述图 2 - 7 - 30 即是 ITY 受热前后的形态变化。此类复合纱线可以采用两步法或一步法完成，两步法是将预先制备的 POY 及 FDY 纤维在加捻合股过程中完成；近年来已经可以在同一纺丝机台上相邻两纺丝位分别制备 POY 及 FDY 两种纤维，并完成合股及网络并卷绕成型，称为一步法，缩短了生产工艺流程，稳定了生产工艺，可得到性能更为稳定的复合纱线。此类纱线具有异染（POY 深染、FDY 染色浅）和异收缩特性，使织物呈现蓬松、丰满风格和异色效应。

2.12.8　膨体纱

　　从生产原理上与 POY—FDY 复合纱线相同，最早出现于腈纶膨体纱（Bulk Yarn），即将一股经拉伸、定型的腈纶丝束与另一股只经拉伸而未定型的腈纶丝束经多次并条均匀混合，而后将混合后的丝束在高温下定型，其中未经定型的纤维发生收缩，已经过定型的纤维不发生收缩，从而使丝束总体呈现蓬松状。膨体纱可纯纺，也可与其他纤维混纺，织造成弹性好、手感丰满的织物，腈纶膨体纱多用于加工毛线。

　　短纤维是将一束粗纤维切断成的各种不同长度纤维（图 2 - 12 - 12 ~ 图 2 - 12 - 14），依据应用场合的不同，又有各种不同切断长度之分，例如棉型（38mm）、毛型（75 ~ 108mm）及中长型（51mm），可分别与棉花、羊毛或粘胶短纤维等混纺使用。如果将由数十万分特组成的一束纤维不经切断而直接卷绕成毛团，被称为丝束（tow）（图 2 - 12 - 15）。丝束的应用通常是先行通过牵切工艺，将长丝束用专门的牵切机采用牵伸拉断或滚刀切断的方式制成宏观连续而实已断裂成短纤维的牵切毛条，再将其与羊毛、棉或其他化学纤维的丝束通过纺织加工的并条过程按照一定比例混纤，再进而完成粗纱—细纱加工后用于织造加工。图 2 - 12 - 16 是利用各种不同纤维之间的相互复合，可以得到不同功能性的纱线。

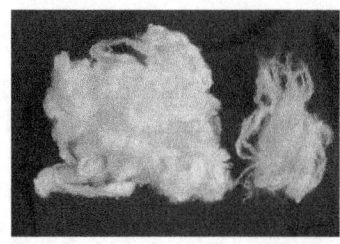

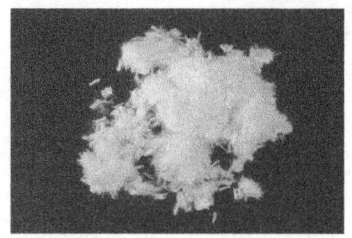

图 2 - 12 - 12　普通白色短纤维　　　　图 2 - 12 - 13　超短纤维

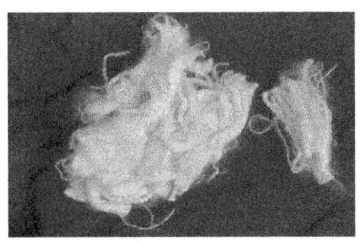

图 2-12-14　母粒着色短纤维

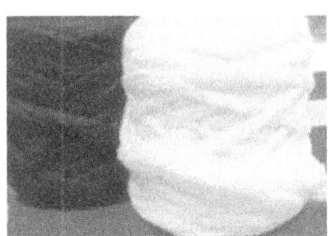

图 2-12-15　丝束毛条

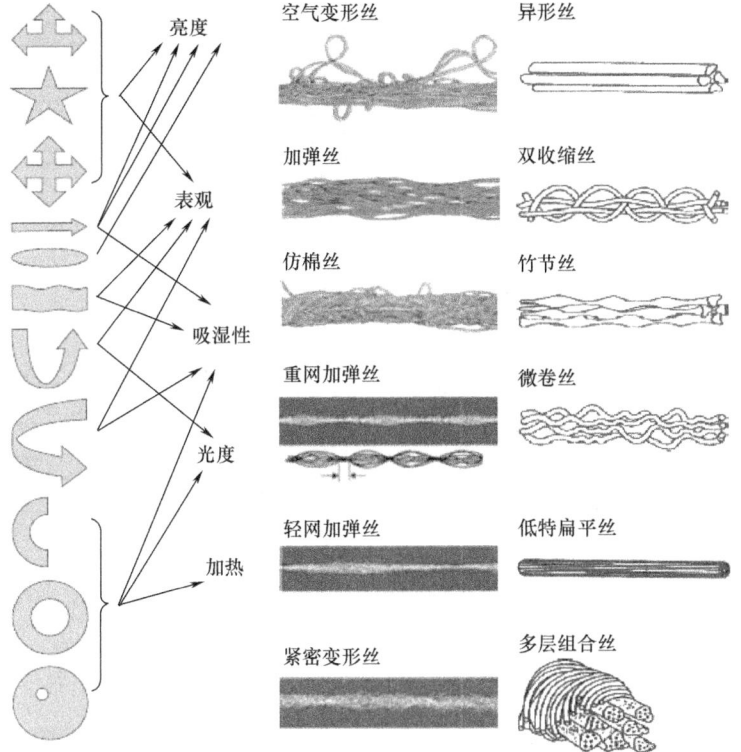

图 2-12-16　各种组合纱线

注：本纱线图表摘自《纺织导报》

2.13　超细纤维合成革

2.13.1　天然麂皮的形态结构

　　天然麂皮柔软、细腻、舒适，但麂子是极其珍贵的动物。人工合成一种性能类似天然麂皮的人造麂皮是人类久远的梦想。超细纤维合成革是仿生学的产物。

只有先了解天然麂皮的形态结构（图2-13-1~图2-13-4），才能确定采用何种技术来加以模仿。天然麂皮由如图2-13-5所示的微纤化的胶原蛋白纤维构成，纤维纤细而柔软，又有生麂皮和熟麂皮之分，熟麂皮由生麂皮鞣制而得，更加柔软，主要用于超大型望远镜、高级光学仪器、电子设备及其他精密仪器、高档轿车擦拭布，也有少数用于服装。天然麂皮厚约1mm，表面绒毛直径不均，粗者约4μm，内部每一根粗的胶原蛋白纤维均呈微纤化状，劈裂成若干根微纤。

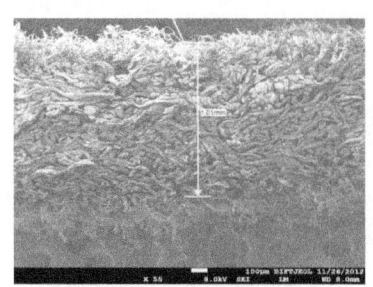

图2-13-1 天然麂皮
横截面（厚度1mm）

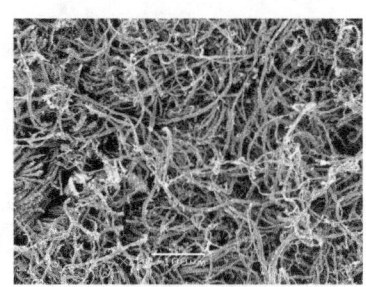

图2-13-2 天然麂皮表面
绒毛纤维

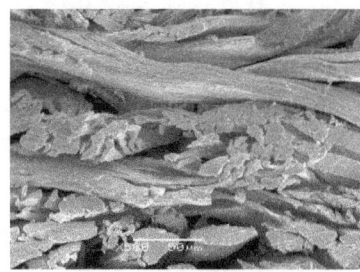

图2-13-3 天然麂皮
横截面放大图

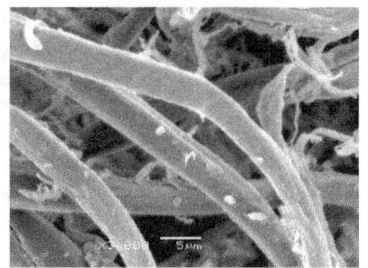

图2-13-4 天然麂皮
表面绒毛放大

(a)(×500)

(b)(×200)

图2-13-5 天然麂皮的微纤化结构

2.13.2　非相容高聚物共混物成纤过程中形态结构控制的一般原理

　　制造超细纤维合成革使用的超细纤维骨架材料可以由复合纺丝法或非相容高聚物共混纺丝法制造。最初的思路始于对天然麂皮形态结构的模仿，而共混纺丝法得到的纤维在线密度及其分布上更加接近于天然麂皮，用它加工成的合成革的形态结构也更类似于天然麂皮。因此，目前大多是采用了非相容高聚物（例如 PA6/LDPE）共混纺丝法制造的超细纤维作为合成革的补强材料。国内外一些公司也有使用海岛型复合纺丝技术生产的 PET 超细纤维制造的超纤革。

　　非相容高聚物共混纺丝制备基体—微纤（海—岛）型纤维过程如图 2 - 13 - 6 所示。

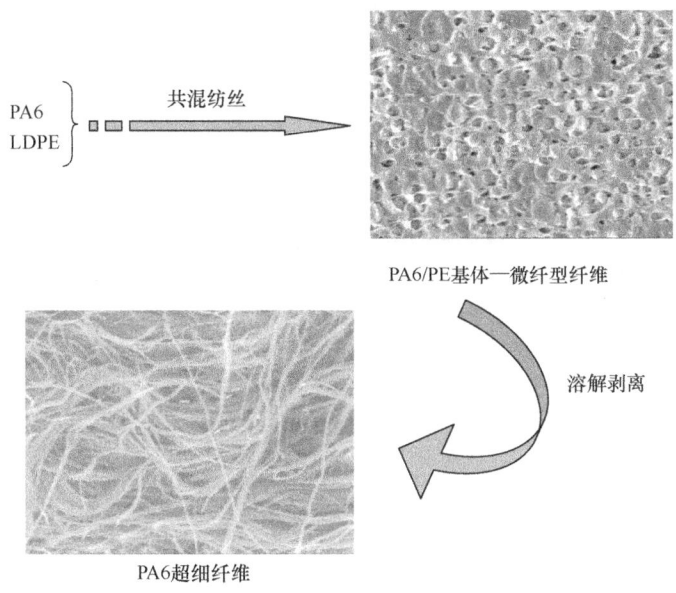

图 2 - 13 - 6　基体—微纤（海—岛）型纤维制备过程示意图

　　这里最关键的是非相容高聚物共混纤维的形态结构及可纺性控制。采用非相容高聚物共混体系，如 PA（PET）/PS（LDPE），PA（PET，PP）/EHDPET 共混纺丝制备的基体—微纤（所谓"不定岛"海岛）型纤维是目前制造超细纤维合成革的主要技术。利用相转变原理还可以用于制备藕状多孔纤维、中空并侧表面微孔纤维等多种特殊纤维。当然也可以在塑料行业用分散相对基体相起到增强、增韧效果。非相容高聚物共混纺丝过程中基体—微纤（海—岛）结构的形成与控制，共混纺丝过程的可纺性等是超细纤维合成革制造技术中的重要研究内容。相关文章和书籍很多，本书不予赘述。仅以共混纤维成形过程用图2-13-7说明。

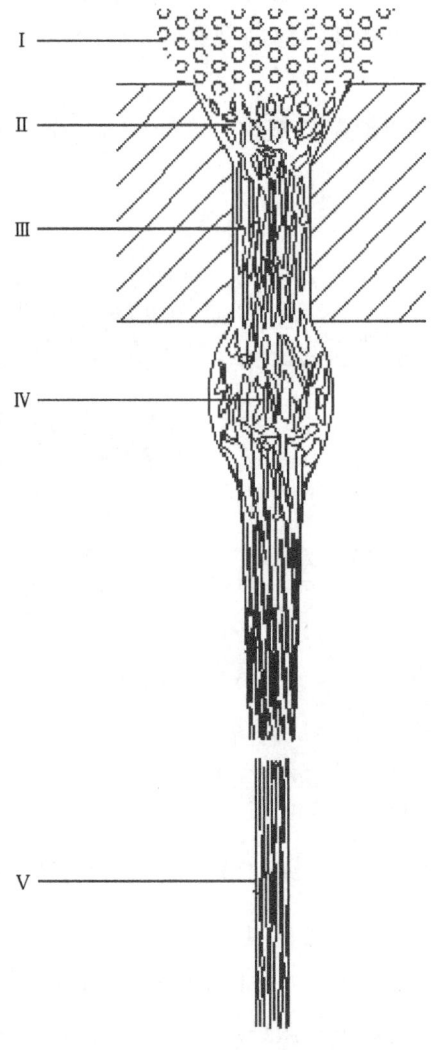

图2-13-7 共混纺丝成型过程示意图

成型过程分为五个阶段：

第Ⅰ阶段：共混物熔体进入喷丝孔道的喇叭口之前，未受轴向剪切力作用，由于表面张力作用，分散相以大小不等的球状分散于连续相中。

第Ⅱ、Ⅲ阶段：熔体进入喷丝孔的导角及孔道后，在剪切力的作用下被连续相包围的分散相熔体粒子逐渐被拉长变细形成平行排列的较粗的熔体细流。

第Ⅳ阶段：熔体流出喷丝孔口后，由于大分子的黏弹特性而发生松弛，宏观上表现为出口胀大，熔体细流中弹性较高的分散相有回复成球状的倾向。

第Ⅴ阶段：借助于卷绕张力，分散相随熔体细流一起被拉长变细逐渐细化，而后被冷却固化形成基体—微纤型纤维。

非相容高聚物共混纺丝过程中基体—微纤（海—岛）型结构的形成与控制的影响因素主要有：

（1）非相容高聚物原料的共混体积比。

（2）共混组成物在纺丝工艺条件下的熔体黏度比。

（3）共混组成物间混合效果。

（4）相容剂的种类及添加量。

这些因素不仅可以影响纤维成型过程的可纺性，还能调控分散相的尺寸和分布均匀性，还可调控连续相与分散相构成物的归属。其中相容剂的种类与添加量对调控分散相的尺寸和分布均匀性有重要意义，它同时还会影响纺丝过程的可纺性优劣。如图 2 - 13 - 8、图 2 - 13 - 9 所示，在 PA6/LDPE 共混体系中添加 0 ~ 5%（质量分数）相容剂时，共混纤维的相结构会发生很大变化。

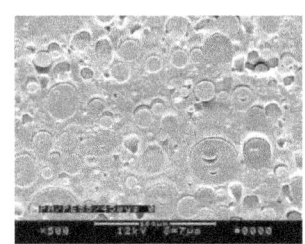 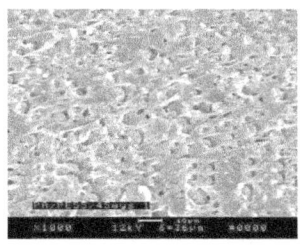 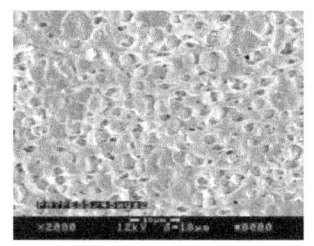

(a)相容剂添加量0(×500)　　(b)相容剂添加量1%(×1000)　　(c)相容剂添加量2%(×2000)

图 2 - 13 - 8

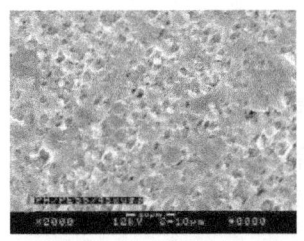 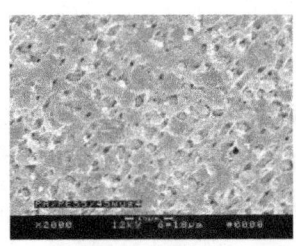 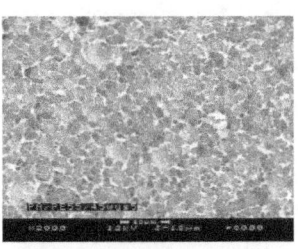

(d)相容剂添加量3%(×2000)　　(e)相容剂添加量4%(×2000)　　(f)相容剂添加量5%(×2000)

图2-13-8　不同相容剂添加量共混纤维的横截面

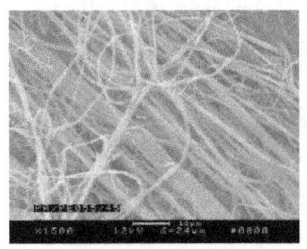 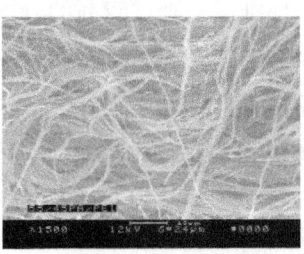 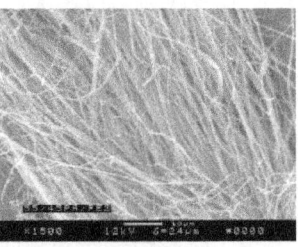

(a)相容剂添加量0(×1500)　　(b)相容剂添加量1%(×1500)　　(c)相容剂添加量2%(×1500)

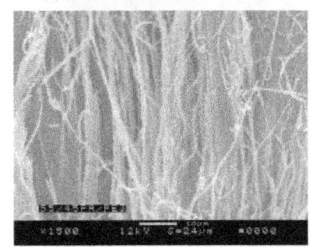 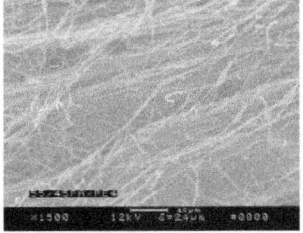 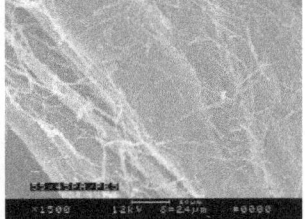

(d)相容剂添加量3%(×1500)　　(e)相容剂添加量4%(×1500)　　(f)相容剂添加量5%(×1500)

图2-13-9　不同相容剂添加量的共混纤维剥离效果

由图2-13-8、图2-13-9可见：

（1）相容剂的添加可以调控分散相的尺寸大小和均匀性，未添加相容剂的图2-13-8（a）中，分散相尺寸很大（放大倍数为500倍），且均匀性极差；与其相对应的经甲苯抽提剥离后的纤维［图2-13-9（a）］也很粗且粗细不一；纺丝时的可纺性不良。

（2）相容剂添加量为1%~2%的图2-13-8（b）时，分散相的尺寸细化且变得均匀，经甲苯溶除LDPE后的图2-13-9（b）能有效地剥离为均匀纤细的PA6超细纤维；可纺性良好。

（3）而由图2-13-8（d）、（e）、（f）及图2-13-9（d）（e）、（f）可

见，相容剂添加量大于或等于 3% 时，纤维横截面可见分散相已成为非圆形，且无法有效地剥离为超细纤维。

PA6 的熔融温度为 221℃，LDPE 的熔融温度为 107℃。由图 2 – 13 – 10、图 2 – 13 – 11 可见，经二甲苯处理后的试样，随相容剂添加量的增加，PA6 熔融峰面积基本不变，而在 LDPE 熔点处出现一个熔融峰，且峰面积随相容剂添加量的增加而渐增。用甲酸处理的纤维则显示出 LDPE 熔融峰面积基本不变，PA6 的熔融峰面积随相容剂量的增加而逐渐增大。表明相容剂的适量添加增强了共混两组分的相互作用，两组分间发生了如图 2 – 13 – 12 所示的化学反应，降低了两组分间的表面张力，促进了分散相的均匀细化，同时改善了可纺性。但当相容剂添加量过多时，两组分间的化学键过强，纤维变得更加粗大，且利用溶剂无法溶除两组分相互通过化学键结合的部分。

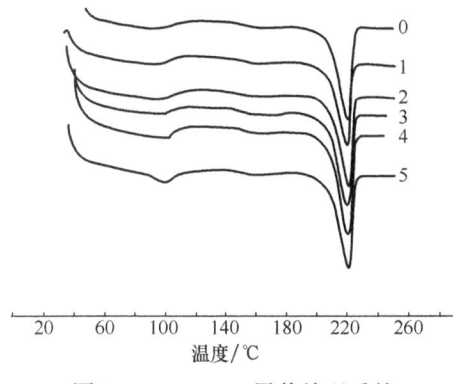 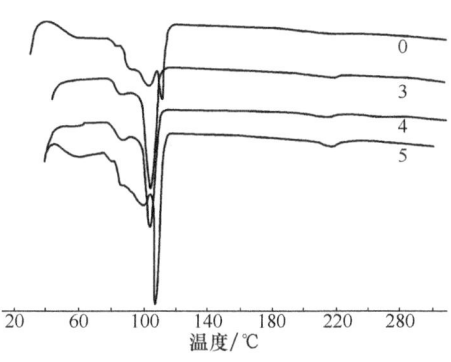

图 2 – 13 – 10　二甲苯处理后的　　　　图 2 – 13 – 11　甲酸处理后的
共混纤维 DSC 曲线　　　　　　　共混纤维 DSC 曲线

（注：曲线上数字为相容剂添加质量百分比）

图 2 – 13 – 12　相容剂 PE—g—MAH 与共混组分的相互作用

（R 为聚烯烃）

由图2-13-13可见PP/EHDPET共混纤维相形态结构随PP体积分数不同而转变。图示为PP与易水解聚酯（EHDPET）不同体积组成比的共混纤维，又经碱水解溶除EHDPET后的试样SEM照片。

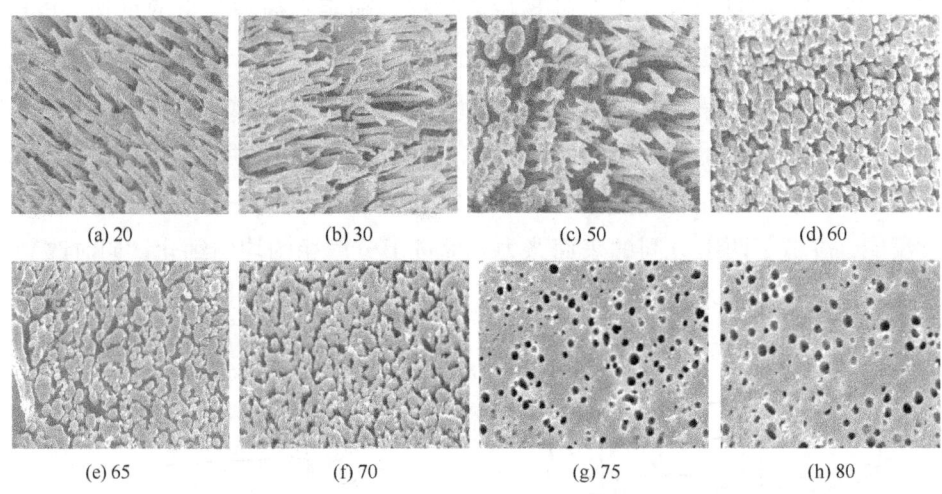

　(a) 20　　　　　　(b) 30　　　　　　(c) 50　　　　　　(d) 60

　(e) 65　　　　　　(f) 70　　　　　　(g) 75　　　　　　(h) 80

图2-13-13　PP/EHDPET共混纤维随PP体积分数相形态结构的转变过程

由PP与EHDPET共混纤维的形态结构观察可见，当PP的体积分数≤50%时，PP以分散相形态存在，PP的体积分数越小，纤维越细；PP的体积分数在60%~70%时，共混物处于 A in B in A 的互为分散相与连续相的结构，即A中有B，B中有A，这种状态下最难进行纺丝加工；PP的体积分数≥75%时，EHDPET被碱液溶除而形成空洞，表明PP已转变为连续相。倘若欲制备PP超细纤维，在本试验所选用的相对分子质量的条件下，PP在共混物中的体积分数应<50%，且PP的体积分数越小，得到的纤维越细。当PP的体积分数高于75%时，EHDPET转换为分散相，用稀碱溶液水解并溶除EHDPET后，可得到多孔的藕状PP中空纤维。利用这一原理，将PP/EHDPET共混物纺制中空纤维，使EHDPET以分散相形式均匀地分散于PP中，再溶除EHDPET后，可制成PP管式微孔膜，同理也可制成平板微孔膜。当然，这些膜的最终应用领域是多样的，例如纯净水的过滤材料、化工企业耐腐蚀液体的过滤材料、电池隔膜用材料等。当然，举一反三，更换分散相和连续相成分就会又有新的材料出现了。

2.13.3　非相容高聚物共混纺丝制备基体—微纤型纤维实例

　　尽管目前在超细纤维合成革制造中主要是在采用 PA6/LDPE 体系，但是，应当说凡是能够满足前述制备基体—微纤型结构的非相容高聚物体系，又能保证超细纤维合成革性能的均可被应用。举图 2－13－14 实例如下：

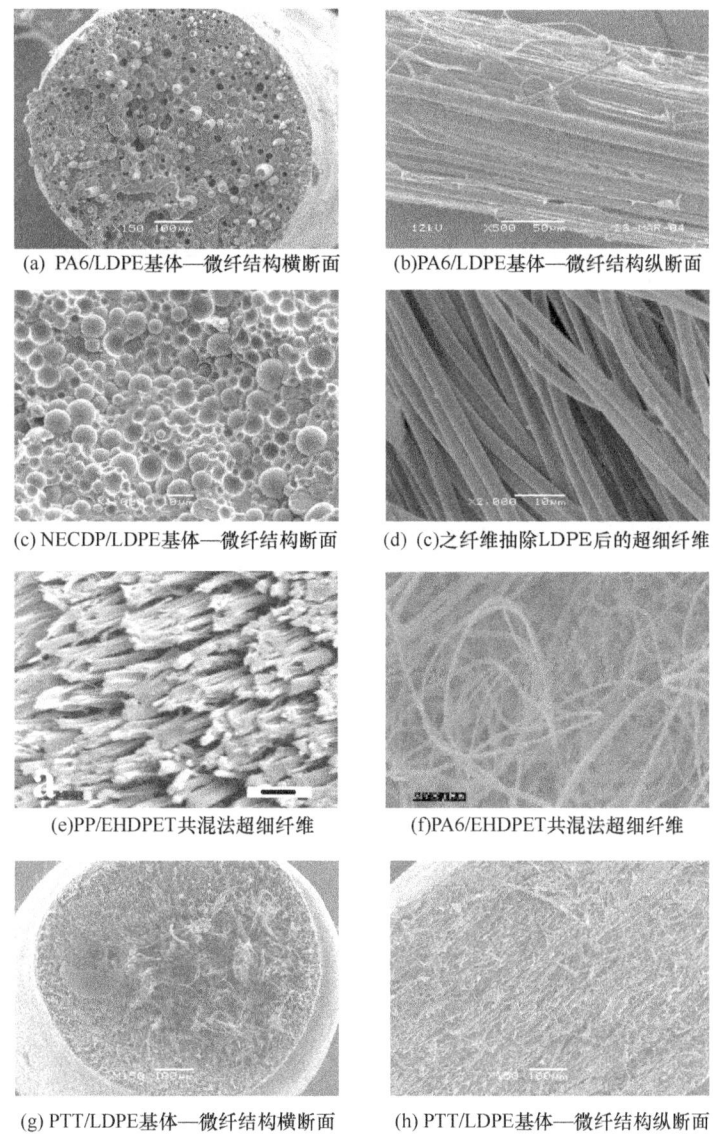

(a) PA6/LDPE基体—微纤结构横断面　　(b)PA6/LDPE基体—微纤结构纵断面

(c) NECDP/LDPE基体—微纤结构断面　　(d) (c)之纤维抽除LDPE后的超细纤维

(e)PP/EHDPET共混法超细纤维　　(f)PA6/EHDPET共混法超细纤维

(g) PTT/LDPE基体—微纤结构横断面　　(h) PTT/LDPE基体—微纤结构纵断面

图 2－13－14　非相容高聚物共混纤维实例

2.13.4　超细纤维合成革微观结构

超细纤维合成革依据用途有绒面革与光面革两类，图2-13-15是超纤革表面经过起绒处理的绒面革，若在其中一面贴PU胶面，则成为图2-13-16的光面革。将非相容高聚物共混纤维的高密度针刺非织造布含浸PU胶后，进入含有较低浓度DMF的水中，利用DMF在PU胶和凝固浴中的浓度差，PU胶中溶剂DMF扩散入水，其原占空间形成孔洞，凝固浴中的水则向PU胶渗透、扩散并最终PU固化；又经甲苯溶除LDPE，PA6形成超细纤维，在超细纤维与PU胶间形成间隙，超细纤维合成革形成了如图2-13-17所示的结构，孔洞和间隙为超纤革提供了弹性和透气性。此类以非相容高聚物共混纺丝技术制造的超纤革俗称"不定岛超细纤维合成革"（图2-13-18），即岛组分超细纤维的直径及岛数量均为不确定，纤维不连续且不定长，岛径通常较细，线密度在0.005dtex以下。也有采用复合纺丝海岛纤维非织造布为原料制超细纤维合成革的技术，俗称为"定岛超细纤维合成革"（图2-13-19），即岛组分超细纤维的直径及岛数量均为确定值，但是岛径通常较粗，线密度在0.05dtex左右，且超细纤维具有连续性，将预先制成的连续海岛纤维切断成短纤维，再制成非织造布。

非相容高聚物共混纺丝成纤过程中还会有其他结构的形成。图2-13-20是在很多书中常提及的所谓岛中有海，海中有岛的AinBinA结构。图2-13-21是非相容高聚物中的分散相相互之间由于表面张力作用发生再凝聚现象，形成的所谓"聚并"结构；由"聚并"结构物经过拉伸，再将包覆于分散相外层的连续相溶除后，显现出的是一支支树杈之间又再相互缠结的"束状"超细纤维网（图2-13-22），此类图像在文献中鲜有报道。

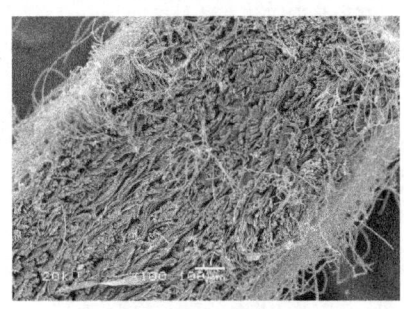

图2-13-15　绒面超纤
革断面及表面

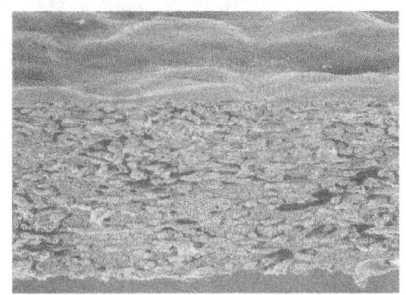

图2-13-16　光面超纤革断面
及表面结构

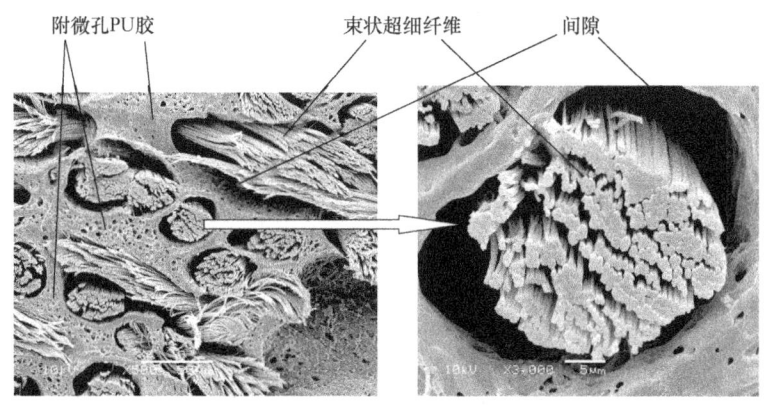

图 2 – 13 – 17　超细纤维合成革断面微细结构放大

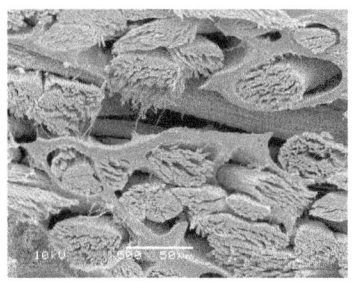

图 2 – 13 – 18　不定岛超细纤维
合成革断面结构

图 2 – 13 – 19　定岛超细纤维合成革
断面结构

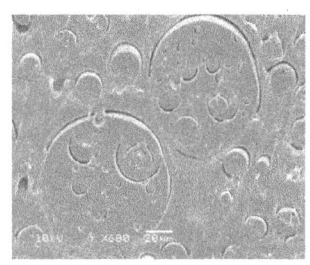

图 2 – 13 – 20　A in B in A
结构

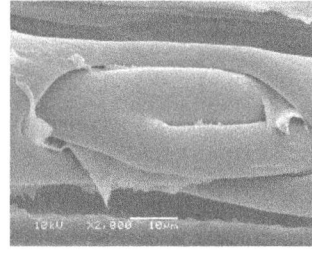

图 2 – 13 – 21　分散相的
再凝聚结构

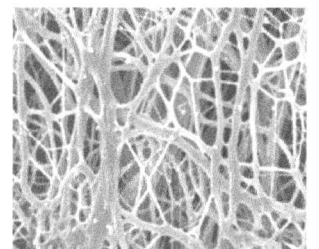

图 2 – 13 – 22　"束状"
超细纤维网结构

2.13.5　超细纤维及其合成革的应用

天然皮革资源有限，优良性能仿真合成革的开发成为人类的追求。目前的超细纤维合成革主要是以聚氨酯（PU）为基体，超细纤维非织造布为增强的复合材料。超纤革的性能和形态结构与天然革很相似，但超细纤维合成革强度高，耐水洗，防虫蛀，不仅被用于服装、服饰，还广泛地用于鞋、箱包、沙发、汽车内装饰、高尔夫手套以及各种球革等，见图 2 - 13 - 23。超细纤维的非织造布还可广泛地应用于饮用水，生活废水，钢铁、化工、石油、医用、防毒面具等行业的精细过滤材料。这些都更加促进了它在产量与品质方面的提高与发展。

图 2 - 13 - 23　超细纤维合成革及其应用实例

2.13.6　超细纤维非织造布在产业领域应用

当前，超细纤维非织造布主要应用于超细纤维合成革，也有一部分用于擦拭布。除上述应用领域外，超细纤维非织造布还有如图 2 - 13 - 24 所示的许多应用领域有待开发。

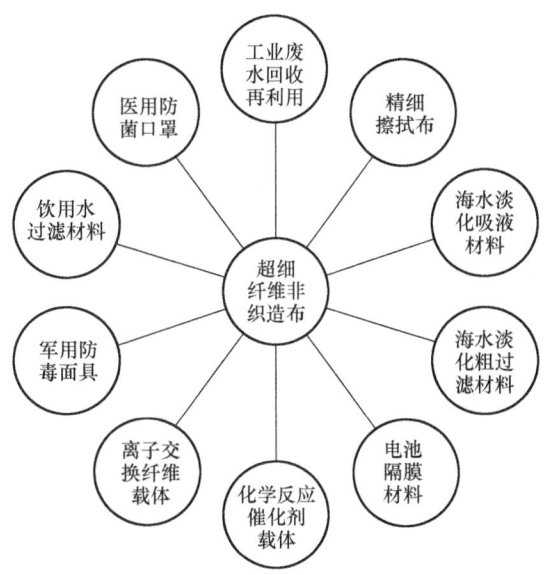

图 2 - 13 - 24　超细纤维在产业领域的应用前景

2.13.7　微胶囊及纳米粉体在聚氨酯超纤革中的应用

如图 2 - 13 - 25 ~ 图 2 - 13 - 27 所示，将填充有热致变色剂、相变材料（PCM）或香味剂等的微胶囊分散于聚氨酯溶液，涂敷于合成革表面，这样可显著降低膜的密度和增加膜的厚度，增加微孔的体积分数，调节温度，散发香味，提高膜的透气性能，以及改善超纤革的手感和弹性，赋予合成革相应的功能，图 2 - 13 - 28 是热致变色胶囊经加热后显现出铭牌标识的应用实例。

图 2 - 13 - 29 是在湿法 PU 层形成过程中，在 PU 胶中添加少量超细羽绒粉体或木素粉体，在 PU 凝固成型过程中会在粉体与 PU 胶间形成微孔。

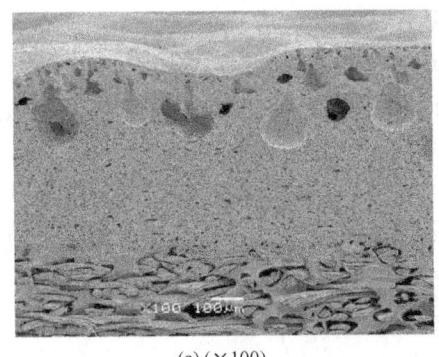
(a)(×100)

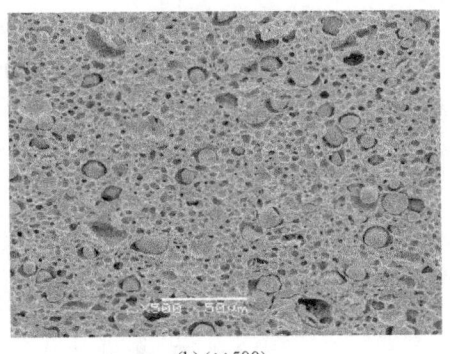
(b)(×500)

图 2 - 13 - 25　超纤革表面 PU 胶内的微胶囊

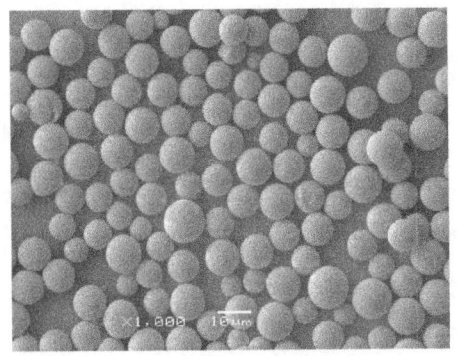

图 2 - 13 - 26　微胶囊（直径 10μm）

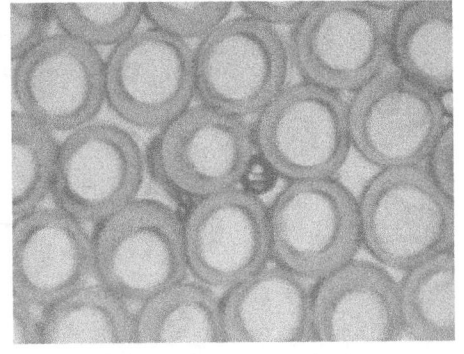

图 2 - 13 - 27　微胶囊断面

图 2 - 13 - 28　热致变色
胶囊应用实例

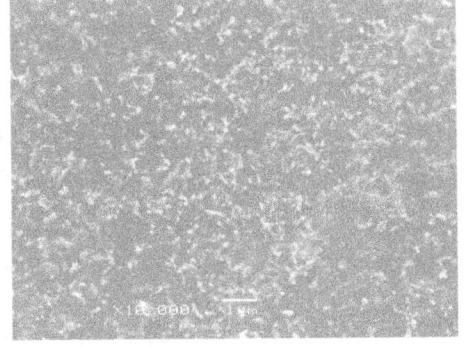

图 2 - 13 - 29　PU 胶添加有机或
无机粉体改性超纤革

2.13.8 多孔中空纤维

利用两种具有不同溶剂的高聚物组分纺制成海岛型复合纤维（图 2 - 13 - 30），而后使用可溶解岛组分的溶剂溶除岛组分，即可得到孔数及孔径一致的藕状多孔中空纤维（图 2 - 13 - 31）。利用两种具有不同溶剂，同时又属非相容性的高聚物组分纺制成基体—微纤型（即不定岛）纤维（图 2 - 13 - 32），而后使用可溶解岛组分的溶剂处理纤维，也可得到图 2 - 13 - 33 的多孔藕状中空纤维，但其孔数及孔径无规。多孔藕状中空纤维具有质轻、隔热、压缩弹性好的特点，适用于制造鞋用合成革基布。还可用于作救生衣等漂浮用品的填充材料。如若向孔洞中充填功能性物质，如药物、导电物质、相变材料等，便可得到功能性纤维材料。

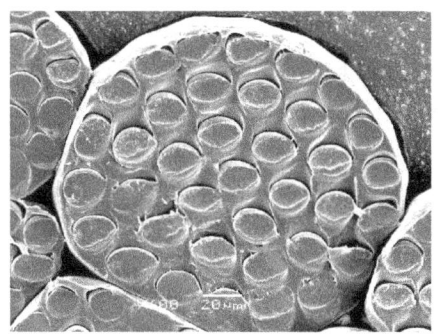

图 2 - 13 - 30　海岛型复合纤维

图 2 - 13 - 31　溶除岛组分后的
多孔藕状中空纤维

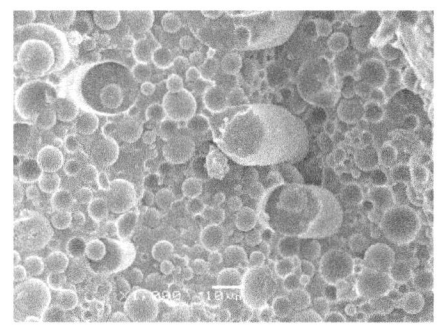

图 2 - 13 - 32　基体—微纤型纤维

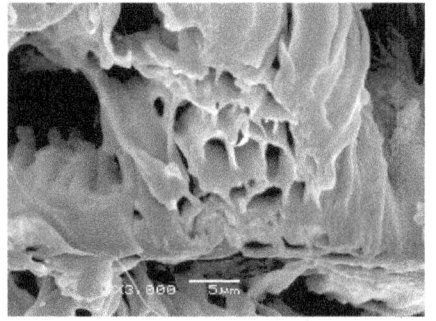

图 2 - 13 - 33　溶除微纤组分后的
多孔藕状中空纤维

2.14 新型常压可染超细纤维

2.14.1 新型阳离子染料常压可染聚酯超细纤维

无论采用海岛型复合纺丝技术或是采用非相容高聚物共混纺丝技术制造超细纤维时,其岛组分或是采用PA6,或是采用PET,由于经过剥离后得到超细纤维染色后的显色性不良以及染料的迁移,带来一个共同的难点——难于获得深染效果。合成的新型阳离子染料常压可染聚酯(NECDP)可以作为岛组分制备基体—微纤型纤维(图2–14–1、图2–14–2)或海岛型复合纤维(图2–14–3),经剥离后获得可在常压条件下深染的超细纤维(图2–14–4),颜色鲜艳,且具有优良的耐皂洗、耐摩擦、耐日晒牢度。

2.14.2 新型分散染料常压可染聚酯超细纤维

以新型分散染料常压可染聚酯NEDDPET为岛组分,EHDPET为海组分纺制了海岛型复合纤维,将其织物用碱减量法溶除海组分,并不会伤及岛组分(图2–14–5),得到NEDDPET超细纤维织物仍保证具有良好的力学性能。使用多种颜色的染料在98℃常压条件下的染色结果表明,可以实现良好的染色效果(图2–14–6)。也可以在120℃的温度下染得深黑或藏蓝颜色。图2–14–7在常压100℃的染色结果表明,NEDDPET超细纤维优于PET超细纤维。而且,图2–14–8显示75旦/48f的NEDDPET纤维织物在100℃和130℃的条件下染色效果几乎无差别,K/S值的分析也给出了同样的结果。0.06旦的NEDDPET超细纤维织物和75旦/48f的NEDDPET纤维织物可以实施数码转移印花(图2–14–9、图2–14–10)。0.06旦的NEDDPET超细纤维印花织物也可以常压下完成定型(图2–14–11)。

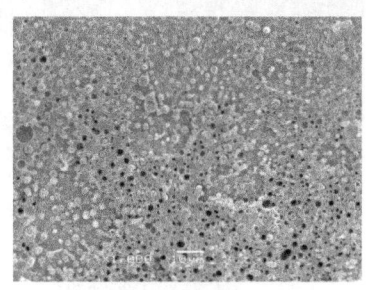 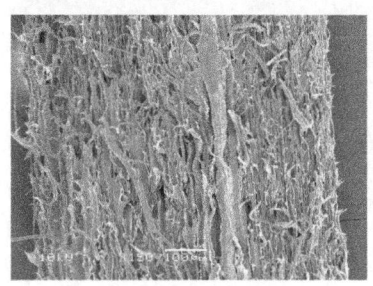

图2–14–1 NECDP/LDPE   图2–14–2 NECDP/LDPE
基体—微纤型纤维横断面   基体—微纤型纤维纵断面

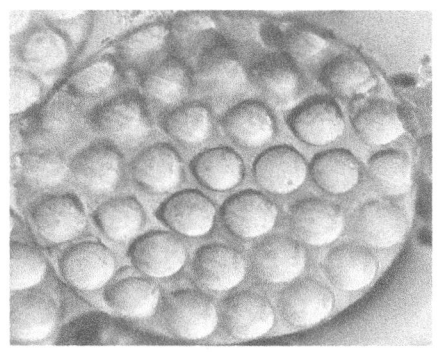

(a)复合纤维横断面

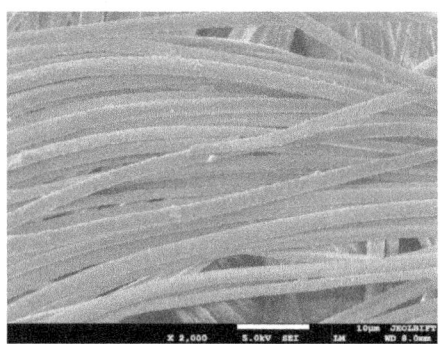

(b)复合纤维剥离后的

图 2 – 14 – 3　NECDP/LDPE 海岛复合纤维

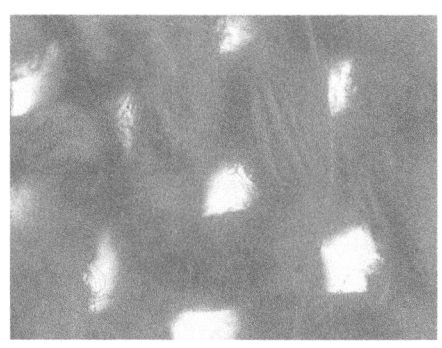

(a) 0.005dpf

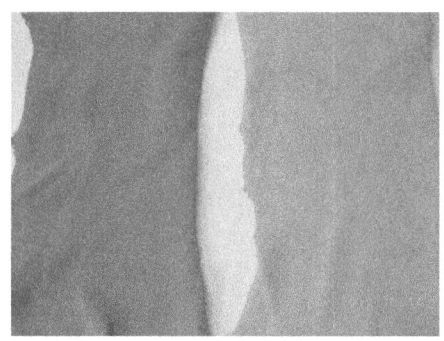

(b) 0.006dpf

图 2 – 14 – 4　超细纤维阳离子染料常压染色织物（见彩图）

图 2 – 14 – 5　海岛复合纤维碱
减量后 NEDDP 超细纤维

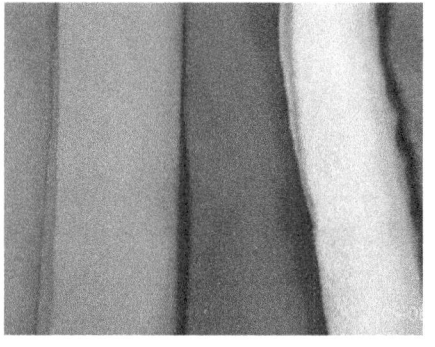

图 2 – 14 – 6　0.06 旦 NEDDP 超细
纤维常压染色麂皮绒（见彩图）

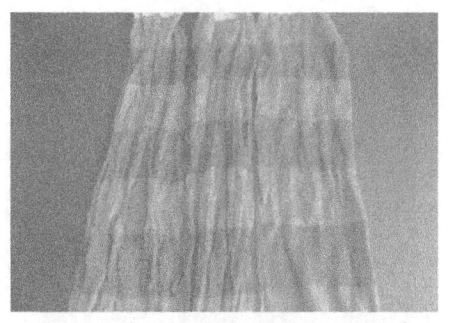

图2-14-7 0.06旦超细纤维织物
染色（深色：NEDDP；浅色：PET）

图2-14-8 75旦/48fNEDDP
纤维织物染色（见彩图）
（上排：100℃染；下排：130℃染）

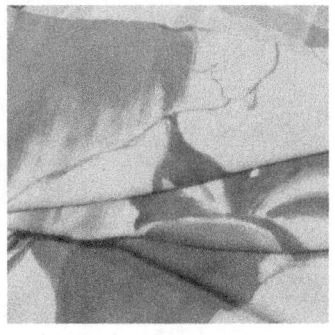

图2-14-9 0.06旦
NEDDP超细纤维
织物数码印花

图2-14-10 75旦/48f
NEDDP纤维织物
数码印花（见彩图）

图2-14-11 0.06旦NEDDP
超细纤维印花织物
（见彩图）

2.15 产业用纺织品

2.15.1 医疗与卫生用纺织品

医疗用纺织品（Meditech）是指应用于疾病治疗和防护用纺织品。如患者和护理人员使用的口罩、大褂、帽子、鞋套、床单、门帘等，以及在手术室医护人员所穿戴的手术服、口罩、帽子以及手术所用的洞巾、床单（图2-15-1）、防护服（图2-15-2）等。这种纺织品要能满足防病毒、防渗透、不落絮等多种功能的要求。还有直接用于医疗操作或植入人体的医用材料，如绷带、外科手术缝合线、人造心脏（图 2 – 15 – 3）、人造皮肤（图 2 – 15 – 4）、人造血管（图 2 – 15 – 5）等。人造关节、人造骨骼等也是以纺织品为增强骨架的复合材料。卫生用纺织品是指为保证家庭清洁和个人卫生的制品。应用最多的是一次性擦拭布、湿纸巾、婴儿尿布、卸妆用擦布、去死皮擦布、成人失禁尿垫、女性卫生护理湿巾等。

  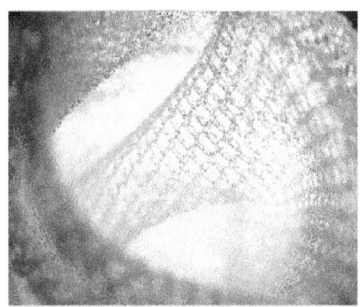

图 2 – 15 – 1　手术服、　　　图 2 – 15 – 2　防护服　　　图 2 – 15 – 3　人造心脏
　　　洞巾等　　　　　　　　　　　　　　　　　　　　内部结构（见彩图）

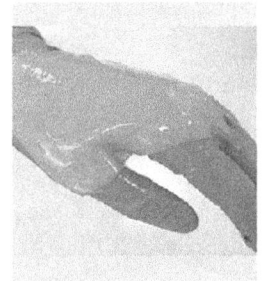 

图 2 – 15 – 4　人造皮肤　　　图 2 – 15 – 5　涤纶人造血管（见彩图）

2.15.2　过滤分离用纺织品

应用于气/固分离、液/固分离、气/液分离、固/固分离、液/液分离、气/气分离等领域的纺织品统称为过滤分离用纺织品（filter and separation textiles），在食品、电子、医药和化工行业具有广泛的应用。如电子、微电子、半导体工业用高纯水预过滤，食品工业中各种饮料及酒类的生产过程。在医用领域的肾脏病人的血液透析，要把正常的血液与血液中的有害物分离。在环保领域中体育场馆、会议大厦、剧场等大型建筑的送风系统也必须对空气过滤（图 2 – 15 – 6 ~ 图 2 – 15 – 8），从燃煤锅炉、炼钢厂高炉以及垃圾焚烧

气体排放的高温废气的粉尘过滤均需要特殊的分离过滤用（图2-15-9）纤维和纺织品。汽车用的空气滤清器（图2-15-10）、燃油滤清器和机油滤清器，其滤芯都是过滤用纺织材料。这种滤芯的材料看起来外观像纸，而实际上，它们是湿法成网的非织造布。

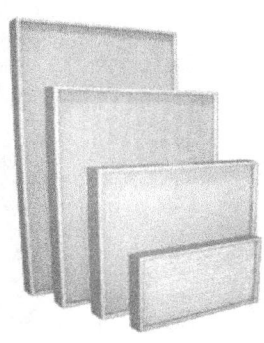

图2-15-6 洁净车间
屋顶通风过滤

图2-15-7 空调过滤
元件

图2-15-8 空气
过滤袋

图2-15-9 耐高温气体袋式除尘器

图2-15-10 车用滤清器

2.15.3 土工用纺织品

土工用纺织品（geotech/geotextile）（图2-15-11）是指应用于岩土工程、环境土木、水利和交通工程，可用来隔离、过滤、增强、防渗、防护和排水等一种或多重功能的纺织品。可由各种纤维材料通过机织、针织、非织造或复合等加工方法制成。依使用目的不同，其结构和性能也有不同的要求。如可用于公路（图2-15-12）铁路路基、机场跑道建设，能有效保证工程质量，延长使用寿命。使用土工膜作为农村水道、沟渠（图2-15-13）、河流、水库堤坝（图2-15-14）建设的衬底，可以极大地减少水的渗透和水土流失。在国家基础设施建设中，土工纺织品取代了木材的地位，与水泥、钢材并列为三大建筑材料。

图2-15-11 土工布

图2-15-12 沥青及混凝土
路基强化材料

图2-15-13 水渠底
强化材料

图2-15-14 河堤、水库大坝
强化材料

2.15.4 建筑用纺织品

建筑用纺织品（buildtech）包括临时建筑用、建筑物结构中长久存留用以及建筑结构材料等三大类。最常见的是在建筑施工过程使用的防护网和安全网（图2-15-15），其中平网是为接挡坠落的人和物用，立网是为防止人或物坠落。此外，它还可防止灰尘飞扬、杂物掉落，保护施工现场环境。在建筑物结构中使用的纺织品主要具有增强（图2-15-16）、修复、防水、隔

热、吸音隔音、视觉保护、防日晒、抗酸蚀、减震等建筑安全、环保节能和
舒适功能。如防水卷材（图2－15－17～图2－15－19），主要是用于建筑墙
体、屋面，起到抵御外界雨水、地下水渗漏的作用。现在使用的丙纶长丝热
轧纺粘非织造布为增强层，用聚乙烯树脂为主防水层的新型防水卷材早已取
代了以往的油毡纸。一种经涂层处理的玻璃纤维织物被用于建筑物的内墙和
外墙，防火等级可达A2级，使用寿命达到30年以上，抗拉强度大，可以抵
御12级以上台风，外墙装修快，美观，整体建筑结构比玻璃幕墙轻2倍以
上。膜结构材料（图2－15－20、图2－15－21）是技术含量很高的建筑结构
材料，水立方及鸟巢等新型建筑均有应用。内墙使用的壁纸或壁布（图2－
15－22），是非织造布经涂层而成，不但有装饰效果，而且现代的产品能阻
燃，有保温、墙体增强的作用。

图2－15－15　建筑用防护网和
安全网

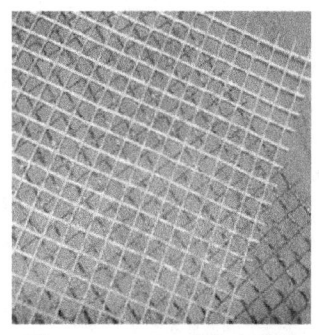

图2－15－16　建筑内外墙
水泥增强编织网

图2－15－17　屋顶防水
处理材料

图2－15－18　巷道或隧道内
防水处理材料

图 2 - 15 - 19　建筑物地基
防水处理材料

图 2 - 15 - 20　建筑用膜
结构材料（见彩图）

图 2 - 15 - 21　建筑用膜结构材料

图 2 - 15 - 22　室内墙壁纸

2.15.5　交通工具用纺织品

汽车、火车、船舶、飞机等交通工具也离不开纺织品，例如汽车及飞机轮胎帘子布、内饰用纺织品、安全带和安全气囊、填充用纺织品、过滤用纺织品等统称为交通工具用纺织品（mobiltech）。

汽车轮胎（图 2 - 15 - 23）的外层看到的是橡胶，其内层是由多层帘子布（图 2 - 15 - 24）构成的骨架，它与橡胶贴合在一起，增强了轮胎的强度和尺寸稳定性，保证了安全性并延长了轮胎的使用寿命。汽车安全带是用高强度、低延伸性的聚酯纤维织成，安全气囊的增强面料是使用高强度的尼龙长丝经过精细的纺织加工而成，再附以气体发生器，构成完整的气囊。车辆的内饰材料（图 2 - 15 - 25、图 2 - 15 - 26），包括顶棚、立柱、坐椅、车门、后备箱、地毯等处都少不了纺织品，它们不只是在风格和色彩上与整车协调，而且要满足阻燃、无异味、耐磨、不褪色，甚至可回收的要求。为了隔音、隔热，在汽车的很多部位都使用了纺织品与其他材料复合而成的填充材料。每辆汽车纺织品的用量在 20kg 左右。在火车、船舶和飞机上同样有类似的用途。

为了减轻汽车、飞机、轮船的结构材料重量并提高其性能，目前都在研究使用纺织复合材料代替金属材料，一旦这一技术得到推广，纺织纤维和纺织品的应用量会进一步增加。

图 2 – 15 – 23　重型汽车轮胎　　　　图 2 – 15 – 24　帘子布

图 2 – 15 – 25　火车的内饰材料　　　图 2 – 15 – 26　汽车的内饰材料

2.15.6　安全与防护用纺织品

安全与防护用纺织品（safety and protective textiles）包括个体防护装备和防护服两类。盔甲的"盔"是头部的防护装备，而"甲"就是保护躯干的防护服。防护装备有人所共知的帽、鞋、吊带、手套等，而现代的头盔（图 2 – 15 – 27）则是由高强、高模量的超高分子量聚乙烯纤维或芳纶 1414 与树脂构成的复合材料，质轻且性能远优于以前的钢盔。

根据不同的使用环境，防护服又有防切割、防刺、防弹（图 2 – 15 –

28)、防电弧（图2-15-29）、防爆（图2-15-30）、防火，防尘，防生化（图2-15-31）、防辐射等功能。这些防护用品和服装广泛用于石油、冶金、发电、水利、矿山、海运、消防、救生等方面。

当技术措施尚不能完全消除生产和生活中的危险和有害因素时，佩戴个体防护装备就成为防御外来伤害、保证个体的安全和健康的唯一手段，是最后的一道防线。俗话说，"一物抵一命"，在工业生产中，每年因为防护用品不合格或没有佩戴防护用品所造成伤害致死的人数，占全国伤害总死亡人数的15%。

由于国家对劳动者安全的重视，所以，这一类纺织品的研究、开发的力度越来越大，成为产业用纺织品中一个重要的分支。

图2-15-27 防护头盔

图2-15-28 防弹背心

图2-15-29 防电弧服

图2-15-30 防爆服

图2-15-31 防生化服

2.15.7 结构增强用纺织品

复合材料中作为增强用的骨架材料均属结构增强用纺织品（textiles for reinforcing structure/reinforcement textiles），可以使用短纤维、长丝、纱线以及各种织物和非织造物。世界纤维增强材料的总量近 400 万吨。

例如纤维增强水泥制品和沥青路面，不仅减轻材料质量，还能提高工程质量，延长使用寿命。航空航天器的结构增强材料（图 2 - 15 - 32）、羽毛球拍、撑竿跳高的竿、钓鱼竿等制品也是纤维增强树脂材料。在石油化工的各种管道、储槽、塔器等，飞机地板、尾舵、机翼和螺旋桨等，小型船壳、船舱、汽车上多种零部件，高速运行的火车车头、车厢、窗框、车棚、水箱以及整体卫生间等均采用了纤维增强塑料（图 2 - 15 - 33），大大减轻运输工具自身的重量，提高了运输效率，节约了能源。空客 A380 中使用的碳纤维类高强高模、质轻的纤维复合材料（图 2 - 15 - 34）占机身总重的 25%，可大大节约油料并增加载重量。风力发电机的叶片（图 2 - 15 - 35）也是高强高模且耐候性纤维织物增强的复合材料。

图 2 - 15 - 32　空间站用复合材料

图 2 - 15 - 33　动车组车头
用复合材料

图 2 - 15 - 34　飞机机翼、尾翼、
部分机身用复合材料

图 2 - 15 - 35　风力发电机叶片
用复合材料

2.15.8 农用纺织品

农用纺织品（agrotech/agrotextiles）是用于农业耕种、园艺、森林、畜牧、水产养殖及其他农、林、牧、渔业作业的纺织品，它被用于动植物生长、防护和储存过程中各个环节。

阳光、雨水、风，相关生物等既是农牧业得以生存的根本，又会对农牧业造成伤害，农牧业就是在正确地掌控这一平衡中发展的。农业用纺织品的使用，就是人为调整阳光、雨水、风以及相关生物作用的一种手段。农用非织造布和针织网的被覆材料被用于防寒防冻、遮阳防旱、防鸟防虫（图2－15－36）、防野草生长育苗（图2－15－37）、保温保湿（图2－15－38）、保护果树等。有逐步取代农用薄膜、塑料等材料的趋势。

利用非织造布和针织布辅以涂层所生产的滴灌（图2－15－39）和毛细灌溉制品正在替代原始的大水漫灌，特别是在干旱地区，具有极其重要意义。使用复合织物制成的移动水库（图2－15－40）可以储存雨水，用以灌溉备用；也可以用于如地震等临时灾害场合下的临时储水设施。新型纺粘法聚丙烯非织造布水稻育秧盘，隔离性好、强度高、质轻、效果好，正在逐步取代塑料软盘育苗。

图2－15－36　防鸟防虫网

图2－15－37　育秧大棚

图2－15－38　保温保湿大棚

图2－15－39　滴灌现场

图 2 - 15 - 40　移动水库（见彩图）

2.15.9　包装用纺织品

包装用纺织品（packaging textiles）是为将各种物品在存储和流通过程中保护产品，方便储运，促进销售而制成的纺织类容器、材料及辅助物。例如非织造布的简易整理箱（图 2 - 15 - 41）、服装储存袋（图 2 - 15 - 42）、鞋类内包装、鲜花和礼品（酒类、食品）等包装。还包括袋泡咖啡、袋泡茶叶和袋泡中药所使用的袋子都是非织造布，它们带给人以诸多方便。编织袋和非织造布袋也广泛地用于粮食、化肥、化工产品、水泥、建材等散装货物的包装（图 2 - 15 - 43）。

包装袋有以下几类：塑料编织布、纯棉包装袋、麻类包装袋、玻璃纤维涂覆包装袋及一种新型的以化纤编织袋（简称布）为基材，把牛皮纸和塑料编织布复合在一起而成的（布、蜡、纸三层复合）纸塑复合袋。还有一种是集装箱充气袋，也有称集装箱缓冲气袋或防震缓冲充气袋。它同样是纺织品与纸复合而成，且密封性更高，加装在集装箱里，可防止在运输过程中集装箱内的货物相互碰撞。

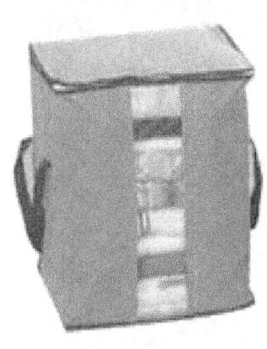

图 2 - 15 - 41　简易
整理箱

图 2 - 15 - 42　服装
储存袋

图 2 - 15 - 43　大型散装
货物包装袋（见彩图）

2.15.10 文体与休闲用纺织品

在文化、体育、休闲、娱乐等领域中也有许多纺织品应用，这类纺织品统称文体与休闲用纺织品（sport and entertainment textiles）。用量最多的当属各种运动服装、鞋袜，运动场用品，如足球门网、篮球筐网，羽毛球、排球和网球场的网子，人造草坪（图 2 – 15 – 44）、航空伞、运动员佩戴的各种防护用品等。休闲用纺织品如旅行用品、箱包、室外用太阳伞、沙滩椅、帐篷、临时更衣间、休闲床（图 2 – 15 – 45、图 2 – 15 – 46）等。在文艺演出时，所有演职人员的服装、道具，舞台上大量使用的幕布、布景（图 2 – 15 – 47），有些还需要严格的阻燃处理，以保证安全，还有休闲用热气球及降落伞等（图 2 – 15 – 48）。

图 2 – 15 – 44 人造草坪

图 2 – 15 – 45 临时屏障

图 2 – 15 – 46 休闲床

图 2 – 15 – 47 舞台幕布

图 2 - 15 - 48　热气球

2. 15. 11　篷帆类纺织品

篷帆类纺织品（textiles of canvas and tarp）是指应用于运输、仓储、广告、居住、鞋、旅行袋、背包等面料领域的帆布和篷布。篷布是指涂覆聚氯乙烯（PVC）或其他涂层的棉或化纤织物。最常用的是汽车盖布（图 2 - 15 - 49）、帐篷（图 2 - 15 - 50），多用于野外作业、露营训练、临时会所及部队指挥所、野战医院、休闲旅游等。另一类是用作仓储、货运等篷盖布，达到防水、防火、防腐蚀等。涂有 PVC 的聚酯长丝织物还用作柔性的灯箱广告材料，它强度高，耐气候老化，可以在户外长期使用。涂覆 PVC 的玻璃纤维织物强度高、耐久性好、难燃、自洁性好、耐紫外线，使用寿命可达 20 年以上，非常适合作为室外轻型遮阳防雨篷（图 2 - 15 - 51）等建筑物的屋顶。

图 2 - 15 - 49　汽车盖布　　　　　　图 2 - 15 - 50　野外帐篷

图 2 - 15 - 51   遮阳防雨篷

2.15.12   隔离与绝缘用纺织品

隔离与绝缘用纺织品（textiles for insulation and separation）往往具有隔离或绝缘一种或同时兼有两种性能。隔离一般是指隔热、防火、挡烟，如用玻璃纤维隔离布（图 2 - 15 - 52）将空间相互隔离；绝缘一般是指电器的绝缘。在大型建筑中局部失火时，便可用耐火纤维织物制成的建筑防火卷帘（图 2 - 15 - 53）把火区与其他区域隔离。它防火性能好、重量轻、防火等级高，不仅适用于结构复杂、跨度大的现代建筑，还适用于快速地搭建临时的隔离区。最常用的保温隔热材料是玻璃纤维布和玻璃纤维针刺毡。

图 2 - 15 - 52   玻璃纤维隔离布

图 2 - 15 - 53   玻璃纤维防火卷帘门

玻璃纤维与大部分合成纤维都是电绝缘材料（图 2 - 15 - 54）。比如，涤纶布包敷玻璃纤维浸胶制品，常用作电器的底座、外壳等。涤纶非织造布可用于电缆包覆材料，具有耐高温、寿命长、耐老化等优越性。也有使用耐高温性能更好的陶瓷纤维图 2 – 15 – 55 作为绝缘材料的。

使用金属纤维、碳纤维、有机导电纤维与普通纤维的混纺织物是一类高技术电磁屏蔽功能材料。表面镀铜、镀银纤维同样具有电磁屏蔽功能。

图 2 – 15 – 54　玻璃纤维绝缘绳　　　　图 2 – 15 – 55　陶瓷纤维绝缘材料

2.15.13　工业用毡毯（呢）类纺织品

应用于工业领域具有特定功能特征的毡毯统称为工业用毡毯类纺织品（industrial felt and blanket textiles）。其中，薄片状纺织品称为毡，具有丰厚绒毛的纺织品称为毯。

最早的羊毛毡具有良好的回弹性，且能吸震、保温。在日常生活中用作御寒用品，在工业上适于做各种密封、减震的衬垫材料和物品抛光用的磨料。还可以用作钢琴榔头毡、针刺毡、毡轮、毡套、滤芯等。丙纶、涤纶、锦纶、芳纶等都可以经过类似的加工方式，制成合成纤维毡。化纤毡片因原料不同，分别具有强度高、耐酸、耐碱、耐高温、拒水、吸油、防辐射、消音、过滤等性能。可作为各种机械油封（图 2 – 15 – 56）、过滤衬垫、防震、保温、隔音、吸油等工业用材料（图 2 – 15 – 57）。毛毡广泛被游牧民族用于如图 2 – 15 – 58 所示的防寒用毡房。毛毡装在军用装甲车和坦克车内侧不仅可作为保温御寒材料，还同时具有防弹功能。

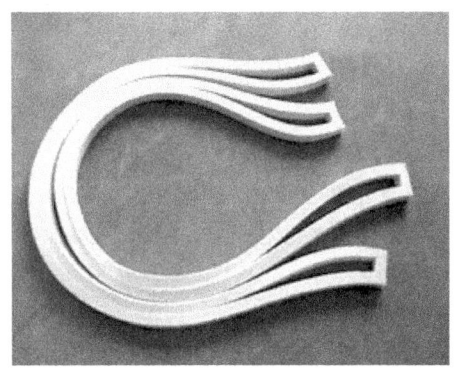

图 2 - 15 - 56 密封毡垫

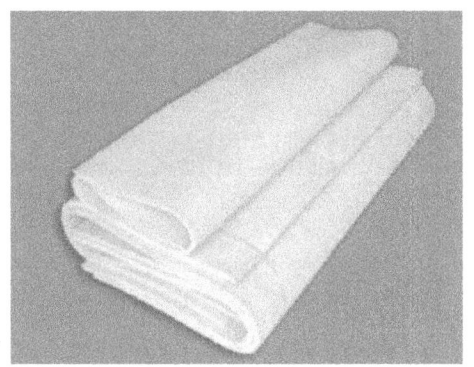

图 2 - 15 - 57 工业毛毡

图 2 - 15 - 58 毡房

参考文献

[1] 日本纤维学会. 日本纖維便覧 [M]. 东京：丸善株式会社，2012.

[2] 法凯 B V. 合成纤维（上册）[M]. 张书绅，陈政，林琪凌，等译. 北京：纺织工业出版社，1987.

[3] 日本纤维学会. 日本纖維便覧 [M]. 东京：丸善株式会社，2011.

[4] 董纪震，罗鸿烈，王庆瑞，等. 合成纤维生产工艺学（上册）[M]. 2 版. 北京：纺织工业出版社，1993.

[5] 董纪震，赵耀明，陈雪等. 合成纤维生产工艺学（下册）[M]. 2 版. 北京：中国纺织出版社，1994.

[6] 陈维稷. 中国大百科全书（纺织卷）[M]. 北京：中国大百科全书出版社，1984.

[7] 孙晋良，吕伟元. 纤维新材料 [M]. 上海：上海大学出版社，2007.

[8] 蒋挺大. 甲壳素 [M]. 北京：化学工业出版社，2003.

[9] 上海市化学纤维工业公司，四川维尼纶厂. 英汉化学纤维工业词汇 [M]. 北京：纺织工业出版社，1982.

[10] 上海纺织工业局《英汉纺织工业词汇》编写组. 英汉纺织工业词汇 [M]. 北京：纺织工业出版社，1989.

[11] 化学工业出版社. 日英汉化学化工词汇 [M]. 北京：化学工业出版社，1985.

[12] 上海纺织工业局《日汉纺织工业词汇》编写组. 日汉纺织工业词汇 [M]. 北京：纺织工业出版社，1983.

[13] 化学工业出版社辞书编辑部. 英汉化学化工词汇 [M]. 3 版. 北京：科学出版社，1984.

[14] 俞戴维，徐德超. 化学纤维词典 [M]. 北京：纺织工业出版社，1991.

[15] 田村三郎，白鸟冨美子. 中英日化学用语辞典 [M]. 东京：东方书店株式会社，1977.

[16] 高分子学会. 目でみる高分子（1）[M]. 东京：培風館，1986.

[17] 纤维学会. 纖維の形態 [M]. 东京：朝倉書店，1986.

[18] Heade J W S. 高性能纤维 [M]. 马渝荘，译. 北京：中国纺织出版社，2004.

[19] 冯新德，张中岳，施良和. 高分子词典 [M]. 北京：中国石化出版社，1998.

[20] 张建春，等. 汉麻纤维的结构与性能 [M]. 北京：化学工业出版社，2009.

[21] 张大省，王锐，等. 超细纤维生产技术及应用 [M]. 北京：中国纺织出版社 2007.

[22] 张世源. 竹纤维及其产品加工技术 [M]. 北京：中国纺织出版社，2008.

[23] 郭秉臣. 非织造布 [M]. 北京：中国纺织出版社，2002.

[24] 刘俊姝，王锐，张大省，等. 易水解聚酯的热性能 [J]. 聚酯工业，2003 (1)：1－4.

[25] 李健，高曙光，付中玉，等. 共混纤维相形态的扫描电镜观察 [J]. 电子显微学报，2002 (1)：86－89.

[26] 王锐，朱志国，张大省，等. 相容剂对 PA6/PE 基体—微纤型共混纤维形态结构的调控 [J]. 高分子材料科学与工程，2002 (5)：96－99.

[27] 高曙光，田慕川，付中玉，等. PP/EHDPET 共混体系熔体粘度对相转变的影响 [J]. 合成纤维工业，2002 (2)：8－11.

[28] 朱志国，王锐，张大省. PA6/PE 基体—微纤型纤维溶解抽出过程的研究 [J]. 合成纤维工业，2002 (2)：21－24 .

[29] 高曙光，付中玉，田慕川，等. PP/EHDPET 共混体系相转变研究——熔体弹性的影响 [J]. 合成纤维工业，2002 (3)：5－8.

[30] 陈红，张大省，姜胶东. PBT/PET/PEG 聚酯型热塑性弹性体合成及结构表征 [J]. 聚酯工业，1993 (4)：15－19.

[31] 张大省，付中玉，陈 放，等. 人工皮革基布结构解析 [J]. 北京服装学院学报，1998，18 (2)：1－5.

[32] 梁志梅，谭赤兵，钱毅勤，等. 易水解聚酯的合成及其水解性能 [J]. 高分子学报，1999 (3)：346－350.

[33] 彭亚岚，付中玉，李燕立，等. PA6/EHDPET 共混纤维的形态结构 [J]. 北京服装学院学报，1999 (1)：5－9.

[34] 张大省，李燕立，梁志梅，等. 水解剥离法制超细纤维 [J]. 合成纤维工业，1999，22 (5)：5－8.

[35] Li Mei, Fu Zhongyu, Zhang Dasheng, et al. Alkaline Hydrolysis of PP/EHDPET Blend Fibers [J]. Journal of China Textile University (Eng. Ed)，1999 (3)：44－47.

[36] Li Mei, Zhang Dasheng, Wang Qingrui. Morphology and Thermal Behavior of PP/EHD-PET Blend Fibers by Alkaline Hydrolysis Treatment [J]. Journal of Applied Polymer Sci-

ence，2000，77：3010 – 3014.

[37] Zhang Dasheng，Li Yanli，Chen Ying，et al. Synthesis and Application of Easy Hydrolysis Degradable Polyester［J］. Journal of Dong Hua University，2001（3）：24 – 27.

[38] 李健，高曙光，付中玉，等. 共混纤维相形态的扫描电镜研究［J］. 电子显微学报 2002（1）：86 – 88.

[39] 王锐，张大省，朱志国. 以高组成比组分构成共混纤维分散相的控制［J］. 纺织学报，2002（5）：96 – 99.

[40] 张大省，王锐. PA6/EHDPET 共混纤维的相形态结构［J］. 科学技术与工程，2002（6）：56 – 59.

[41] Wang Rui，Zhang Dasheng，Zhu Zhiguo，et al. Development and Commercialization of Superfine Fiber Blend – spun via PA6/PE and its Suede for Sportswear［C］. 43. International Man – Made Fibres Congress Dornbirn/Austria 15 ~ 17，2004.

[42] 张大省，王锐，周静宜. 高吸湿、排汗、速干织物用聚酯纤维［J］. 北京服装学院学报，2007（4）：37 – 44.

[43] 王庆瑞. PES 共混中空纤维膜体液透析器的研制和应用［C］. 第 4 届全国医药行业膜分离技术研讨会论文集，2007.

[44] 张大省，王锐，秦艳华. 高中空度 PP 中空纤维制造技术［J］. 北京服装学院学报（自然科学版），2004（4）：17 – 21.

[45] 张大省，王锐，周静宜，等. 不含无机导电介质的抗静电纤维［C］. 2006 年中日纺织学术交流会论文集，2006.

[46] 赵永霞. 全球生物基聚酯的技术与市场进展［J］. 纺织导报，2013（2）：25 – 40.

[47] 罗益锋. 新型功能性纤维及其纺织品的发展［J］. 纺织导报，2013（3）：54 – 55.

[48] 刘森. 纺织染概论［M］. 北京：中国纺织出版社，2006.

[49] 李栋高. 纤维材料学［M］. 北京：中国纺织出版社，2006.

[50] 王红，翁扬，邢声远. 香蕉纤维的制备及产品开发［J］. 纺织导报，2010（6）：105 – 106.

[51] 于伟东. 纺织材料学［M］. 北京：中国纺织出版社，2008.

[52] 王锐，张大省，朱志国，等. 一种具有润湿导湿及速干功能的聚酯纤维及织物：中国 ZL 2009 1 0217235.5［P］. 2009 – 12 – 30.

[53] 张大省，王锐，陈玉顺. 抗静电、吸湿、可染皮芯型复合纤维及其制备方法：中国 CN 1821455A［P］. 2006 – 02 – 09.

[54] 王锐，张大省，朱志国. 用于制备高吸湿和高排湿聚酯织物的聚合物母粒及其合成

方法：中国 CN 200710118744.3 ［P］. 2007 – 07.

［55］ 王锐，张大省，朱志国，等. 用于制备高吸湿和高排湿聚酯织物的聚酯纤维：中国 CN 200710118745.8 ［P］. 2007 – 07.

［56］ 张大省，王锐，陈玉顺，等. 一种新型弹性纤维及其制造方法：中国 CN 200710143441.7 ［P］. 2007 – 08 – 01.

［57］ 王锐，张大省，李燕立，等. 聚酰胺超细纤维及其制备方法：中国 ZL01123513.6 ［P］. 2001 – 07 – 27.

［58］ 袁平，徐志强，高扬，等. 一种吸湿、抗静电、可染聚丙烯纤维及其制备方法：中国 CN 201010112225.8 ［P］. 2010 – 02 – 23.

［59］ 张大省. 一种阳离子染料可染的聚酯及其超细纤维：中国 ZL 201110225265.8 ［P］. 2011 – 08 – 08.

［60］ 张大省，周静宜. 分散染料常压深染共聚醚酯及其超细纤维：中国 ZL 201310420953.9 ［P］. 2013 – 09 – 09.

［61］ 胡显奇，申屠年. 连续玄武岩纤维在军工及民用领域的应用 ［J］. 高科技纤维与应用 2005 （6）：7 – 13.

［62］ 产业用纤维材料研究会. 产业用纤维材料手册 ［M］. 韩家宜，孙荣奎，温玉泉，译. 北京：纺织工业出版社，1986.